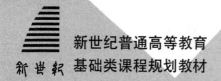

新世纪普通高等教育
基础类课程规划教材

大学计算机基础

DAXUE JISUANJI JICHU

Windows 10 + WPS

主　编　王民意

副主编　王　晖　陈　翔　李　姗
　　　　宋碧慧　乔　爽　岳　湘

U0245077

大连理工大学出版社

图书在版编目(CIP)数据

大学计算机基础 / 王民意主编. -- 大连 ：大连理工大学出版社，2023.8(2024.7 重印)
ISBN 978-7-5685-4418-4

Ⅰ. ①大… Ⅱ. ①王… Ⅲ. ①电子计算机－高等学校－教材 Ⅳ. ①TP3

中国国家版本馆 CIP 数据核字(2023)第 105100 号

大连理工大学出版社出版

地址:大连市软件园路 80 号　邮政编码:116023
发行:0411-84708842　邮购:0411-84708943　传真:0411-84701466
E-mail:dutp@dutp.cn　URL:https://www.dutp.cn

丹东新东方彩色包装印刷有限公司印刷　大连理工大学出版社发行

幅面尺寸:185mm×260mm　印张:18　字数:438 千字
2023 年 8 月第 1 版　2024 年 7 月第 2 次印刷

责任编辑:孙兴乐　责任校对:贾如南
封面设计:对岸书影

ISBN 978-7-5685-4418-4　定　价:49.80 元

本书如有印装质量问题,请与我社发行部联系更换。

前　言

随着经济社会的发展,各行各业的信息化进程加速,社会进入"互联网+"时代。信息技术发展日新月异,我国高等学校的计算机基础教育进入新的发展阶段。高等学校各专业都对学生的计算机应用能力提出了更高的要求,计算机基础教育更加注重满足不同知识层次和知识背景学生的学习需求。

计算机基础是本科生培养方案中一门重要的基础课程。为了适应我国高等教育的发展及教育教学改革的需要,本教材编者对本科计算机基础教育的体系、模式进行了深入探索,并结合本科生的特点编写了《大学计算机基础》一书。

本教材的编写以高等学校培养技术技能型人才为根本任务,以适应社会需要为目标,借助"互联网+"教学资源,实现了微课教学模式的应用,使培养学生互联网思维、学习能力、实践能力和创新能力成为可能。本教材共7章,主要内容包括:认识和管理计算机、WPS文字处理软件的使用、WPS电子表格软件的使用、WPS演示软件的使用、计算机网络基础、计算机前沿、信息素养与社会责任。

本教材由长沙师范学院王民意任主编;由哈尔滨信息工程学院王晖,长沙师范学院陈翔、李姗、宋碧慧,大连工业大学乔爽,沈阳农业大学岳湘任副主编。具体编写分工如下:第1章由王晖编写,第2章的2.1至2.4由乔爽编写,第2章的2.5至本章课后习题由陈翔编写,第3章、第6章由王民意编写,第4章由李姗编写,第5章由宋碧慧编写,第7章由岳湘编写。全书由王民意统稿并定稿。

在编写本教材的过程中,编者参考、引用和改编了国内外出版物中的相关资料以及网络资源,在此表示深深的谢意！相关著作权人看到本教材后,请与出版社联系,出版社将按照相关法律的规定支付稿酬。

限于水平,书中仍有疏漏和不妥之处,敬请专家和读者批评指正,以使教材日臻完善。

编　者

2023 年 8 月

所有意见和建议请发往:dutpbk@163.com

欢迎访问高教数字化服务平台:https://www.dutp.cn/hep/

联系电话:0411-84708445　84708462

目 录

第1章

认识和管理计算机

学习目标

1. 了解计算机的发展、特点、分类以及应用。
2. 了解计算机系统的组成和工作原理。
3. 掌握 Windows 10 操作系统的基本功能。
4. 了解网络信息安全面临的威胁和预防策略。

思维导图

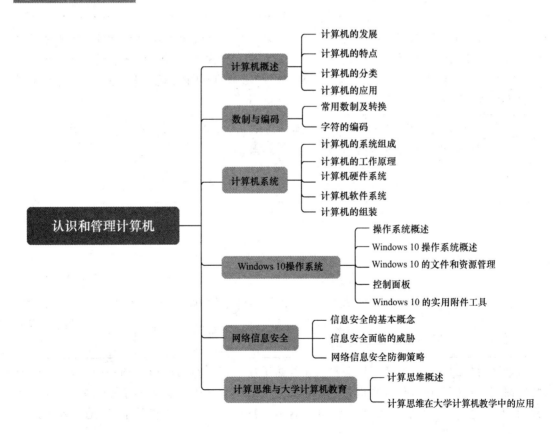

1.1 计算机概述

1.1.1 计算机的发展

计算机是一种能够根据程序指令和要求,自动进行高速的数值运算和逻辑运算,并具有存储、记忆功能的电子集成设备。

1946年2月,世界上第一台使用电子管制造的现代电子数字计算机 ENIAC(Electronic Numerical Integrator And Computer)诞生于美国宾夕法尼亚大学莫尔学院,如图 1-1-1 所示。

图 1-1-1 世界上第一台电子数字计算机

研制组成员之一的美籍匈牙利数学家冯·诺依曼随后提出了采用二进制编码和存储程序方式的计算机设计原理,一直延续至今,冯·诺依曼被称为"现代计算机之父"。

自第一台计算机 ENIAC 诞生以来,人们根据使用的不同电子元件,电子计算机的发展大致可分为以下 4 代:

特 征	第一代 (1946—1957年)	第二代 (1958—1964年)	第三代 (1965—1970年)	第四代 (1971年至今)
电子元件	电子管	晶体管	中小规模集成电路	大规模及超大规模集成电路
存储器	阴极射线管、磁心、磁鼓	磁鼓、磁带	半导体、磁带、磁盘	半导体、磁盘、光盘
编程语言	机器语言	汇编语言、高级语言	汇编语言、高级语言	高级语言
系统软件	—	操作系统	操作系统、实用程序	操作系统、数据库管理系统
计算速度	5 000～10 000	几万～几十万	几十万～几百万	几千万～千百亿
应 用	科学和工程计算	数据处理、事务管理、工业控制领域	文字处理、企业管理、自动控制等	广泛应用于社会生活的各个领域

从 20 世纪 80 年代开始,日、美等国家开始了新一代"智能计算机"的系统研究,并称为"第五代计算机"。第五代计算机将采用超大规模集成电路和其他新型物理元件作为电子元件,具有推论、联想、智能会话等功能,并能直接处理声音、文字、图像等信息,是一种更接近

人的人工智能计算机。预期第五代计算机将会突破传统的冯·诺依曼计算机的体系结构，以智能为特点，继续向巨型化、微型化、网络化、多媒体化和智能化的方向发展。

1.1.2 计算机的分类

1. 按用途划分

（1）通用计算机（General Purpose Computer）

通用计算机功能齐全，适应面广，但其效率、速度和经济性相对较差。适用于一般科学计算、工程设计和数据处理等。通常说的计算机都属于这类计算机。

（2）专用计算机（Special Computer）

专用计算机功能单一，适应性差，但是在特定用途下相对经济、快速、有效。为适应某种特殊应用而设计的计算机，其运行的程序不变、效率和精度较高、速度较快。控制生产过程、计算导弹弹道的计算机都属于专用计算机。

2. 按性能划分

（1）超级计算机/巨型机（Super/Giant Computer）

超级计算机是指运算速度超过 1 亿次/秒、字长达 64 位以上的高性能计算机，通常由数百、数千甚至更多的处理器组成，规模大、运算速度快、存储容量大、数据处理能力强且价格昂贵，多用于高精尖科技研究领域，如战略武器开发、空间技术、天气预报等，是综合国力的重要标志。

（2）大中型机（Large-scale Computer and Medium-scale Computer）

大中型机在规模上不及巨型机，但具有极强的综合处理能力和极大的性能覆盖面，价格也相对巨型机便宜，主要应用于政府部门、银行、大型企业的数据库系统或作为大型计算机网络中的主机。

（3）小型机（Minicomputer）

小型机是指采用 8～32 个处理器，性能和价格介于微型机服务器和大型主机之间的一种高性能 64 位计算机。这种计算机规模比大型机要小，但仍能支持几十个用户同时使用，成本较低、维护容易且用途广泛，适合于中小型企事业单位用于工业控制、数据采集、分析计算、企业管理以及科学计算等，也可以用作巨型机、大中型机的辅助机。

（4）微型机（Microcomputer）

微型机简称微机，是应用普及、产量大的机型，其体积小、功耗低、成本低、灵活性大、性能价格比明显优于其他类型的计算机。微机按结构和性能可划分为单片机、单板机、个人计算机（Personal Computer，简称 PC，包括台式微机和便携式微机）。近年来微机技术发展迅猛，广泛应用于办公自动化、数据库管理和多媒体应用等领域。

（5）工作站（Workstation）

工作站是指易于联网的高档微型机，通常配有大屏幕显示器和大容量存储器，具有较高的运算速度和较强的网络通信能力。因其极强的图形交互能力而在工程设计领域广泛使用。

（6）服务器（Services）

服务器一般是指具有大容量的存储设备和丰富的外部接口、运行网络操作系统、要求较高的运行速度、可供网络用户共享的高性能计算机。常见的有 DNS（域名解析）服务器、

E-mail(电子邮件)服务器、Web(网页)服务器、BBS(电子公告板)服务器等。

3. 按信息形式划分

(1)数字计算机(Digital Computer)

数字计算机采用二进制运算,是不连续的离散数字,其特点是运算速度快、解题精度高,便于存储信息,是通用性很强的计算工具,因此适合科学计算、信息处理、过程控制和人工智能等,应用广泛。

(2)模拟计算机(Analogue Computer)

模拟计算机处理的数据是连续的,称为模拟量。模拟量以电信号的幅值来模拟数值或某物理量(如电压、电流、温度等)的大小。模拟计算机的运算部件是一些电子电路,解题速度快,但精度不高,使用也不够方便,多用于解高阶微分方程,在模拟计算和控制系统中应用较多。

(3)混合计算机

混合电子计算机,简称混合计算机。在特定的应用领域内,它既利用了模拟计算机的高速度,又利用了数字计算机的高精度,整个系统利用软件的支持,使其在一定范围内具有通用性并较易使用,但此类计算机结构复杂,设计困难,系统价格昂贵,主要用于高精度和高速度的仿真试验。

1.1.3 计算机的应用

计算机的应用已广泛而深入地渗透到了人类生产和生活的各个领域,对社会发展的各个方面都有着极其重要的影响。归纳起来,计算机的应用领域主要有以下几个方面:

1. 数值计算

数值计算也叫科学计算,是指利用计算机处理科学研究和工程技术中提出的数学问题的过程,是计算机最早的应用领域。

2. 信息处理

信息处理也叫数据处理,是对信息进行收集、分类、整理、加工、存储、利用和传播等一系列活动的总称。信息处理工作量大、面广,办公自动化、企业管理、银行业务、人口统计、信息检索等都属于这个范围。

3. 自动控制

自动控制也叫实时控制,是指利用计算机监测生产现场,采集现场数据,根据采集的数据按最优值迅速地对受控对象进行自动调节,不仅大大提高了控制的自动化水平,而且提高了控制的及时性和准确性。所以广泛应用于电力、机械制造、化工、冶金、交通、军事等部门。

4. 人工智能

人工智能(Artificial Intelligence,AI)是由英国著名科学家图灵提出,是指利用计算机模拟人的思维行为,如学习、理解、判断、图像识别等,被认为是 21 世纪的三大尖端技术(基因工程、纳米科学、人工智能)之一。机器人、专家系统和虚拟现实是人工智能应用的典型体现。

5. 计算机辅助系统

计算机辅助系统是指利用计算机自动或半自动地完成一些相关的工作,包括计算机辅助设计(CAD)、计算机辅助教学(CAI)、计算机辅助制造(CAM)、计算机辅助工程(CAE)和计算机辅助模拟等。

6. 网上工作和生活

计算机技术与现代通信的结合造就了计算机网络,推动了现代信息社会的形成。在 Internet 环境下,计算机的应用更加丰富多彩,如大家熟悉的全球信息查询、邮件传送、电子商务、参与问题的讨论、接受远程医疗与网上银行等。

7. 多媒体技术

多媒体技术是指利用计算机对文本、图形、图像、声音、动画、视频等多种信息进行综合处理并实现人机交互的技术。如多媒体教室就是典型的应用。

1.2　数制与编码

1.2.1　常用数制及转换

数制指的是一组固定的符号和一套统一的规则来表示数值的方法。按照进位方式计数的数制称为进位计数制。

在进位计数制中有数位、基数和位权 3 个要素。数位是指数码在一个数中所处的位置;基数是数制中包含的数码个数;位权是指某个固定位置上的计数单位。

1. 十进制(Decimal)

十进制有 10 个数码符号:0,1,2,3,4,5,6,7,8,9。进位基数为 10。在加法运算中各进位逢 10 进 1,减法运算中借 1 当 10。

2. 二进制(Binary)

二进制只有两个数码符号:0 和 1。进位基数为 2。在加法运算中各进位逢 2 进 1,减法运算中借 1 当 2。

二进制是计算机内部采用的计数方式,具有以下特点:

①简单可行。二进制只有"0"和"1"两个数码,可以用两种不同的稳定状态来表示。

②运算规则简单。

计算机不但可以对数值型数据进行算术运算,也能够对逻辑数据进行逻辑运算,从而实现计算机的逻辑判断。人们常用"是"和"否"、"真"和"假"、"成立"和"不成立"、"对"和"错"来表示只有 2 种可能的情况。这种只具有 2 种状态的关系就是一种逻辑关系,可以用二进制的 0 和 1 简单地表示,如用 1 代表"真",用 0 代表"假"。

在二进制的逻辑运算中,逻辑数据只有 2 个。若干位二进制的序列,其各位之间没有"位权"的关系。对 2 个逻辑数据进行运算时,应孤立对待,按位进行,不存在借位和进位问题,运算结果也只有 2 种可能:1 或 0。逻辑运算有 4 种基本运算:与、或、非、异或,可分别用符号 $\wedge$ 、$\vee$ 、$\sim$ 、$\oplus$ 表示。

3. 八进制(Octal)

八进制有 8 个数码符号:0,1,2,3,4,5,6,7。进位基数为 8。在加法运算中各进位逢 8 进 1,减法运算中借 1 当 8。

4. 十六进制(Hexadecimal)

十六进制有16个数码符号:0,1,2,3,4,5,6,7,8,9,A,B,C,D,E,F。进位基数为16。在加法运算中各进位逢16进1,减法运算中借1当16。

5. 不同进制之间的转换

对任意一个 n 位整数 m 位小数的十进制数 N,可以表示成下面的"按权展开式":

$$N = D^{n-1} \times 10^{n-1} + \cdots + D^0 \times 10^0 + D^{-1} \times 10^{-1} + \cdots + D^{-m} \times 10^{-m}$$

将十进制数204.96写成按权展开形式:

$$204.96 = 2 \times 10^2 + 0 \times 10^1 + 4 \times 10^0 + 9 \times 10^{-1} + 6 \times 10^{-2}$$

(1)二进制、八进制、十六进制转换成十进制

要将二进制、八进制、十六进制转换成十进制的方法是按权展开。

例:将二进制数11010.11转换成十进制数。

$$(10010.11)_2 = 1 \times 2^4 + 0 \times 2^3 + 0 \times 2^2 + 1 \times 2^1 + 0 \times 2^0 + 1 \times 2^{-1} + 1 \times 2^{-2}$$
$$= 16 + 0 + 2 + 0.5 + 0.25 = (18.75)_{10}$$

例:将八进制数217.55转换成十进制数。

$$(217.55)_8 = 2 \times 8^2 + 1 \times 8^1 + 7 \times 8^0 + 5 \times 8^{-1} + 5 \times 8^{-2}$$
$$= 128 + 8 + 7 + 0.625 + 0.078125 = (143.703125)_{10}$$

例:将十六进制数BCD转换成十进制数。

$$(BCD)_{16} = 11 \times 16^2 + 12 \times 16^1 + 13 \times 16^0 = 2816 + 192 + 13 = (3021)_{10}$$

(2)十进制转换成二进制、八进制、十六进制

十进制转换成其他3种进制时,整数和小数转换的原则分别如下。

整数转换规则:

除基取余,倒读余数。即转换时除以基数,得到的商如不为0,继续用商除基,直到商为0时为止,然后倒序取每次除的过程中的余数组成的序列即为转换结果。

小数转换规则:

乘基取整,顺读整数。即用小数部分乘以基数,取其整数部分组成的序列,即为转换的结果。

例:将117.3125转换成二进制的结果为:$(117.3125)_{10} = (1110101.0101)_2$。

整数部分:

2	117	余数1	低位
2	58	余数0	↑
2	29	余数1	
2	14	余数0	
2	7	余数1	
2	3	余数1	
2	1	余数1	高位

小数部分:

$0.3125 \times 2 = 0.6250$	整数部分=0	高位
$0.6250 \times 2 = 1.2500$	整数部分=1	↓
$0.2500 \times 2 = 0.5000$	整数部分=0	
$0.5000 \times 2 = 1.0000$	整数部分=1	低位

将 $(64)_{10}$ 转换成八进制的结果为:$(64)_{10} = (100)_8$。

将 $(525)_{10}$ 转换成十六进制的结果为：$(525)_{10}=(20D)_{16}$。

(3)八进制、十六进制转换成二进制

①八进制数转换成二进制数

八进制数转换成二进制数采用"一位拆三位"的方法，即按八进制序列，每位八进制码拆分为 3 位二进制码形成的序列，即为其对应二进制数据。

例：$(2345.67)_8=(10011100101.110111)_2$

2	3	4	5	.	6	7
↓	↓	↓	↓		↓	↓
010	011	100	101	.	110	111

②十六进制数转换成二进制数

十六进制数转换成二进制数采用"一位拆四位"的方法，按十六进制序列，每位十六进制码拆分为 4 位二进制码形成的序列，即为其对应的二进制数据。

例：$(CF6A.3)_{16}=(1100111101101010.0011)_2$

C	F	6	A	.	3
↓	↓	↓	↓	↓	↓
1100	1111	0110	1010	.	0011

(4)二进制转换成八进制和十六进制

3 位的二进制数 000～111 所代表的数据恰好可以一一对应地表示一位的八进制数 0～7，因此两者之间的转换比较简单。

①二进制数转换成八进制数

二进制数转换成八进制数采用"三位并一位"的方法，以小数点为准，整数部分从右向左，每 3 位一组，最高有效位不足 3 位，补 0 凑足 3 位；小数部分从左向右，每 3 位一组，低位不足 3 位，补 0 凑足 3 位。然后，写出每 3 位二进制对应的一位八进制值，如此形成的序列即为转换后的结果。

例：$(110101100.111010)_2=(654.72)_8$

110	101	100	.	111	010
↓	↓	↓	↓	↓	↓
6	5	4	.	7	2

②二进制数转换成十六进制数

二进制数与十六进制数之间的转换与二进制同八进制之间的转换类似，采用"四位并一位"的方法，每 4 位二进制表示一位十六进制数，从 0000 到 1111 表示从 0 到 F。

以小数点为准，整数部分从右向左，每 4 位一组，最高有效位不足 4 位，补 0 凑足 4 位；小数部分从左向右，每 4 位一组，低位不足 4 位，补 0 凑足 4 位。然后写出每 4 位二进制对应的一位十六进制值，形成的序列即为转换后的结果。

例：$(110100101011.10101001)_2=(D2B.A9)_{16}$

1101	0010	1011	.	1010	1001
↓	↓	↓	↓	↓	↓
D	2	B	.	A	9

至于十进制与八进制以及十六进制之间的转换通常不需要直接进行，可用二进制作为中间数制进行转换。

各进制之间的关系见图 1-2-1 进制对照表。

二进制	十进制	八进制	十六进制	二进制	十进制	八进制	十六进制
0000	0	0	0	1000	8	10	8
0001	1	1	1	1001	9	11	9
0010	2	2	2	1010	10	12	A
0011	3	3	3	1011	11	13	B
0100	4	4	4	1100	12	14	C
0101	5	5	5	1101	13	15	D
0110	6	6	6	1110	14	16	E
0111	7	7	7	1111	15	17	F

图 1-2-1　进制对照表

1.2.2 字符的编码

计算机中处理的数据都是以二进制的形式表现的。数值型数据可以转换为二进制，而非数值型数据则采用二进制编码的形式。

1. 数值编码

对任何进制的数值，其绝对值都可以转换成二进制数，正负号也采用编码的方法，可以将一个二进制数的最高位定义为符号位，用 0 表示正号，1 表示负号，这种表示方法称为原码表示。这样其他进制的数据就可以在计算机中表示了。

例如，+19 的二进制表示为 010011，−19 的原码表示为 110011，其反码表示为 101100，补码表示为 101101。

2. 十进制数的编码(BCD 码)

十进制数的编码就是用若干位二进制数字符号表示一位十进制数，也称为二-十进制编码。因为十进制数中有 0～9 这十个数字符号，必须用 4 位二进制进行编码。二-十进制编码方法很多，8421 码是最常用的一种，其特点是对应的 4 位二进制中各位的权由高到低分别为 2^3，2^2，2^1，2^0。

例：二-十进制编码　　　　6　　　2　　　0　　　3

8421 码　　　　　　　0110　　0010　　0000　　0011　　所以，十进制数 6203 的

权值　　　　　　　　2^3　　　2^2　　　2^1　　　2^0

8421 码为 0110001000000011

BCD 码在形式上表现为二进制，但它实际表示的是十进制数，只是每位十进制数都用 4 位二进制数字符号进行编码，它的运算规则和数值都是十进制的。

例：二进制序列 01100101，将其理解为二进制数时，对应的十进制数是多少？将其理解为 BCD 码(8421 码)时，对应的十进制数又是多少？

(1)将其理解为二进制数时：
$$(01100101)_2 = 1 \times 2^6 + 1 \times 2^5 + 1 \times 2^2 + 1 \times 2^0 = (101)_{10}$$

(2)将其理解为 DCB 码(8421 码)时：01100101 表示十进制数 65。

3. ASCII 编码

英文是符号文字，是一个用少量的基本元素(如字母)通过词法和句法组合成的文字系统。因此，只要用二进制编码表示其基本元素，即可实现英文文字的数字化表示。英文编码标准是美国信息交换标准代码(American Standard Code for Information Interchange，ASCII)，如图 1-2-2 所示。该编码采用一个字节、8 位二进制。标准的 ASCII 码只用了其中 7 位，最高一位为 0。

低 4 位	高 3 位 $b_6 b_5 b_4$							
$b_3 b_2 b_1 b_0$	000	001	010	011	100	101	110	111
0000	NUL	DLE	SP	0	@	P	`	p
0001	SOH	DC1	!	1	A	Q	a	q
0010	STX	DC2	"	2	B	R	b	r
0011	ETX	DC3	#	3	C	S	c	s
0100	EOT	DC4	$	4	D	T	d	t
0101	ENQ	NAK	%	5	E	U	e	u
0110	ACK	SYN	&	6	F	V	f	v
0111	BEL	ETB	`	7	G	W	g	w
1000	BS	CAN	(	8	H	X	h	x
1001	HT	EM	)	9	I	Y	i	y
1010	LF	SUB	*	:	J	Z	j	z
1011	VT	ESC	+	;	K	[	k	{
1100	FF	FS	,	〈	L	\	l	|
1101	CR	GS	-	=	M	]	m	}
1110	SO	RS	.	〉	N	`	n	~
1111	SI	US	/	?	O	_	o	DEL

图 1-2-2　ASCII 码字符集

从 ASCII 码字符集可以看出，前两列是特殊控制字符，数字 0~9 的 ASCII 码的值范围是 48~57，大写字母的 ASCII 码的值范围是 65~90，小写字母的 ASCII 码的值范围是 97~122，并且同一个字母的大小写 ASCII 码的值相差 32。

4. Unicode 编码

Unicode 是国际组织制定的可以容纳世界上所有文字和符号的字符编码方案。它为每种语言中的每个字符设定了统一并且唯一的二进制编码，以满足跨语言、跨平台进行文本转换、处理的要求。

5. 汉字编码

汉字是由各种图形逐渐演化而来的象形文字系统，不是由字母这样简单的元素构成的，因此其编码要比英文复杂。而汉字的输入、输出必须利用现有的设备,所以汉字在输入、输出、存储和处理过程中必须采用不同的编码。

(1)汉字输入码

目前,汉字的输入主要利用现有的输入设备(如键盘)来实现。种类繁多的汉字输入方法主要可分为音码和形码。

(2)区位码

将 GB 2312 字符集放置在一个 94 行、94 列的方阵中,方阵的每一行称为汉字的一个"区",区号范围是 1~94,方阵的每一列称为汉字的一个"位",位号范围是 1~94。汉字在方阵中的位置可以用它的区号和位号来确定。

例:汉字"中"在 54 区 48 位,其区位码就是 5448。

(3)国标码

我国于 1980 年颁布的《信息交换用汉字编码字符集·基本集》(代号 GB 2312-80)是汉字交换码的国家标准,又称"国标码"。

将汉字区位码中的十进制区号和位号分别转换成十六进制数字,然后分别加上 $20_{(16)}$,可以得到该汉字的国标码。

例:汉字"中"的区号 54 转换成十六进制数字 36,位号 48 转换为十六进制数字 30,分别加上 $20_{(16)}$,得到汉字"中"的国标码 $5650_{(16)}$。

(4)汉字机内码

计算机内部使用的汉字编码称为汉字机内码,是在信息处理系统内部存储、处理和传输用。为区别于英文字母,通常将国标码两个字节的最高位都设置为 1。将国标码的两个字节分别加上 $10000000_{(2)}$ 或者 $80_{(16)}$ 就可以得到汉字机内码。

例:汉字"中"的国标码 $5650_{(16)}$ 分别加上 $80_{(16)}$,得到汉字"中"的汉字机内码 $D6D0_{(16)}$。

因此可以得出以下规律:国标码=区位码+$2020_{(16)}$,汉字机内码=国标码+$8080_{(16)}$

(5)汉字字形码

汉字的显示、打印输出的是汉字的字形,是将汉字的字形分解成由点阵组成的图形,也称为字形码,供显示和打印汉字时使用。

汉字输出的方法主要有点阵字形和轮廓字形。常用的点阵有 16×16、24×24、36×36 或更高,一个汉字的行、列数越多,显示出来的效果就越细致,所占用的存储空间也会相应增加。汉字字形点阵中每个点的信息要用一位二进制码表示,16×16 点阵的字形要占用 $16 \times 16 \div 8 = 32$ 个字节。

1.3　计算机系统

1.3.1　计算机的系统组成

计算机系统是由硬件和软件系统两大部分组成的一个整体,如图 1-3-1 所示。硬件是组成计算机的各种物理设备的总称。软件是指在硬件设备上运行的各种程序、数据和相关文档的总称。通常把不装备任何软件的计算机称为"裸机"。

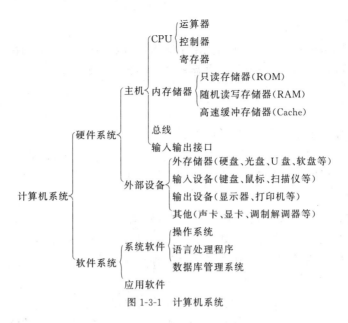

图 1-3-1 计算机系统

1.3.2 计算机的工作原理

1945 年冯·诺依曼对计算机结构提出了"程序存储"的设计思想,可概括为以下 3 点:

①计算机应由五个基本部分组成:运算器、控制器、存储器、输入设备和输出设备;

②采用"程序存储"的方式进行控制,即将编写好的程序和数据事先存入内存储器中,启动后计算机自动地逐条取出指令并执行;

③二进制指令在存储器中按执行顺序存放,由指令计数器指明要执行的指令所在的单元地址,一般按顺序递增,但可按运算结果或外界条件而改变。

现在的计算机制造技术虽然经历了极大的变化,但就其体系结构而言都是基于"程序存储"的设计思想制造出来的。

计算机的工作过程就是一个执行指令和程序的过程。

程序是由一系列指令构成的有序集合。

指令就是让计算机完成某个操作所发出的命令,是计算机完成某个操作的依据。它包括操作码和操作数两部分。

操作码指明该指令要完成的操作。

操作数是指参加运算的数或者数所在的单元地址。

指令的执行过程分为两个阶段,第一阶段,计算机将要执行的指令从内存取出到 CPU,此阶段称之为取指周期;第二阶段,CPU 对取入的指令进行分析译码,判断该指令要完成的操作,然后向各部件发出完成该操作的控制信号,完成该指令的功能,此阶段称之为执行周期。

1.3.3 计算机硬件系统

计算机硬件系统由运算器、控制器、存储器、输入设备和输出设备这五大功能部件组成。

1. 运算器

运算器又称算术逻辑单元,是计算机用于算术运算和逻辑运算的部件,它承担计算机中任何数据的加工处理。由加法器、若干寄存器和一些控制线路构成。

2. 控制器

控制器是计算机的指挥中心,它从存储器中逐条取出指令和分析指令,产生控制信号控制各部件进行工作。由指令寄存器、译码器、指令计数器和操作控制器组成。

3. 存储器

存储器是计算机的记忆装置,用于存放程序和数据,具有"存数(写入)"和"取数(读取)"功能。

存储器中能够存放的最大信息数量称为存储容量,计算机内的所有数据都是以二进制的形式存储的,为了衡量计算机中的数据容量,需要使用一些常用单位。

位(bit,简写 b),它是计算机中数据的最小单位,1 个位只能存放 1 个二进制代码"1"或"0"。

字节(byte,简写 B),它是数据处理和存储的基本单位。

1 B=8 bit(可存储 1 个西文字符),2 B=16 bit(可存储 1 个中文字符)。

字节的容量一般用 KB、MB、GB、TB、PB 来表示,其换算关系如下:

1 KB=(2^{10})B=1 024 B,1 MB=1 024 KB,1 GB=1 024 MB,1 TB=1 024 GB,1PB=1 024 TB

字(word),在计算机中作为一个整体被存取、传送、处理的二进制数字串叫作一个字或单元,每个字中二进制位数的长度称为字长。一个字由若干字节组成,不同的计算机系统字长是不同的,常见的有 8 位、16 位、32 位、64 位等,字长越长,存放数的范围越大,精度越高。字长是计算机性能的重要指标。

根据存储器与 CPU 的关系可将其分为内存储器(主存储器)和外存储器(辅助存储器)。内存储器用于存放当前计算机运行需要的程序和数据,由半导体器件组成,存取速度快,属于临时存储器。外存储器用于存放永久保存和运行暂时不需要的程序和数据。

4. 输入设备

输入设备是用于输入程序和数据的部件,可把准备好的程序和数据等信息转变为计算机所能接受的电信号写入计算机。常用的有键盘、鼠标、扫描仪等。

5. 输出设备

输出设备是用来输出结果的部件,可把运算结果或工作过程以人们所接受的形式表现出来。常用的有显示器、打印机、绘图仪等,如图 1-3-2 所示为主机结构图。

计算机的硬件主要由主机和外部设备两部分组成。主机包括主板、CPU、内存条、硬盘、光驱、显示卡、机箱等。外部设备主要包括显示器、键盘、鼠标、打印机等。

(1)CPU

将控制器、运算器和寄存器集中在一块芯片上称为中央处理器(CPU)。

寄存器是 CPU 内部的临时存储单元,既可以存放数据和地址又可以存放控制信息或 CPU 工作的状态信息。CPU 是微机系统的核心,其性能直接决定了由它构成的微机的性能。衡量 CPU 的性能主要参考以下几个指标:

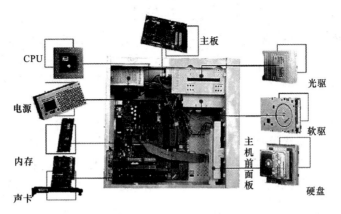

图 1-3-2 主机结构图

①主频和外频

主频是 CPU 的时钟频率,即 CPU 运算时的工作频率,单位是 GHz。主频越高,单位时间内执行的指令数就越多,速度就越快,CPU 每秒执行指令数,一般用 MIPS(Million Instructions Per Second,百万条指令/秒)来度量。外频是将 CPU 连接到主板北桥芯片上的前端总线的工作频率。前端总线是 CPU 与外界交换数据的主要通道。

②字长

字长是指 CPU 一次能同时处理二进制数据的位数。字长越长,微机处理数据的速度就越快。目前普遍使用 32 位微机和 64 位微机。

③缓存

相对于 CPU 主频率的飞速提升,内存的存取速度太慢,为解决这个问题,计算机厂商在 CPU 中内置了高速缓存器(Cache),即一级缓存,用于暂时保存 CPU 运行过程中的数据。一级缓存容量越大,能存储的数据就越多,与 CPU 的交换次数就越少,使得 CPU 的运行效率就越高。但是一级缓存的结构非常复杂,容量有限(一般在 4 KB～64 KB),为进一步提高效率,在芯片上又加装了一个 Cache,即二级缓存。二级缓存的容量一般为 512 KB、2 MB、4 MB 或更高。CPU 在读取数据时,先从一级缓存中寻找,再从二级缓存中寻找,然后是内存,最后是外存。

(2)内存

内存可分为随机存储器(RAM)和只读存储器(ROM)两类。

随机存储器 RAM(Random Access Memory)的特点是可以读写,存取任一个单元所需的时间相同,通电时存储器内的内容可以保持,断电后存储的内容会消失。RAM 分为动态(DRAM)和静态(SRAM)两类。DRAM 的特点是集成密度高,主要用于大容量存储器。SRAM 的特点是存取速度快,主要用于高速缓冲存储器。只读存储器 ROM(Read Only Memory),它最大的特点是断电后不会丢失数据,但 ROM 只能读出原有的内容,不能由用户再写入新内容。PC 机系统主板上的 ROM BIOS 就是指的这种含有基本输入、输出程序的 ROM 芯片。ROM 可分为掩模 ROM、可编程 ROM(PROM)、可擦除可编程 ROM(EPROM)和电可擦除可编程 ROM(EEPROM)等。衡量内存的性能主要参考以下几个指标:

①容量

目前微机的内存容量一般为 8GB、16GB 或更高。

②内存主频

内存主频代表了内存所能达到的最大工作频率。内存主频越大,内存的速度就越快。目前微机的内存主频一般为 667MB、800MB、1333MB 或更高。

(3)主板

主板又叫主机板、系统板或母板,是微机最基本的也是最重要的部件之一,是机箱内最大的一块电路板,上面提供了各种插槽和系统总线及扩展总线。主要由 PCB(印刷电路板)、主板芯片组、功能控制芯片、各种插座与插槽、接口及 BIOS 存储器及 CMOS 芯片组成。

(4)总线

总线(BUS)是微机中各个部件之间传送信息的一组公共通信干线,根据总线中传输信息的不同,可以分为地址总线(Address BUS)、数据总线(Data BUS)、控制总线(Control BUS)三类。衡量总线的性能主要参考以下几个指标:

①总线带宽

总线带宽指的是单位时间内总线上的数据传送量,单位是 MB/S。

②总线位宽

总线位宽即总线能同时传送的二进制的位数,单位是 bit。

③总线工作频率

(5)外存

① 机械硬盘

机械硬盘是微机中最重要的外部存储设备,通常固定在计算机的主机箱内,计算机中大部分文件存储在硬盘上。衡量硬盘的性能主要参考以下几个指标:

a. 容量:是硬盘最主要的参数,一般以 GB 为单位。当前硬盘的容量多在 500 GB 以上。

b. 转速:硬盘转速是硬盘电机主轴的旋转速度。硬盘的转速越快,读取数据的速度就越快。

② 固态硬盘

固态硬盘(Solid-State Drive,简称 SSD)是一种存储介质,用于替代传统的机械硬盘(Hard Disk Drive,简称 HDD)。相比于传统的机械硬盘,固态硬盘具有更快的数据读写速度、更少的响应时间、更高的耐用性和更低的能耗。

以下是固态硬盘的一些主要指标:

a. 容量(Capacity):固态硬盘的容量表示可以存储的数据量,一般以"GB"(千兆字节)或"TB"(万兆字节)来表示。较大的容量意味着可以存储更多的文件和数据。

b. 读取速度(Read Speed):固态硬盘的读取速度指的是从硬盘中读取数据的速度。读取速度越快,意味着可以更快地加载和访问存储在硬盘中的文件和数据。

c. 写入速度(Write Speed):固态硬盘的写入速度指的是将数据写入硬盘的速度。较高的写入速度可以提高数据传输的效率和响应速度。

d. 响应时间(Response Time):固态硬盘的响应时间是指访问硬盘上的数据所需的时间延迟。较低的响应时间可以提高系统的快速响应能力和用户体验感受。

e.寿命(Endurance):固态硬盘的寿命是指其可写入或擦除的数据量。固态硬盘的寿命通常用"总字节数"或"总写入量"来表示,通常以"TBW"(总写入数据量)来衡量。

f.均匀磨损(Wear Leveling):固态硬盘的均匀磨损是指在写入和擦除数据时,控制芯片内存单元均匀使用,以延长固态硬盘的寿命。

g.TRIM 支持:TRIM 是一种 SSD 优化技术,可以帮助固态硬盘维护高性能和长寿命。TRIM 支持的固态硬盘可以通过操作系统删除不需要的数据,从而提高读写性能。

③ USB 存储器

USB 存储器是一种采用 Flash Memory(闪存,属于非挥发性内存,断电后数据也能保存)芯片作为存储介质,具有 EEPROM(Electrically EPROM)电擦除的特点,并能通过 USB 接口与计算机交流数据的活动电子盘。USB 存储器具有热插拔、即插即用、可靠性高、速度快、体积小、兼容性好、携带方便与容量大的特点,深受人们喜爱。

(6)显示器

显示器是计算机的最主要输出设备之一。显示器按显像原理分为 CRT(阴极射线管显示器)和 LCD(液晶显示器)。目前主流的显示器为液晶显示器。衡量显示器的性能主要参考以下几个指标:

①尺寸

显示器的尺寸是显示屏对角线的长度,其单位是英寸(1 英寸=2.539 厘米)。

②分辨率

分辨率指屏幕上构成一个影像的像素总和,像素是指组成图像的最小单位,也即屏幕上的发光"点"。显示像素的多少,横向点×纵向点。

$800×600、1024×768、1280×800、1440×900、1366×768、……$

③显示颜色

显示颜色是指显示颜色的数量。256 色、增强色(16 位)、真彩色(24 位)。

(7)音箱

音箱是多媒体计算机重要部件之一,音箱的前身是扬声器,仅仅能够发声,后来立体声、多声道促进了音箱的发展。在多媒体计算机中,声卡再高档,如果没有性能优异的音箱配合,都无法展现其卓越的性能。

1.3.4 计算机软件系统

计算机软件可分为系统软件和应用软件两大类。

1.系统软件

系统软件是在计算机系统中直接服务于计算机系统的由计算机厂商或专业软件开发商提供的,所供给用户使用的操作系统环境和控制计算机系统按照操作系统要求运行的软件。它包括操作系统、语言处理程序、数据库管理系统等。目前,操作系统软件有 Windows、Linux、Unix 等系列。

(1)操作系统

操作系统(Operating System)是最重要的系统软件,用于控制和管理计算机硬件资源与软件资源,并为用户提供操作界面。不同的操作系统的结构和内容差别很大,一般具有处理器管理、文件管理、存储管理、设备管理、作业管理五大管理功能。

（2）语言处理程序

语言处理程序是为用户设计的编程服务软件，用于将高级语言源程序翻译成计算机能识别的目标程序，从而让计算机解决实际问题。程序设计语言一般分为机器语言、汇编语言和高级语言三类。

①机器语言

计算机能够识别的数据要么是"0"，要么是"1"，也就是指计算机能够处理的数据是一种由"0"和"1"表示的二进制代码。由"0""1"排列成不同的代码使计算机完成相应的操作，这些代码组成的基本命令被称为机器指令。

机器语言就是机器指令的集合，一条指令就是机器语言的一个语句，它是一组有意义的二进制代码，指令的基本格式通常包含操作码和地址码两个部分，其中操作码用来表示指令所要完成的功能操作，地址码用来给出指令的操作数或操作数的地址。

②汇编语言

汇编语言是面向机器的程序设计语言，它是一种用英文助记符代替机器语言的二进制码，相对于机器语言的二进制码易于读写、调试和修改。

汇编语言是略高于直接手工编写二进制的机器指令码，因此，不可避免地存在一些缺点：编写的代码非常难懂，不好维护，难于调试；只能针对特定的体系结构和处理器进行优化；开发效率很低，时间长且单调。

由于汇编语言的助记符种类多，量大难记，还依赖于硬件体系。所以，就有了现在方便的高级语言。

③高级语言

高级语言并不是特指的某一种具体的语言，而是包括很多种编程语言，如：Java、C、C♯、Python 等多种，人们按照开发的项目需求来选择编程语言。

高级语言与计算机的硬件结构及指令系统无关，它有更强的表达能力，可方便地表示数据的运算和程序的控制结构，能更好地描述各种算法，而且容易学习掌握。但高级语言编译生成的程序代码一般比用汇编语言设计的程序代码要长，执行的速度也慢。所以汇编语言适合编写一些对速度和代码长度要求高的程序和直接控制硬件的程序。

（3）数据库管理系统

数据库管理系统（DBMS）是位于用户和操作系统之间的数据管理软件，能够科学地组织和存储数据、高效地获取和维护数据。

2. 应用软件

应用软件是为了某种特定的用途而被开发的软件，是一个特定的程序，通常分为通用软件和专用软件。用户使用应用软件能够提高工作效率、确保数据的准确性、增强趣味性。

通用软件适合一般用户使用的能解决某种问题的软件，如办公软件 Office、多媒体播放软件、各种网络聊天和下载工具等。

专用软件是具有特殊用途，针对用户实际需要专门开发的软件。如财务软件、人事管理软件等。

1.3.5 微机的组装

微型计算机的各个硬件部分需要通过各类连线和接口组装在一起，才能构成一个完整的计算机硬件系统。组装微机的步骤大致如下。

①安装主机箱和电源；

②将 CPU 和 CPU 风扇安装到主板上；

③将主板固定在机箱内；

④安装硬盘和光驱；

⑤将内存条插入主板的插槽内；

⑥连接各类连线，包括硬盘和光驱的数据线和电源线、主板电源线以及主机箱的连接线；

⑦安装声卡、显卡、网卡等接口卡；

⑧连接外部接口，包括显示器、键盘、鼠标等。

微机硬件系统组装完毕，需要进行 BIOS 设置和硬盘初始化，并安装系统软件，之后就可以安装和运行各种应用软件。

1.4 Windows 10 操作系统

1.4.1 操作系统概述

操作系统是计算机系统的关键组成部分，负责管理与配置内存、决定系统资源供需的优先次序、控制输入与输出设备、操作网络与管理文件系统等基本任务。操作系统的种类很多，各种设备安装的操作系统不尽相同。目前，流行的操作系统主要有 Android、Linux、Mac OS、Windows 等，除了 Windows 等少数操作系统外，大部分操作系统都为类 UNIX 操作系统。

1. 操作系统的基本概念

操作系统(Operating System，OS)是管理和控制计算机硬件与软件资源的计算机程序，是直接运行在"裸机"上的最基本的系统软件，任何其他软件都必须在操作系统的支持下才能运行。操作系统是用户和计算机的接口，同时也是计算机硬件和其他软件的接口。操作系统的功能包括管理计算机系统的硬件、软件及数据资源，控制程序运行，改善人机界面，为其他应用软件提供支持等，使计算机系统所有资源最大限度地发挥作用；提供各种形式的用户界面，使用户有一个好的工作环境；为其他软件的开发提供必要的服务和相应的接口。实际上，用户是不用接触操作系统的，操作系统管理着计算机硬件资源，同时根据应用程序的资源请求，为其分配资源，如划分 CPU 时间、开辟内存空间、调用打印机等。

2. 操作系统的功能

操作系统的主要功能是资源管理、程序控制和人机交互等。计算机系统资源可分为设备资源和信息资源两大类。设备资源指的是组成计算机的硬件设备，如 CPU、内存、磁盘、打印机、磁带、显示器、键盘输入设备和鼠标等。信息资源指的是存放于计算机内的各种数据，如文件、程序库、知识库、系统软件和应用软件等。

操作系统位于底层硬件与用户之间，是两者沟通的桥梁。用户可以通过操作系统的用户界面输入命令，操作系统则对命令进行解释，驱动硬件设备，实现用户要求。以现代观点而言，一个标准个人计算机的操作系统应提供以下功能。

（1）资源管理

系统的设备资源和信息资源都是操作系统根据用户需求按一定的策略来进行分配和调度的。操作系统的存储管理是操作系统资源管理功能的一个重要内容，负责将内存单元分配给需要内存的程序，在程序执行结束后将它占用的内存单元收回。对于提供虚拟存储的计算机系统，操作系统还要与硬件配合做好页面调度工作，根据执行程序的要求分配页面，在执行中将页面调入和调出内存，以及回收页面等。

操作系统的设备管理功能主要是分配和回收外设及控制外设按用户程序的要求进行操作等。对于非存储型外设，如打印机、显示器等，它们可以直接作为一个设备分配给一个用户程序，在使用完毕后回收以便给另一个需求的用户使用。对于存储型外设，如硬盘、磁盘等，则是提供存储空间给用户，用来存放文件和数据。存储型外设的管理与信息管理是密切结合的。

（2）程序控制

一个用户程序的执行自始至终是在操作系统控制下进行的。用户针对一种需求用某一种程序设计语言编写了一个程序，然后将该程序连同对它执行的要求输入计算机，操作系统就根据要求控制这个用户程序的执行直到结束。操作系统控制程序执行主要有以下内容：调入相应的编译程序，将某种程序设计语言编写的源程序编译成计算机可执行的目标程序，分配内存等资源将程序调入内存并启动，按用户指定的要求处理执行中出现的各种事件，以及与操作员联系请示有关意外事件的处理等。

（3）人机交互

操作系统的人机交互功能是决定计算机系统"友善性"的一个重要因素。人机交互功能主要靠可输入/输出的外设和相应的软件来完成。可供人机交互使用的设备主要有键盘、显示器、鼠标、各种模式的识别设备等。与这些设备相应的软件就是操作系统提供人机交互功能的部分。人机交互部分的主要作用是控制有关设备的运行和理解并执行通过人机交互设备传来的有关的各种命令和要求。

（4）进程管理

无论常驻程序或者应用程序，它们都以进程为标准执行单位。在运用冯·诺依曼架构制造计算机时，每个CPU只能同时执行一个进程。早期的操作系统也不允许任何程序打破这个限制，且磁盘操作系统（Disk Operating System，DOS）只有执行一个进程的能力。现代的操作系统，即使只拥有一个CPU，也可以利用多进程功能同时执行多个进程。进程管理指的是操作系统调整多个进程的功能。

（5）存储器管理

操作系统的存储器管理提供查找可用的记忆空间、配置与释放记忆空间，以及交换存储器和低速存储设备的功能。存储器管理的一个重点内容就是通过CPU的帮助来管理虚拟位置。如果同时有许多进程存储于记忆设备，则操作系统必须防止它们互相干扰对方的存储器内容，分区存储器空间即可达成上述目标。CPU中事先存储了几个表，以比对虚拟位置与实际存储器位置，这种方法称为标签页配置。

通过对每个进程产生分开独立的位置空间，操作系统也可以轻易地一次释放某进程所占用的所有存储器。如果这个进程不释放存储器，操作系统可以退出进程并将存储器自动释放。

（6）用户接口

用户接口包括作业一级接口和程序一级接口。作业一级接口是为了便于用户直接或间接地控制自己的作业而设置,通常包括联机用户接口与脱机用户接口。程序一级接口是为用户程序在执行中访问系统资源而设置的,通常由一组系统调用组成。

1.4.2 Windows 10 操作系统概述

1. Windows 10 操作系统简介

Windows 10 是美国微软公司研发的跨平台及设备应用的操作系统,是微软发布的一个独立 Windows 版本。Windows 10 共有家庭版、专业版、企业版、教育版、移动版、移动企业版和物联网核心版 7 个版本,分别面向不同用户和设备。

Windows 10 可供家庭及商业工作环境、笔记本式计算机、平板计算机、多媒体中心、手机等使用,支持广泛的设备类型。2015 年 4 月 29 日,微软公司宣布 Windows 10 将采用同一个应用商店,同时支持 Android 和 iOS 程序。2015 年 7 月 29 日,微软公司发布 Windows 10 正式版。2018 年 9 月,微软公司宣布为 Windows 10 系统带来了 ROS(机器人操作系统)支持,此前这一操作系统只支持 Linux 平台,现在微软公司正在打造 ROS for Windows。Windows 10 的图标如图 1-4-1 所示。

图 1-4-1　Windows 10 的图标

2. Windows 10 操作系统的安装

Windows 10 操作系统可以通过优盘安装、克隆安装和硬盘安装等方式进行安装。下面对这三种安装方式进行简单介绍。

优盘安装:使用优盘(USB 闪存驱动器)进行安装是一种常见的方式。首先,需要将 Windows 10 的 ISO 文件下载到计算机上,并使用专门的工具(如 Windows USB/DVD Download Tool)将 ISO 文件写入优盘,制作一个可引导的 USB 安装盘。然后,将优盘插入要安装 Windows 10 的计算机,从 BIOS 或 UEFI 设置中将启动顺序设置为从 USB 启动。重启计算机,按照安装界面上的指示完成安装过程。

克隆安装:克隆安装是将一个 Windows 10 操作系统的完整副本复制到另一台计算机上的安装方式。这种方式适用于需要在多台计算机上进行相同配置和软件的安装。首先,需要使用专业的克隆软件(如 Clonezilla、Acronis True Image 等)创建一个 Windows 10 系统的映像文件。然后,将映像文件复制到目标计算机上,并使用克隆软件进行还原,将映像文件恢复到硬盘上。最后,配置各个计算机上的个人偏好设置并进行一些必要的系统优化。

硬盘安装:硬盘安装是直接将 Windows 10 操作系统安装到计算机的硬盘上的方式。首先,需要将 Windows 10 的 ISO 文件下载到计算机上,并将其刻录到 DVD 或制作一个可引导的 USB 安装盘。然后,将安装盘插入要安装 Windows 10 的计算机,从 BIOS 或 UEFI 设置中将启动顺序设置为从安装盘启动。重启计算机,按照安装界面上的指示完成分区、格式化和安装过程。

无论采用哪种安装方式,都需要注意备份重要数据,并按照操作系统和计算机制造商的指南进行操作。另外,在安装过程中,可能需要提供产品密钥和进行一些个人偏好设置。请确保在进行安装之前阅读相关指南和说明。

3. Windows 10 操作系统的启动和退出

(1)启动

①Windows 10 操作系统的启动方法有以下两种:

a. 冷启动:在正常情况下,打开外设电源开关,然后按下主机电源键即可。

b. 热启动:在使用计算机过程中遇到问题的情况下,打开"开始"菜单,选择"电源"命令,在弹出的菜单中选择"重启"命令。

②进入 Windows 10 操作系统,显示欢迎界面。按住鼠标左键向上拖曳,或按键盘上任意键,可进入登录界面。

③如果没有设置登录密码,单击用户名可以直接登录系统;如果设置了密码,则输入密码单击"确定"按钮,密码验证通过后,即可进入系统桌面。

(2)退出

Windows 10 操作系统的退出方法与传统的操作系统稍有不同。Windows 10 系统的关机操作如下:打开"开始"菜单,选择"电源"命令,在弹出的菜单中选择"关机"命令。

"电源"菜单中常用的有以下选项:

①注销。该操作将关闭所有程序,计算机将与网络断开连接,并准备由其他用户使用该计算机,可以用其他用户的身份登录到 Windows 10 中。

②关机。关闭整个系统。

③重启。关闭 Windows 10 并重新启动系统。

4. 认识 Windows 10 桌面

桌面是打开计算机并登录到 Windows 10 之后看到的主屏幕区域,用于显示屏幕工作区域的窗口、图表和菜单等。Windows 10 桌面主要由桌面图标、桌面背景和任务栏等部分构成,如图 1-4-2 所示。

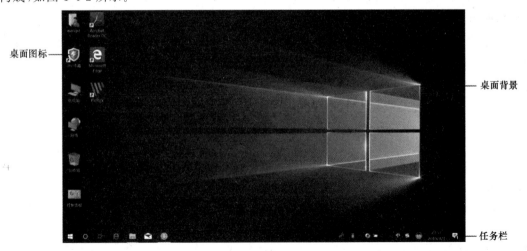

图 1-4-2　Windows 10 桌面

（1）桌面图标

桌面图标是指桌面上排列的小图像，包含图片和文字两部分，文字说明图标的名称或功能，图片是它的标识。桌面图标有助于快速执行命令和打开程序文件。双击桌面图标，可以快速启动对应的文件、文件夹或应用程序。

①添加系统图标

系统图标主要有"此电脑""回收站""网络""用户的文件"和"控制面板"。通常在 Windows 10 初始状态下，桌面上只有一个"回收站"图标，可以根据需要添加其他系统图标，具体操作如下。

a. 在桌面空白处右击，在弹出的快捷菜单中选择"个性化"命令。

b. 打开"个性化"设置窗口，选择"主题"选项，在右侧"相关的设置"选项区域中单击"桌面图标设置"选项。

c. 打开"桌面图标设置"对话框，选中需要添加的系统图标前的复选框，单击"确定"按钮，即可完成设置。

②查看及排列图标

如果桌面上的图标较多，会显得十分凌乱，这时可以通过设置桌面图标的大小和排列方式来整理桌面。

在桌面空白处右击，在弹出的快捷菜单中选择"查看"命令，其级联菜单中包含大图标、中等图标和小图标等多种查看方式，可根据需要选择其中一种。大图标、中等图标和小图标之间只能选择其一，其他选项可以同时选择多个。

在桌面空白处右击，在弹出的快捷菜单中选择"排列方式"命令，可以看到其级联菜单中有 4 种排列方式，分别为名称、大小、项目类型和修改日期。

③创建桌面快捷方式图标

桌面上的快捷方式图标实质上就是打开各种程序和文件的快捷方式。用户可以在桌面上创建自己经常使用的程序或文件的图标，需要时直接双击桌面图标即可快速启动该项目。使用以下两种方式可以创建桌面快捷方式。

a. 选中需要创建图标的文件（文件夹）或程序，右击，在弹出的快捷菜单中选择"发送到"→"桌面快捷方式"命令，即可在桌面上创建快捷方式图标。

b. 在桌面空白处右击，在弹出的快捷菜单中选择"新建"→"快捷方式"命令，打开"创建快捷方式"对话框，单击"浏览"按钮，按照路径选择文件，单击"下一步"按钮即可。

④图标的重命名与删除

选中桌面上的图标，右击，在弹出的快捷菜单中选择"重命名"命令，可以输入新名称，然后在桌面任意位置单击，即可完成对图标的重命名。

需要删除桌面上的图标时，选中该图标，右击，在弹出的快捷菜单中选择"删除"命令，弹出提示对话框，询问用户是否要删除所选内容并放入回收站。单击"是"按钮，确认删除；单击"否"按钮，取消操作。

（2）任务栏

任务栏是位于屏幕底部的水平长条。与桌面不同的是，桌面可以被打开的窗口覆盖，而任务栏始终可见。任务栏由"开始"按钮、程序区域、通知区域和"显示桌面"按钮组成。

5. 认识 Windows 10 窗口

在 Windows 10 操作系统中,窗口是屏幕上与一个应用程序相对应的矩形区域,它是用户与应用程序之间的可视化操作界面。每个窗口负责显示和处理某一类信息,用户可以在任意窗口上进行操作,并在各窗口之间交换信息。因此,窗口操作是 Windows 10 系统中使用频繁和基础的操作。

(1)窗口的结构和组成

虽然每个窗口的内容各不相同,但大多数窗口有相同的组成部分,如图 1-4-3 所示。

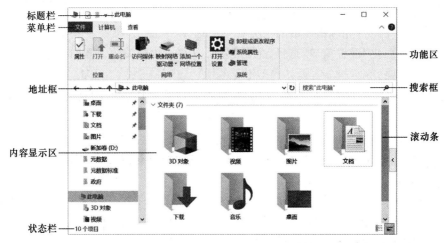

图 1-4-3　窗口的组成

①标题栏:位于窗口顶端,用于显示文档和程序的名称。它的最右侧显示了"最小化""最大化/还原"和"关闭"按钮。通过标题栏可以进行移动窗口、改变窗口大小和关闭窗口等操作。

②菜单栏:包含程序中可单击进行选择的命令,按类别划分为多个选项,每个选项包含一系列命令。在 Windows 10 中单击某个菜单栏显示的不再是一系列级联菜单,而是功能区管理界面。

③功能区:位于菜单栏下方,直接单击功能区中的按钮即可进行快捷操作。功能区一般只显示常用的功能按钮,需要其他操作命令时,可以单击相应的功能按钮,在弹出的下拉列表中进行选择。

④地址框:将用户当前的位置显示为以箭头表示的一系列链接。可以通过单击某个链接或输入位置路径来导航到其他位置。

⑤搜索框:窗口中的搜索框与"开始"菜单中搜索框的作用和用法相同,都具有在计算机中搜索各种文件的功能,用户随时可以在搜索框中输入关键字进行搜索。

⑥滚动条:包括水平滚动条和垂直滚动条,可以滚动窗口的内容以查看当前视图之外的信息。

⑦内容显示区:用于显示当前窗口包含的内容。

⑧状态栏:位于窗口底部,显示窗口当前状态和用户操作有关的信息。

(2)改变窗口的大小

①用鼠标拖曳:若要调整窗口的大小(使其变小或变大),可将鼠标指针指向窗口的任意边框或边角,当鼠标指针变成双向箭头时,拖曳边框或边角即可。

②最小化/还原窗口:单击窗口标题栏中的"最小化"按钮,即可将当前窗口最小化到任务栏,只在任务栏上显示为按钮。单击任务栏上的按钮将还原窗口。

③最大化/还原窗口,可通过执行下列操作之一实现:

a. 单击"最大化"按钮可使窗口填满整个屏幕;单击"还原"按钮可将最大化的窗口还原到原始大小(此按钮出现在"最大化"按钮的位置上)。

b. 双击窗口的标题栏可使窗口最大化或还原。

c. 将窗口的标题栏拖曳到屏幕的顶部,该窗口的边框即扩展为全屏显示,释放窗口使其最大化。将窗口的标题栏拖曳离开屏幕的顶部时,窗口还原为原始大小。

(3)移动窗口

在操作 Windows 10 的过程中,用户有时需要移动窗口到屏幕上的某个位置。移动窗口的操作方法是单击窗口的标题栏,按住鼠标左键不放,拖曳鼠标,至合适的位置后释放鼠标左键即可。

(4)切换窗口

用户打开了多个窗口,但当前工作的前台窗口只有一个。有时用户需要在不同窗口之间任意切换,进行不同的工作。

使用任务栏切换窗口:单击任务栏中的某个按钮,其对应窗口将出现在所有其他窗口的前面,成为当前窗口。

使用 Alt+Tab 组合键:按 Alt+Tab 组合键将打开一个缩略图面板,按住 Alt 键不放,并重复按 Tab 键将循环切换所有打开的窗口,释放 Alt 键可以显示所选的窗口。

(5)排列窗口

在桌面上打开多个窗口时,可以用不同方式排列窗口。窗口的排列方式有 3 种:层叠窗口、堆叠显示窗口和并排显示窗口。具体操作方法:在任务栏空白处右击,在弹出的快捷菜单中选择一种排列方式。

①层叠窗口:当桌面上打开多个窗口时,可以将窗口按层叠模式进行放置,多个窗口互相叠加并稍微错位,便于直观查看窗口的标题,单击窗口标题栏可使下面的窗口切换为当前窗口。

②堆叠显示窗口:将多个窗口纵向堆叠同时显示在屏幕上。堆叠显示的方法是在任务栏上右击,在弹出的快捷菜单中选择"堆叠显示窗口"命令。

③并排显示窗口:将多个窗口进行缩小平铺,窗口的数量越多,缩放的比例就会越小,直至铺满整个屏幕。

(6)关闭窗口

用户完成对窗口的操作后,关闭窗口时有以下 4 种方式。

①在标题栏上单击"关闭"按钮。

②双击窗口左上角的"控制菜单"按钮进行操作。

③单击"控制菜单"按钮,在弹出的控制菜单中选择"关闭"选项。

④使用 Alt+F4 组合键。

如果用户打开的是应用程序窗口,可以在"文件"菜单中选择"退出"命令,同样也能关闭窗口。如果所要关闭的窗口处于最小化状态,可以在任务栏的程序图标上右击,在弹出的快捷菜单中选择"关闭窗口"命令。

（7）对话框

对话框是特殊类型的窗口。与常规窗口不同，对话框无法进行最大化、最小化或调整大小等操作，但是它可以被移动。

1.4.3 Windows 10 的文件和资源管理

1. 认识文件和文件夹

（1）文件和文件夹

存储在存储器中的信息集合称为文件。在 Windows 10 中，每个文件都有自己的名称和图标。文件名是存取文件的依据，即按名存取。硬盘是存储文件的大容量存储设备，其中可以存储很多文件。文件的内容可以是多种多样的信息，如文本、图像、声音、程序等。多种文件被分门别类地组织在文件夹中进行管理。

文件夹是存储文件和子文件夹的容器。每个文件夹必须有一个自己的名称。将相关的文件放在一个文件夹中，便于对文件的使用和管理。Windows 10 采用树形结构的文件夹来对文件进行管理。这种结构层次分明，便于被人们理解和使用。

（2）文件名

在计算机中，任何一个文件都有文件名，文件名是文件存取和执行的依据。文件名分为主文件名和扩展名两个部分，即

$$文件名＝主文件名.扩展名$$

在 Windows 10 操作系统中，文件名的命名规则如下。

①最多可以使用 255 个字符。

②不区分大小写但显示时可以保留大小写格式。

③除第一个字符外，其他位置均可以出现空格。

④不可以使用 / 、\ 、? 、: 、* 、" 、< 、> 、| 等字符。

⑤文件名中可以有多个分隔符（.），将以最后一个作为扩展名的分隔符。

（3）文件类型

文件的扩展名表示文件的类型。不同类型的文件处理方法是不同的，具体由系统定义。在 Windows 10 操作系统中，虽然允许扩展名为多个英文字符，但是大部分扩展名习惯采用 3 个英文字符。Windows 10 操作系统中常见的文件扩展名及其含义如表 1-4-1 所示。

表 1-4-1　　　　　　Windows 10 操作系统中常见的文件扩展名及其含义

文件类型	扩展名	说明
可执行程序	exe、com	可执行程序文件
文本文件	txt	通用性极强，一般作为各种文件格式转换的中间格式
源程序文件	c、bas、asm	程序设计语言的源程序文件
办公软件文件	docx、xlsx、pptx、	WPS Office 中创建的文档
图像文件	jpg、gif、bmp	图像文件，不同的扩展名表示不同格式的图像文件
视频文件	avi、mp4、rmvb	通过视频播放软件播放，视频文件格式不统一
压缩文件	rar、zip	压缩文件
音频文件	wav、mp3、mid	不同的扩展名表示不同格式的音频文件
网页文件	htm、html、asp	一般来说，前两种是静态网页，后一种是动态网页

2. 文件和文件夹的操作

(1)选中文件(夹)

对文件或文件夹进行复制、移动或删除等操作之前,必须先选中后操作。选中文件或文件夹有以下几种方式。

①选中单个文件或文件夹:找到相应文件或文件夹,单击即可。

②选中多个连续的文件或文件夹:选中第一个文件,按住 Shift 键,再选中最后一个文件。

③选中多个不连续的文件或文件夹:可以先选中第一个文件或文件夹,然后按住 Ctrl 键,在窗口中依次单击所需的各个文件和文件夹。

④选中全部文件或文件夹:按 Ctrl+A 组合键,可以选中当前窗口中全部的文件和文件夹。

(2)创建文件夹

为了便于分门别类地保存文件,可以在磁盘某个位置创建文件夹。常用以下两种方法。

①打开目标磁盘,在空白处右击,在弹出的快捷菜单中选择"新建"命令,在级联菜单中选择"文件夹"命令。此时,在桌面上出现一个新的文件夹图标,其名称为"新建文件夹",并处于可编辑状态。重新输入文件夹名称后,按 Enter 键,或单击任何空白处,即完成创建。

②打开要创建文件夹的目录(如"文档"),单击"主页"→"新建"→"新建文件夹"按钮。在当前目录中会新增一个文件夹图标,且其文件名处于可编辑状态,可输入预期的文件夹名称。文件夹名称编辑好后,按 Enter 键或单击空白处,即可完成文件夹名称的编辑。

(3)移动文件(夹)

文件和文件夹的移动是将其从原位置移到新的位置,原位置上的文件和文件夹消失。下面介绍 3 种移动文件或文件夹的方法。

①鼠标拖曳法

在同一磁盘间移动时,先选中文件或文件夹,用鼠标将其拖曳到所需的位置后,释放鼠标即可。

在不同磁盘间移动时,先选中文件或文件夹,用鼠标拖曳的同时按住 Shift 键,将选中的文件或文件夹移动到目标位置,然后释放鼠标左键及 Shift 键。

②使用命令移动文件(夹)

选中要移动的文件(夹),单击"主页"→"组织"→"移动到"下拉按钮,在弹出的下拉列表中选择"选择位置"命令,打开"移动项目"对话框,选择目标文件夹(如桌面),即可将文件(夹)移动到目标文件夹。

③通过快捷菜单移动文件(夹)

选中要移动的文件或文件夹,右击,在弹出的快捷菜单中选择"剪切"命令,将其放入剪贴板,然后在目标驱动器或文件夹空白处右击,在弹出的快捷菜单中选择"粘贴"命令,即可实现文件(夹)的移动。

(4)复制文件(夹)

复制和移动文件(夹)的区别:复制文件(夹)是原位置文件存在且位置不变,在新位置增加一个对象的副本;而文件(夹)移动后,原位置文件不再存在。复制文件(夹)同样有 3 种方法。

①鼠标拖曳法

在同一磁盘间复制,先选中文件或文件夹,按住 Ctrl 键的同时用鼠标将选中对象拖曳到新的位置,然后释放鼠标左键和 Ctrl 键。

在不同磁盘间复制,先选中文件或文件夹,用鼠标直接拖曳到目标位置即可。

用鼠标拖曳的方法复制文件或文件夹时,在鼠标指针后有一个"+"号标志,以区别移动。

②使用命令复制文件(夹)

选中要移动的文件(夹),单击"主页"→"组织"→"复制到"下拉按钮,在弹出的下拉列表中选择目标文件夹,即可完成文件(夹)的复制。

③通过快捷菜单复制文件(夹)

选中要复制的文件(夹),右击,在弹出的快捷菜单中选择"复制"命令,然后在目标文件夹的空白处右击,在弹出的快捷菜单中选择"粘贴"命令即可实现文件(夹)的复制。

提示:文件(夹)的移动和复制是通过剪贴板进行的。剪贴板是 Windows 10 程序和文件之间用于传递信息的临时存储区,它不但可以存放文本,还可以存放图像、声音等其他多媒体信息。应用剪贴板常用的快捷键有 Ctrl+X(剪切)、Ctrl+C(复制)、Ctrl+V(粘贴)。

Windows 10 操作系统还提供了将桌面、当前窗口或对话框图像复制到剪贴板的按键。

①Print Screen 键:将桌面图像复制到剪贴板。

②Alt+Print Screen 组合键:将当前窗口或对话框复制到剪贴板。

(5)重命名文件(夹)

文件和文件夹重命名的方法如下。

①选中文件或文件夹,单击"主页"→"组织"→"重命名"按钮。

②单击要重命名的文件或文件夹,再单击一次,使文件名处于可编辑状态。

③右击要重命名的文件或文件夹,在弹出的快捷菜单中选择"重命名"命令。

以上 3 种情况选中的文件或文件夹名被加上方框,框内出现光标闪动,可在框内输入新的文件或文件夹的名称,按 Enter 键即可完成重命名。

(6)删除文件(夹)

删除文件(夹)是指将计算机中不需要的文件(夹)删除,以节省磁盘空间。删除文件或文件夹的操作有以下几种方法。

①选中文件(夹)后,单击"主页"→"组织"→"删除"按钮。

②选中文件(夹)后,按 Delete 键。

③右击文件(夹),在弹出的快捷菜单中选择"删除"命令。

以上 3 种情况均可打开提示对话框,单击"否"按钮,放弃删除;单击"是"按钮将删除的文件或文件夹放入"回收站"。

④选中文件(夹)后,用鼠标将选中的文件或文件夹拖曳到"回收站"。如果在拖曳时按住 Shift 键,则文件或文件夹将从计算机中彻底删除,而不放到"回收站"中。

被放入"回收站"的文件(夹)在清空"回收站"之前一直被保存在"回收站"中,没有彻底删除。

(7)文件(夹)属性设置

选中文件(夹)后,可用以下方法打开选中文件(夹)的属性对话框。

①右击文件(夹),在弹出的快捷菜单中选择"属性"命令。

②在资源管理器中单击"主页"→"属性"按钮。

属性对话框中显示文件(夹)的名称、位置、大小、包括的文件(夹)数、创建的日期等常规信息。

文件(夹)常用的属性有只读、隐藏两种。

①只读:该类型的文件(夹)只能显示不能修改。为了防止文件(夹)被他人修改、意外删除,可把属性设置为"只读"。

②隐藏:该类型的文件(夹)被隐藏起来,不再显示,安全性高。某些重要的文件或配置文件、系统文件都为隐藏文件。若打开"文件夹选项"对话框,选择"查看"选项卡,选中"不显示隐藏的文件、文件夹或驱动器"单选按钮,则不显示"隐藏"属性的文件(夹)。

如果要设置高级属性,则可在属性对话框中单击"高级"按钮,打开"高级属性"对话框进行设置。

3.资源管理器

资源管理器是 Windows 10 操作系统提供的资源管理工具,用户可以用它查到本机的所有资源,特别是它提供的树形文件系统结构,使用户能更清楚、直观地认识计算机中的文件和文件夹。在资源管理器中还可以很方便地对文件(夹)进行各种操作,如打开、复制、移动等。

(1)启动资源管理器

在 Windows 10 中启动资源管理器有以下 4 种常用方法。

①直接双击桌面上的"此电脑"图标,打开"此电脑"窗口,左侧窗格中的列表实际上就是资源管理器。

②Windows 10 桌面的任务栏中类似于文件夹的图标,就是资源管理器的快捷方式,单击此图标即可打开资源管理器界面,也可右击图标,在弹出的快捷菜单中选择"文件资源管理器"命令。

③在桌面上右击"开始"按钮,在弹出的快捷菜单中选择"文件资源管理器"命令。

④按 Windows+E 组合键,可以快速启动资源管理器。

资源管理器窗口如图 1-4-4 所示。左侧窗格中以树形结构显示计算机中的资源,单击某一个文件夹会显示更详细的信息,同时文件夹中的内容会显示在右侧主窗格中。

图 1-4-4　资源管理器窗口

在资源管理器中,使用鼠标拖曳的方法实现文件或文件夹的移动或复制非常方便。首先在左侧窗格中展开文件所在的目录,在右侧窗格中选择需要移动的文件(复制时则按下 Ctrl 键),然后拖曳文件至左侧窗格目标文件夹后释放鼠标即可完成文件的移动(复制)。

(2)快速访问

快速访问是 Windows 10 资源管理器中特殊的文件夹,它用来记录用户最近的访问记录,便于用户快速找到资源管理器中常用的文件夹。只要用户打开过某一个文件夹,Windows 10 就会自动将文件夹的链接保存在下方的"常用文件夹"列表中,下一次用户可以在"快速访问"列表中找到相应的记录。右击某一个文件夹,在弹出的快捷菜单中选择"固定到'快速访问'"命令,即可将文件夹的位置固定到资源管理器左侧窗格的"快速访问"列表中。

4. 回收站

"回收站"是桌面上的一个文件夹,用来临时保存用户从磁盘上删除的文件、文件夹、应用程序及快捷方式等对象。在清空回收站之前,存放在"回收站"中的对象并没有真正从计算机中删除,一旦需要可以从"回收站"恢复到原来的位置,"回收站"中暂存的文件等对象,可以有选择地单个删除,也可以清空回收站。从"回收站"中删除的对象将永久地从计算机中删除,不可恢复。当"回收站"填满时,先放入"回收站"的文件或文件夹将被删除。

(1)打开"回收站"

双击桌面上的"回收站"图标,就可以打开"回收站"窗口。

(2)恢复"回收站"中的文件

双击桌面上的"回收站"图标,打开其窗口,如需恢复全部文件,直接单击"回收站工具—管理"→"还原所有项目"按钮即可。或者选中要恢复的目标,单击"回收站工具—管理"→"还原选定的项目"按钮。

(3)清空回收站

打开"回收站"窗口,单击"回收站工具—管理"→"清空回收站"按钮。回收站中的内容将被清空,即文件真正从磁盘上删除。

1.4.4 控制面板

1. 概述

控制面板是 Windows 10 操作系统管理和配置的核心界面,系统管理员的全部工作都可以在控制面板的某一项中完成。在控制面板中,可以对多种设备进行参数设置和调整,如键盘、鼠标、字体、区域设置、打印机、声音等。控制面板的启动方法有多种,具体如下。

(1)在桌面上直接双击"控制面板"图标,打开"控制面板"窗口,如图 1-4-5 所示。

(2)在"开始"菜单中选择"控制面板"命令。

2. 显示与个性化设置

通过外观和个性化设置,用户可以使自己的计算机与众不同,调整显示器的设置可以得到更佳的视觉效果或得到个性化的显示方式。个性化设置窗口一般有两种打开方式:在桌面空白处右击,在弹出的快捷菜单中选择"个性化"命令;或在"控制面板"窗口中单击"外观和个性化"选项,进入外观和个性化设置界面。

(1)个性化设置

在 Windows 10 操作系统中,对桌面的各种要素进行设置可以改变系统的背景和视觉

图 1-4-5　"控制面板"窗口

外观,个性化设置主要指对桌面的设置。用户可以根据自己的个性化需要设置桌面背景、窗口颜色、主题及屏幕保护程序等。

①设置桌面背景

在 Windows 10 桌面上,除了图标以外,影响美观的就是桌面背景。用户可以根据自己的喜好更换桌面背景,具体操作如下:打开个性化设置窗口,在左侧列表中选择"背景"选项,在右侧主窗格的"背景"下拉列表框中选择"图片"选项,然后在"选择图片"选项区域选择需要作为背景的图片。如果没有喜爱的图片,可以单击"浏览"按钮,指定计算机中的某个图片作为桌面背景。在"选择契合度"下拉列表框中指定图片的显示方式。其中,"填充"指背景图片小于屏幕时,图片在横向和纵向都进行扩展以填充整个屏幕;"适应"指图片的大小与屏幕大小相匹配;"拉伸"类似于填充,但图片较小时会出现严重变形;"平铺"指多张相同的背景图片铺满整个屏幕;"居中"指图片定位在屏幕的正中间。

在"背景"下拉列表框中选择"幻灯片放映"选项,单击"浏览"按钮,指定保存多张图片的文件夹,然后在"图片切换频率"下拉列表框中设置图片的切换时间。这种设置方式的效果是每隔某个时间间隔,桌面背景就会发生变化。若不喜欢使用图片作为桌面背景,用户还可以直接设定某种单一颜色作为桌面背景,在"背景"下拉列表框中选择"纯色"选项,然后在背景色列表中选中一种颜色即可。

②设置屏幕保护

屏幕保护是当用户在较长时间内没有操作计算机的情况下,用于保护显示器屏幕的实用程序。设置屏幕保护的操作步骤如下。

a.在个性化设置窗口的左侧列表中选择"锁屏界面"选项,单击右侧窗格下方的"屏幕保护程序设置"选项。

b.打开"屏幕保护程序设置"对话框,在"屏幕保护程序"下拉列表框中选择喜爱的屏幕保护程序,并单击"设置"按钮进行详细设置。

c.在"等待"数值框中输入屏幕保护程序的启动时间,单击"确定"按钮,即可完成设置。

③更改桌面主题

主题是指将桌面壁纸、边框颜色、系统声效等组合,从而为用户提供更好的用户界面效果。Windows 10 内置了许多漂亮、个性化的主题供用户选择。

a. 在个性化设置窗口的左侧列表中选择"主题"选项,在右侧窗格"应用主题"选项区域中选择喜爱的主题。

b. 用户可以对当前主题的背景、颜色、声音和鼠标指针进行设置,还可以自定义主题。

c. Windows 10 还允许用户从网上下载并安装精美的主题。单击"在 Microsoft Store 中获取更多主题"选项,即可下载更多主题。

（2）显示设置

在显示设置窗口中,可对显示文字的大小、显示器分辨率等属性进行设置。显示设置窗口打开方法为在桌面空白处右击,在弹出的快捷菜单中选择"显示设置"命令。

① 放大或缩小文本和其他项目

在该窗口中,用户可以改变屏幕上文本或其他项目的大小,使屏幕上的内容更加清晰,在左侧列表中选择"显示"选项,在右侧窗格"缩放与布局"选项区域下的"更改文本、应用等项目的大小"下拉列表框中选择适当的显示比例。

② 调整屏幕分辨率

分辨率是指显示器屏幕的像素数量。分辨率越高,像素数量越多,在屏幕尺寸相同的情况下,图像越清晰。在显示设置窗口中可以打开"分辨率"下拉列表框,选择合适的分辨率进行设置。

（3）任务栏和"开始"菜单

Windows 10 具有多任务处理功能,可以同时打开多个窗口,运行多个应用程序,每个正在运行的程序图标都会显示在任务栏中。通过个性化设置窗口中的"任务栏"选项可设置任务栏的显示方式和"开始"菜单。

① 设置任务栏

a. 改变任务栏高度。默认情况下,任务栏处于锁定状态,位于屏幕底部,其高度只能容纳一行按钮,任务栏锁定时,其位置、高度和图标顺序等都是固定不变的。因此,要改变任务栏的高度,需要先解除任务栏锁定状态,可以在"控制面板"窗口中单击"任务栏和导航"选项;或在任务栏空白处右击,在弹出的快捷菜单中选择"任务栏设置"命令,打开任务栏设置窗口。将右侧窗格中"锁定任务栏"选项的开关置于关闭状态,然后将鼠标指针移动到任务栏上边缘附近,指针变为双向箭头的形状时,按住鼠标左键拖曳就可以改变任务栏的高度了。

b. 改变任务栏位置。默认情况下,任务栏置于屏幕底部,实际上任务栏也可以放置在屏幕的左、右侧或上部。通常的设置方法是在任务栏设置窗口的"任务栏在屏幕上的位置"下拉列表框中选择相应选项;快速的设置方法是在任务栏没有锁定时,通过鼠标拖曳来改变任务栏的位置。

c. 自动隐藏任务栏。在任务栏设置窗口中,通过设置右侧窗格的"在桌面模式下自动隐藏任务栏"选项的开关即可设置任务栏的隐藏与显示。

此外,若将"使用小任务栏按钮"选项的开关置于开启状态,则任务栏中的程序图标切换为小图标显示。

d. 自定义任务栏。可以将工具栏中常用的工具添加至任务栏,操作方法如下:在任务栏空白处右击,在弹出的快捷菜单中选择"工具栏"命令,在其级联菜单中选择需要放置到任务栏的工具。

②设置"开始"菜单

"开始"菜单是 Windows 10 操作系统中非常经典的一个功能。在"开始"菜单中选择"所有程序"命令能够显示系统中安装的所有程序和文件夹。打开"开始"菜单可在其下方的搜索框中输入关键字搜索程序；对于不需要的程序，可以在"开始"菜单中右击该程序并进行卸载。

打开"开始"菜单设置窗口，可以设置"开始"菜单的相关属性。操作方法如下：在桌面空白处右击，在弹出的快捷菜单中选择"个性化"命令，打开"个性化"设置窗口，在左侧列表中选择"开始"选项，在右侧窗格中可以进行属性设置。例如，可以设置是否在"开始"菜单中显示应用列表。

3. 硬件和声音设置

在"控制面板"窗口中单击"硬件和声音"选项，打开"硬件和声音"窗口，其中包括设备和打印机、鼠标、电源选项等硬件设备的设置和管理功能。

(1)打印机设置与安装

添加打印机的操作方法如下：在"控制面板"窗口中单击"硬件和声音"类别下的"查看设备和打印机"选项，打开"设备和打印机"窗口，单击"添加打印机"按钮。系统即打开"添加打印机向导"对话框，用户可按提示完成打印机驱动程序的安装。同一台计算机可根据需要安装不同类型的打印机，以便在网络上共享打印设备。

一般情况下，应用程序总是在默认打印机上进行打印。将一个打印机设置成默认打印机的操作如下：在"设备和打印机"窗口中选中打印机，右击，在弹出的快捷菜单中选择"设为默认打印机"命令。默认打印机的图标带有 标记。

在"设备和打印机"窗口中右击要设置属性的打印机图标，在弹出的快捷菜单中选择"打印机属性"命令，打开该打印机的属性对话框，即可对打印机属性进行设置。

(2)声音设置

在"控制面板"窗口中单击"硬件和声音"选项，打开"硬件和声音"窗口，单击"声音"选项，在打开的"声音"对话框中即可对系统声音进行设置，如图 1-4-6 所示。

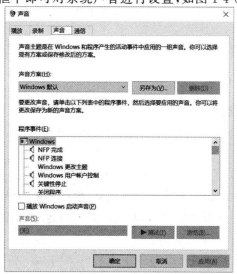

图 1-4-6 "声音"对话框

4.时钟、语言和区域设置

（1）日期和时间设置

在"控制面板"窗口中单击"时钟、语言和区域"选项，在打开的"时钟、语言和区域"窗口中单击"日期和时间"选项，打开"日期和时间"对话框，如图 1-4-7 所示。如果系统提示输入管理员密码或进行确认，请输入该密码或提供确认。

在"日期和时间"对话框中，执行下列一项或多项操作：若要更改小时，则双击小时，然后单击箭头按钮增加或减少该值。若要更改分钟，则双击分钟，然后单击箭头按钮增加或减少该值。若要更改秒，则双击秒，然后单击箭头按钮增加或减少该值。更改完时间设置后，单击"确定"按钮。若要更改时区，则单击"更改时区"按钮。在打开的"时区设置"对话框中，打开"时区"下拉列表框，选择当前所在的时区，然后单击"确定"按钮。

（2）区域设置

在"控制面板"窗口中单击"时钟、语言和区域"选项，在打开的"时钟、语言和区域"窗口中单击"更改日期、时间或数字格式"选项，打开"区域"对话框，可以对日期、时间、数字及货币的格式进行设置，如图 1-4-8 所示。

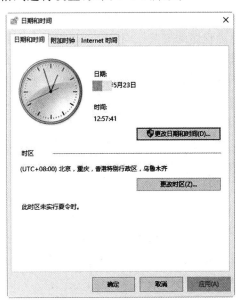
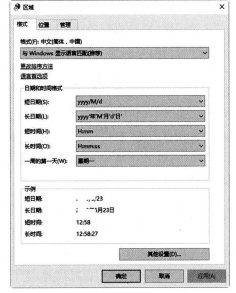

图 1-4-7 "日期和时间"对话框　　　　　图 1-4-8 "区域"对话框

5.应用程序的安装与删除

安装/卸载应用程序是通过"程序和功能"窗口进行的。其列表框中显示的是已经安装的应用程序。

（1）安装应用程序

下载应用程序的安装文件后，双击执行该文件，根据安装向导的提示一直单击"下一步"按钮操作即可；或在光驱中插入安装盘，双击使其自动运行，根据对话框的提示进行操作，即可完成新程序的添加。

（2）删除应用程序

安装后的应用程序会对系统的设置做某些修改，当删除此应用程序时，不能简单地从文件夹中删除,必须通过"程序和功能"窗口将其卸载。应用程序的删除操作步骤如下。

①打开"控制面板"窗口。

②单击"卸载程序"选项。

③在"当前安装的程序"列表框中选中要删除的应用程序,单击"更改/卸载"按钮即可。

6. 用户账户管理

Windows 系统具有多用户管理功能,多个用户可以共用一台计算机,而且每个用户可以建立个人账户,通过独立的账户密码登录系统和操作计算机,有利于个人的隐私保护且互不干扰。

(1)用户账户类型

用户账户用来记录用户的用户名和密码、隶属的组、可以访问的网络资源及用户的个人文件和设置。Windows 10 的本地用户账户分为 3 种类型,即管理员账户、标准用户账户和来宾账户。

①管理员账户

管理员账户拥有对全系统的控制权,能改变系统设置,可以安装、删除程序,能访问计算机上所有的文件。除此之外,此账户还可以创建和删除计算机上的用户账户,更改其他人的账户名称、图片、密码和账户类型。在 Windows 10 系统中至少要有一个计算机管理员账户。在只有一个计算机管理员账户的情况下,该账户不能将自己更改为标准用户账户。

②标准用户账户

标准用户账户允许用户使用计算机的大多数功能,但是如果要进行的更改会影响计算机其他的用户或安全,则需要管理员的许可。

使用标准用户账户时,可以使用计算机上安装的大多数程序,但是无法安装或卸载软件,也无法删除计算机运行所必需的文件,或者更改计算机上会影响其他用户的设置。如果使用的是标准用户账户,则某些程序可能要求提供管理员密码后才能执行某些任务。

③来宾账户

来宾账户是一种权限最低的账户。在 Windows 10 之前的操作系统中,来宾账户作为一种临时性的账户类型,主要是方便一些计算机上没有用户账户的人使用。此类账户的操作权限最小,它允许人们使用计算机,但没有访问个人文件的权限。使用来宾账户的人无法安装程序、更改设置或创建密码。在默认情况下,来宾账户是没有激活的,因此必须激活后才能使用。但是,在 Windows 10 操作系统中,即使激活来宾账户,此账户也不会显示在登录界面中,也就是说来宾账户无法登录到计算机。在局域网共享资源时,可能会要求激活来宾账户,这也是 Windows 10 保留来宾账户的原因之一。

(2)创建账户

①打开"控制面板"窗口,设置"查看方式"为"大图标",单击"用户账户"选项。

②打开"用户账户"窗口,单击"管理其他账户"选项。

③打开"管理账户"窗口,即可发现计算机中已存在的账户,单击"在电脑设置中添加新用户"选项。

④打开"设置"窗口,在"家庭和其他人员"选项区域单击"将其他人添加到这台电脑"按钮。

⑤在打开的"Microsoft 账户"对话框中输入新建账户的名称、密码及密码提示,单击"下

一步"按钮。

⑥返回"设置"窗口,即可发现已经创建的本地账户。

(3)管理账户

创建账户后,可以对账户的名称、密码、类型等进行修改,具体操作方法如下。

①打开"用户账户"窗口,单击"管理其他账户"选项,在打开的"管理账户"窗口中可见已建立的多个账户,选择需要管理的账户,如 student,如图 1-4-9 所示。

②打开"更改账户"窗口,可以进行更改账户名称、密码、类型、删除账户等操作。

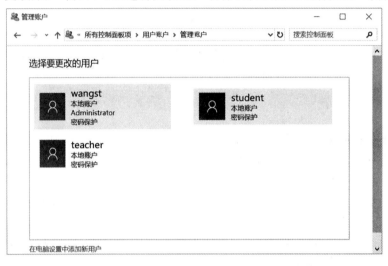

图 1-4-9 选择需要管理的账户

(4)删除账户

如果不需要某个账户,可以将其删除以确保使用安全。在"更改账户"窗口中单击"删除账户"选项,即可进入"删除账户"窗口,此时提示用户是否保留用户在系统中所有的配置文件,单击"删除文件"按钮即可,如图 1-4-10 所示。"删除文件"指删除用户在系统中的所有配置文件,"保留文件"指只删除用户的名称,但用户的配置文件保留在系统中,以后能重新创建相同的用户名使用系统保留的配置文件。

最后打开"确认删除"窗口,单击"确认删除"按钮即可。

图 1-4-10 "删除账户"窗口

1.4.5 Windows 10 的实用附件工具

1. 记事本

记事本是 Windows 10 操作系统提供的一个简单的文本编辑器,只能编辑文字和数字,不能进行字符和段落格式化,也不能将图片插入文本中,功能比较少,操作容易。记事本运行速度快,占用空间小,比较实用。

选择"开始"→"Windows 附件"→"记事本"命令,即可打开记事本窗口。记事本程序的文件名是 Notepad. exe,运行该文件也可打开记事本,保存记事本文档时以. txt 作为默认的扩展名。

2. 写字板

写字板是 Windows 10 操作系统附带的文字处理程序。与记事本进行简单文字输入不同,写字板可以满足一般的文字和图形处理需求。写字板不但可以对纯文本文件进行编辑,而且可以设置段落格式,进行排版。更重要的是,它可以将图片、电子表格、图表、音频等多媒体信息编辑在文本中,使电子文档设计更加美观。

选择"开始"→"Windows 附件"→"写字板"命令,就可以打开写字板应用程序窗口。

写字板的程序文件名是 Write. exe 或 Wordpad. exe ,运行该文件也能打开写字板窗口,保存写字板文档时以. doc 作为默认的扩展名。

3. 画图

画图应用程序是 Windows 10 操作系统自带的绘画作图工具,是相对简单实用的图形图像处理软件。它除了具有简单的图形处理功能外,还可以进行手工绘制,并且可以保存多种文件格式,以及查看、编辑照片、打印绘图等。

4. 系统工具——磁盘清理程序

在使用计算机时,用户经常会遇到磁盘空间不够用的问题。实际上,此时磁盘中的有些文件不一定有用,例如,用户从计算机上删除但还保存在"回收站"中的文件;在运行程序时,存储在 TEMP 文件夹中的临时信息文件;Internet 的临时文件;用户在查看特定的网页时,从 Internet 上自动下载的程序文件等,这些文件占用很多磁盘空间,因此,要定期对它们进行清理。

Windows 10 中的磁盘清理程序为用户提供了清理这些文件的方法。

清理磁盘文件的步骤如下:

(1)选择"开始"→"Windows 管理工具"→"磁盘清理"命令,系统将显示"磁盘清理:驱动器选择"对话框。

(2)选择所要清理的驱动器后,单击"确定"按钮,打开"磁盘清理"对话框,显示系统正在计算磁盘上可以释放的空间。

(3)计算完成后系统会打开一个所选磁盘的磁盘清理对话框。

(4)在"磁盘清理"选项卡的"要删除的文件"选项区域中包含可以删除的文件,用户选中文件前的复选框就可以将该类型的文件删除,若要查看某一类文件中所包含的文件内容,则单击"查看文件"按钮即可。

(5)选中所要删除的文件类型后,单击"确定"按钮,在打开的提示对话框中单击"是"按钮,即可清除所选文件。

1.5 网络信息安全

1.5.1 信息安全的基本概念

广义的网络安全(Cyber Security)是指网络系统的硬件、软件及其系统中的信息受到保护。它包括系统连续、可靠、正常地运行,网络服务不中断,系统中的信息不因偶然的或恶意的行为而遭到破坏、更改或泄露。

其中的信息安全需求,是指通信网络给人们提供信息查询、网络服务时,保证服务对象的信息不受监听、窃取和篡改等威胁,以满足人们最基本的安全需要(如隐秘性、可用性等)的特性。网络安全侧重于网络传输的安全,信息安全侧重于信息自身的安全,可见,这与其所保护的对象有关。

由于网络是信息传递的载体,因此信息安全与网络安全具有内在的联系,凡是网上的信息必然与网络安全息息相关。信息安全的含义不仅包括网上信息的安全,而且包括网下信息的安全。现在谈论的网络安全,主要是是指面向网络的信息安全,或者是网上信息的安全。

随着计算机技术的飞速发展,信息网络已经成为社会发展的重要保证。有很多是敏感信息,甚至是国家机密。所以难免会吸引来自世界各地的各种人为攻击(例如信息泄露、信息窃取、数据篡改、数据删添、计算机病毒等)。同时,网络实体还要经受诸如水灾、火灾、地震、电磁辐射等方面的考验。

1.5.2 信息安全面临的威胁

1. 黑客的恶意攻击

"黑客"对于大家来说可能并不陌生,他们是一群利用自己的技术专长专门攻击网站和计算机而不暴露身份的计算机用户,由于黑客技术逐渐被越来越多的人掌握和发展,世界上约有 20 多万个黑客网站,这些站点都介绍一些攻击方法和攻击软件的使用以及系统的一些漏洞,因而任何网络系统、站点都有遭受黑客攻击的可能。尤其是现在还缺乏针对网络犯罪卓有成效的反击和跟踪手段,使得黑客们善于隐蔽,攻击"杀伤力"强,这是网络安全的主要威胁。而就目前网络技术的发展趋势来看,黑客攻击的方式也越来越多地采用了病毒进行破坏,它们采用的攻击和破坏方式多种多样,对没有网络安全防护设备(防火墙)的网站和系统(或防护级别较低)进行攻击和破坏,这给网络的安全防护带来了严峻的挑战。

2. 网络自身和管理存在欠缺

因特网的共享性和开放性使网上信息安全存在先天不足,因为其赖以生存的 TCP/IP 协议,缺乏相应的安全机制,而且因特网最初的设计考虑是该网不会因局部故障而影响信息的传输,基本没有考虑安全问题,因此它在安全防范、服务质量、带宽和方便性等方面存在滞后及不适应性。很多企业、机构及用户的网站或系统都疏于这方面的管理,没有制定严格的管理制度。

3. 软件设计的漏洞或"后门"而产生的问题

随着软件系统规模的不断增大,新的软件产品开发出来,系统中的安全漏洞或"后门"也不可避免地存在,比如我们常用的操作系统,无论是 Windows 还是 UNIX 几乎都存在或多或少的安全漏洞,各类服务器、浏览器、一些桌面软件等都被发现过存在安全隐患。大家熟悉的一些病毒都是利用微软系统的漏洞给用户造成巨大损失,可以说任何一个软件系统都可能会因为程序员的一个疏忽、设计中的一个缺陷等原因而存在漏洞,不可能完美无缺。这也是网络安全的主要威胁之一。

4. 恶意网站设置的陷阱

互联网世界的各类网站,有些网站恶意编制一些盗取他人信息的软件,并且可能隐藏在下载的信息中,只要登录或者下载网络的信息就会被其控制和感染病毒,计算机中的所有信息都会被自动盗走,该软件会长期存在用户的计算机中,操作者并不知情,如非常流行的"木马"病毒。因此,上互联网应格外注意,不良网站和不安全网站万不可登录,否则后果不堪设想。

5. 用户网络内部工作人员的不良行为引起的安全问题

网络内部用户的误操作,资源滥用和恶意行为也有可能对网络的安全造成巨大的威胁。由于各行各业都在建局域网,计算机使用频繁,但是由于单位管理制度不严,不能严格遵守行业内部关于信息安全的相关规定,都容易引起一系列安全问题。

1.5.3 网络信息安全防御策略

1. 采取技术防护手段

(1)信息加密技术

网络信息发展的关键问题是其安全性,因此,必须建立一套有效的包括信息加密技术、安全认证技术、安全交易协议等内容的信息安全机制作为保证,来实现电子信息数据的机密性、完整性、不可否认性和交易者身份认证技术,防止信息被一些怀有不良用心的人窃取、破坏,甚至出现虚假信息。

(2)安装防病毒软件和防火墙

在主机上安装防病毒软件,能对病毒进行定时或实时的扫描及系统漏洞检测,变被动清毒为主动截杀,既能查杀未知病毒,又可对文件、邮件、内存、网页进行实时监控,发现异常情况及时处理。防火墙是硬件和软件的组合,它在内部网和外部网间建立起安全网关,过滤数据包,决定是否转发到目的地。它能够控制网络进出的信息流向,提供网络使用状况和流量的审计、隐藏内部 IP 地址及网络结构的细节。

(3)使用路由器和虚拟专用网技术

路由器采用了密码算法和解密专用芯片,通过在路由器主板上增加加密模件来实现路由器信息和 IP 包的加密、身份鉴别和数据完整性验证、分布式密钥管理等功能。使用路由器可以实现单位内部网络与外部网络的互联、隔离、流量控制、网络和信息维护,也可以阻塞广播信息的传输,达到保护网络安全的目的。

2. 构建信息安全保密体系

(1)信息安全保密的体系框架

该保密体系是以信息安全保密策略和机制为核心,以信息安全保密服务为支持,以标准规范、安全技术和组织管理体系为具体内容,最终形成能够满足信息安全保密需求的工作能力。

（2）信息安全保密的服务支持体系

信息安全保密的服务支持体系,主要是由技术检查服务、调查取证服务、风险管理服务、系统测评服务、应急响应服务和咨询培训服务组成。其中,风险管理服务必须贯穿到信息安全保密的整个工程中,要在信息系统和信息网络规划与建设的初期,就进行专业的安全风险评估与分析,并在系统或网络的运营管理过程中,经常性地开展保密风险评估工作,采取有效的措施控制风险,只有这样才能提高信息安全保密的效益和针对性,增强系统或网络的安全可观性、可控性。

加强信息安全保密服务的主要措施包括:借用安全评估服务帮助我们了解自身的安全性。通过安全扫描、渗透测试、问卷调查等方式对信息系统及网络的资产价值、存在的脆弱性和面临的威胁进行分析评估,确定失泄密风险的大小,并实施有效的安全风险控制。采用安全加固服务来增强信息系统的自身安全性。具体包括操作系统的安全修补、加固和优化;应用服务的安全修补、加固和优化;网络设备的安全修补、加固和优化;现有安全制度和策略的改进与完善等。部署专用安全系统及设备提升安全保护等级。运用安全控制服务增强信息系统及网络的安全可观性、可控性。

（3）信息安全保密的标准规范体系

信息安全保密的标准规范体系,主要是由国家和军队相关安全技术标准构成的。这些技术标准和规范涉及物理场所、电磁环境、通信、计算机、网络、数据等不同的对象,涵盖信息获取、存储、处理、传输、利用和销毁等整个生命周期。既有对信息载体的相关安全保密防护规定,也有对人员的管理和操作要求。因此,它们是设计信息安全保密解决方案,提供各种安全保密服务,检查与查处失泄密事件的准则和依据。各部门应该根据本单位信息系统、信息网络的安全保密需求,以及组织结构和使用维护人员的配置情况,制定相应的操作性和针对性更强的技术和管理标准。

（4）信息安全保密的技术防范体系

信息安全保密的技术防范体系,主要是由电磁防护技术、信息终端防护技术、通信安全技术、网络安全技术和其他安全技术组成的。这些技术措施的目的,是为了从信息系统和信息网络的不同层面保护信息的机密性、完整性、可用性、可控性和不可否认性,进而保障信息及信息系统的安全,提高信息系统和信息网络的抗攻击能力和安全可靠性。

（5）信息安全保密的管理保障体系

俗话说,信息安全是"三分靠技术,七分靠管理"。信息安全保密的管理保障体系,主要是从技术管理、制度管理、资产管理和风险管理等方面,加强安全保密管理的力度,使管理成为信息安全保密工作的重中之重。技术管理主要包括对泄密隐患的技术检查,对安全产品、系统的技术测评,对各种失泄密事件的技术取证;制度管理主要是指各种信息安全保密制度的制定、审查、监督执行与落实;资产管理主要包括涉密人员的管理,重要信息资产的备份恢复管理,涉密场所、计算机和网络的管理,涉密移动通信设备和存储设备的管理等;风险管理主要是指保密安全风险的评估与控制。

(6)信息安全保密的工作能力体系

将技术、管理与标准规范结合起来,以安全保密策略和服务为支持,就能合力形成信息安全保密工作的能力体系。该能力体系既是信息安全保密工作效益与效率的体现,也能反映出当前信息安全保密工作是否到位。它以防护、检测、响应、恢复为核心,对信息安全保密的相关组织和个人进行工作考评,并通过标准化、流程化的方式加以持续改进,使信息安全保密能力随着信息化建设的进展不断提高。

3. 加强大学生网络安全素质教育

网络带给我们一个新的五彩缤纷的世界,但是任何事物都有两面性,有利就有弊,互联网犯罪也逐渐增多,作为一名学生我们应该怎么既能利用好网络,又能避免伤害呢?

第一,在网上聊天,不要泄露真实信息,比如,姓名、年龄、在哪儿上学,更不可应邀和网友见面。因为有很多坏人利用互联网犯罪。

第二,在网上不造谣,不传谣。

第三,不浏览不良信息,不点开可疑链接,因为很多可疑文件都带有病毒,会导致计算机系统瘫痪,丢失文件,给我们造成损失。

第四,不迷恋网络游戏,适当的游戏可以让我们放松心情,但是沉溺于网络游戏,坏处很大,有很多学生,因为沉迷于游戏,耽误了学业,浪费了大好青春,等到后悔,悔之晚矣。

第五,不要长时间上网,长时间上网不仅影响身体健康,同时也使我们减少了对家人陪伴的时间,削弱了我们的人际交往能力。

同学们,在我们享受五彩缤纷的世界,享受知识丰富的互联网的时候,我们要时刻铭记,要安全健康地使用网络,懂得防范危险,保护自己,能合理安全地使用互联网。

1.6 计算思维与大学计算机教育

1.6.1 计算思维概述

1. 计算思维概念

计算思维是指运用计算机科学与技术的知识、技能和思维方法,解决问题、发掘问题的技术与方法。计算思维包括以下几个方面的能力:运用算法和数据结构解决问题的能力;处理大规模数据的能力;理解计算机的工作原理和基本概念的能力;利用网络获取信息和协同工作的能力;保护计算机系统和数据安全的能力等。计算思维是一种跨学科的思维模式,具有广泛的应用前景,在信息时代的背景下,计算思维已经成为人才培养的重要方向。

2. 培养计算思维的策略

(1)培养算法的设计与实现能力

将计算机基础教学中的算法设计和实现纳入课程中,利用基础数据结构和算法解决现实中的问题,引导学生把抽象的算法问题具体化,然后通过计算机语言的实现,将算法问题转化为可执行的程序。通过这种方式培养学生的算法设计和实现能力,达到提高学生计算思维的综合能力的目的。

（2）培养数据分析与挖掘能力

在大学计算机基础教学中，应重视数据分析、处理和挖掘。通过适当的真实数据、案例学习等实战课程，让学生学会如何使用计算机来获取、存储、处理、清洗和分析数据，使学生能够在数据中发现隐藏的信息和规律，培养学生挖掘和分析大规模数据的能力，提高计算思维水平。

（3）鼓励学生参加科技竞赛

计算机科技竞赛是培养学生创新能力、提高解决实际问题能力的有效途径。在大学计算机基础教学中鼓励学生参加计算机竞赛，可以让学生通过科技竞赛的实践性学习，更好地理解计算思维的精髓，提高计算思维的水平。参加竞赛可以让学生在真实的竞争环境中实践，更好地理解理论知识，并将计算思维转化为实际问题的解决能力。

（4）实践教学与案例分析

计算思维是一种实践性的思维方法，理论与实践相结合有助于培养学生计算思维能力。在大学计算机基础教学中，应该重视实践教学和案例分析。通过实践，让学生了解计算机的硬件和软件配置、网络操作、程序设计和软件开发等基础操作。同时，通过案例分析，让学生了解计算机在各行各业中的实际应用，提高学生的实际操作能力和解决实际问题的能力。

1.6.2 计算思维在大学计算机教学中的应用

计算思维在大学计算机教学中具有重要的应用。它是计算机科学中的一种基本思维方式，通过将问题抽象化、模块化和算法化，来指导计算机编程和应用的实践。在大学计算机教育中，可以通过以下几个方面来应用计算思维：

1.程序设计教学。计算思维的核心之一就是将问题抽象化，并转化成计算机能够理解的语言。因此，在程序设计教学中，应该注重培养学生的抽象能力和转化能力，让他们学会用计算思维的方式来解决问题。

2.算法教学。计算思维的另一个核心是模块化和算法化。在大学计算机教育中，应该注重培养学生的算法思维和算法设计能力，让他们学会通过算法来解决问题。

3.面向对象编程教学。计算思维中的抽象化和模块化思维，在面向对象编程中得到了充分的体现。因此，在面向对象编程教学中，应该注重培养学生的计算思维能力，让他们学会通过抽象和模块化来解决问题。

4.数据库设计教学。计算思维中的数据抽象和数据结构概念，在数据库设计中有着重要的应用。在数据库设计教学中，应该注重培养学生的数据抽象和数据结构设计能力，让他们学会通过数据抽象和数据结构来优化数据库性能。

5.计算机网络教学。计算思维中的分布式和并行处理思想，在计算机网络中有着广泛的应用。在计算机网络教学中，应该注重培养学生的分布式和并行处理能力，让他们学会通过网络来构建分布式系统和并行处理系统。

通过以上几个方面的应用，可以让学生在大学计算机教育中更好地理解和应用计算思维，从而培养出更加优秀的计算机人才。

课后习题

1. 计算机的核心部件是（ ）。

A. 主存 　　　　B. 主机 　　　　C. CPU 　　　　D. 主板

2. 下列设备中，属于输入设备的是（ ）。

A. 数字化仪 　　B. 扫描仪 　　　C. 打印机 　　　D. 绘图机

3. 计算机的存储器系统采用层次结构，一般由（ ）组成。

A. RAM、ROM、CD-ROM 　　　　　B. 高速缓存、内存、外存

C. 软盘、硬盘、光盘 　　　　　　　D. 高速缓存、寄存器、硬盘

4. 用5位二进制编码能表示的状态数是（ ）。

A. 5 　　　　　B. 10 　　　　　C. 32 　　　　　D. 64

5. 二进制数1111000转换成十进制数是（ ）。

A. 34 　　　　B. 124 　　　　　C. 120 　　　　D. 122

6. 插入显示卡时，（ ）。

A. 不必断电 　　　　　　　　　　B. 随便插入一个插槽

C. 一边摇一边往下插 　　　　　　D. 保证接触良好，不能一端高一端低

7. AB是（ ）的简称。

A. 计算机地址总线 　　　　　　　B. 计算机数据总线

C. 计算机控制总线 　　　　　　　D. 计算机存储总线

8. 在Windows 10中，任务栏（ ）。

A. 只能改变位置，不能改变大小 　　　B. 只能改变大小，不能改变位置

C. 既不能改变位置，也不能改变大小 　D. 既能改变位置，也能改变大小

9. 在Windows 10的"资源管理器"窗口右部，若已单击了第一个文件，又按住【Ctrl】键并单击了第五个文件，则（ ）。

A. 有0个文件被选中 　　　　　　　B. 有5个文件被选中

C. 有1个文件被选中 　　　　　　　D. 有2个文件被选中

第2章

WPS文字处理软件的使用

思维导图

2.1　WPS Office 简介

2.1.1　WPS Office 概述

　　WPS Office 是金山软件推出的全新的 WPS，优化了界面和交互设计，全新的扁平化风格界面看起来更加让人舒适，增强了软件的易用性和用户体验，并给第三方的插件开发提供了便利。WPS Office 针对不同的用户群体和应用设备提供了不同的版本，方便用户随时随地开始高效协同办公。例如，面向普通个体用户，有 WPS Office Windows 版和 WPS Office Mac 版，以及支持主流 Linux 操作系统的 WPS Office For Linux；面向使用移动设备的个人用户，有 WPS Office Android 版和 iOS 版；面向企业用户，有 WPS Office 专业版和移动专业版，如图 2-1-1 所示。

WPS Office	云办公	其他产品	技巧模板
Windows	金山文档	金山PDF	WPS学堂
Linux	金山协作	金山PDF 专业版	WPS认证
Mac	金山日历	金山打字通	稻壳模板
Android	金山会议	金山词霸	金山海报
iOS		金山词霸 企业版	简历助手
企业版PC端		WPS开放平台	WPS考试宝典
企业版移动端			

图 2-1-1　WPS Office 系列产品

　　WPS Office 个人版对个人用户永久免费，主要包含 WPS 文字、WPS 表格、WPS 演示三大功能模块，不仅在文件格式上能无障碍兼容 Microsoft Word、Excel 和 PowerPoint 等，而且使用 Microsoft Office 可以轻松编辑 WPS 系列文档，它在界面功能上也与 Microsoft Office 相似，完全可以满足个人用户的日常办公需求。

　　WPS Office 专业版是针对企业用户的办公软件产品，拥有高兼容性和强大的系统集成能力，能与主流中间件、应用系统无缝集成，可以平滑迁移企业办公中现有的电子政务平台和应用系统。WPS Office 移动版是运行于 Android、iOS 平台上的办公软件，体积小、速度快，完美支持微软 Office、PDF 等多种文档格式。WPS Office 移动专业版能完美兼容 OA、ERP、财务等系统的移动端应用，并提供丰富的定制化功能，以满足企业个性化的应用需求。

　　本书以 Windows 10 操作系统中的 WPS Office PC 版为蓝本，介绍 WPS Office 在日常办公中的常用操作。

2.1.2　WPS Office 的安装与卸载

1. WPS 的安装

　　WPS Office 个人版永久免费，用户可以很方便地下载安装。在金山 WPS 官网首页找到"WPS Office PC 版"（以下简称 WPS），单击下方的"立即下载"按钮即可。

2. WPS 的卸载

(1)单击"控制面板"。

(2)单击"程序和功能"。

(3)找到 WPS 软件,然后右击选择"卸载/更改"就可以对软件进行卸载。

2.1.3 WPS Office 的启动与退出

1. 启动 WPS

启动 WPS 有以下几种常用的方法:

(1)通过桌面快捷方式:双击桌面上的 WPS 快捷图标。

(2)从"开始"菜单栏启动:单击桌面左下角的"开始"按钮,在"开始"菜单中单击 WPS 应用程序图标。

(3)从"开始"屏幕启动:在"开始"菜单栏中的 WPS 应用程序图标上右击,选择将其固定到"开始"屏幕。然后在"开始"屏幕上单击对应的图标。

(4)通过任务栏启动:在"开始"菜单中的 WPS 应用程序图标上按下鼠标左键拖放到任务栏上,即可在任务栏上添加应用程序图标。然后双击任务栏上的应用程序图标。

(5)通过文档启动:双击指定应用程序生成的一个文档。例如,双击后缀名为 docx 的文件,可启动 WPS 的文字功能组件,并打开该文档。

2. 退出 WPS

如果不再使用 WPS,可以退出该应用程序,以减少对系统内存的占用。退出 WPS 有以下几种常用的方法:

(1)单击应用程序窗口右上角的"关闭"按钮。

(2)右击桌面任务栏上的应用程序图标,在弹出的快捷菜单中选择"关闭窗口"命令。

(3)单击应用程序的窗口,按 Alt+F4 组合键。

2.2 文字基本操作

2.2.1 文档的基本操作

输入和编辑文本的操作都是在文档中进行的,因此要进行文本操作,首先要新建文档。新建文档时可以新建一个空白的文档,也可以套用模板创建具备基本布局的文档。

1. 新建空白文字文稿

空白文字文稿是指没有任何内容的文档,新建一个空白文字文稿有如下几种常用的方法:

(1)启动 WPS 后,在首页的左侧窗格中单击"新建"命令,系统将创建一个标签名称为"新建"的标签选项卡,在功能区显示所有 WPS 功能组件,默认选中"文字"。

(2)在模板列表中单击"新建空白文档"按钮,即可创建一个文档标签为"文字文稿 1"的空白新文档。

再次新建文档,系统会以"文字文稿 2""文字文稿 3"……的顺序命名新文档。

打开文字文稿后,单击快速访问工具栏中的"新建"按钮,或直接按快捷键 Ctrl+N,也可以创建新的空白文档。

标题栏位于程序窗口的顶部,右上角从左至右依次为工作区/标签列表、稻壳商城、登录状态和窗口控制按钮,如图 2-2-1 所示。

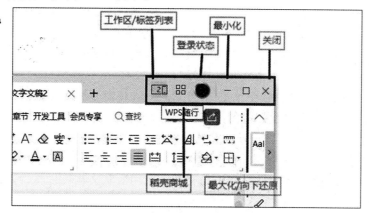

图 2-2-1　标题栏上的功能按钮

菜单功能区显示 WPS 的菜单选项卡,每个菜单选项卡以功能组的形式管理相应的命令按钮。

菜单选项卡的大多数功能组右下角都有一个称为功能扩展按钮的小图标,将鼠标指针指向该按钮时,可以预览对应的对话框或窗格,如图 2-2-2 所示。单击该按钮,可打开相应的对话框或窗格。

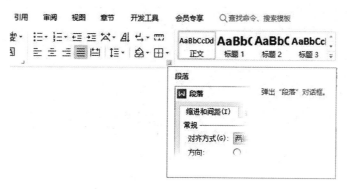

图 2-2-2　预览功能扩展对话框

文档编辑窗口是输入文字、编辑文本和处理图片的工作区域。

任务窗格位于编辑窗口右侧,包含一些实用的工具按钮,单击某按钮可展开相应的工具面板,再次单击可折叠。

状态栏位于窗口底部,用于显示当前文档的页数/总页数、字数、输入语言,以及输入状态等信息。右侧的视图切换按钮"[图标]"用于选择文档的视图方式。显示比例调节工具"68% -—————○—— + [图标]"。用于调节文档比例。

2. 使用文档创建文字文稿

除了通用型的空白文档,WPS 还内置了多种文档模板。借助这些模板,用户可以创建比较专业的文档。

（1）在 WPS 首页单击"新建"命令，在打开的"新建"选项卡的功能组件列表中选择"新建文字"选项。

（2）在出现的新页面中选择需要的模板进行使用。

3.打开文档

如果要编辑计算机中已有的文档，首先要将其打开，编辑完成以后，还需将其保存和关闭。

在 WPS 中打开文档有多种方法，常用的方法有以下几种：

（1）在 WPS 首页的中间窗格中，会显示最近正在使用或者编辑过的文档。这些文档按时间顺序排列，双击需要的文档名称即可打开对应的文档。

（2）在 WPS 首页的左侧窗格中单击"打开"命令，选择需要的文件后，单击"打开"按钮。

• 最近访问：最近打开或使用过的文档。

• WPS 云文档：打开储存到云端的文档。WPS 云文档是一个文档存储、共享和协作平台，支持多人同时编辑一个文档、文档内评论、历史还原等。

• 团队文档：打开上传到团队文档中的文档。使用团队文档可以将指定的文档分享给指定的多人查看。

• 计算机：在"打开"对话框中定位到资源管理器，选择文件并打开。

• 桌面：在"打开"对话框中定位到"桌面"文件夹，选择文件并打开。

• 我的文档：在"打开"对话框中定位到"我的文档"文件夹，选择文件并打开。

4.保存文档

在编辑文档时，及时保存文档是一个非常好的习惯。在 WPS 中，保存新建的文档与保存已保存过的文档有所区别。

在创建新文档时，WPS 会自动赋予文档一个默认名称，例如"文字文稿 1"。为便于查找和区分文档，建议在保存文档时，为文档指定一个有意义的名称。

（1）在"文件"菜单选项卡中选择"保存"命令，或者单击快速访问工具栏上的"保存"按钮，或直接按快捷键 Ctrl＋S，打开"另存为"对话框。

（2）选择保存文档的位置。

（3）如果需要对文档进行加密保护，单击"加密"按钮，在"密码加密"对话框中可以指定文档加密的方式。

有关文档加密的具体操作将在后文进行具体介绍。

（4）设置文档的名称、保存格式以及保存路径以后，单击"保存"按钮，即可保存文档。

对于已经保存过的文档，选择"文件"菜单选项卡中的"保存"命令，或者单击快速访问工具栏上的"保存"按钮，或直接按快捷键 Ctrl＋S，不会弹出"另存为"对话框，会在原有位置使用已有的名称和格式进行保存。

如果希望保存文档的同时保留修改之前的文档，可以在"文件"菜单选项卡中选择"另存为"命令，然后在打开的"另存为"对话框中修改保存路径或文件名称。

如果习惯使用某种指定格式（例如 wps 或 docx）的文字文稿，可以将这种格式设置为 WPS 中保存文档的默认格式。

（1）在"文件"菜单选项卡中单击"选项"命令，打开"选项"对话框。

（2）在左侧窗格中切换到"常规与保存"分类，然后在右侧窗格中单击"文件保存默认格式"下拉按钮，在弹出的下拉列表框中指定文件自动保存的格式，如图 2-2-3 所示。

（3）完成设置后，单击"确定"按钮关闭对话框。

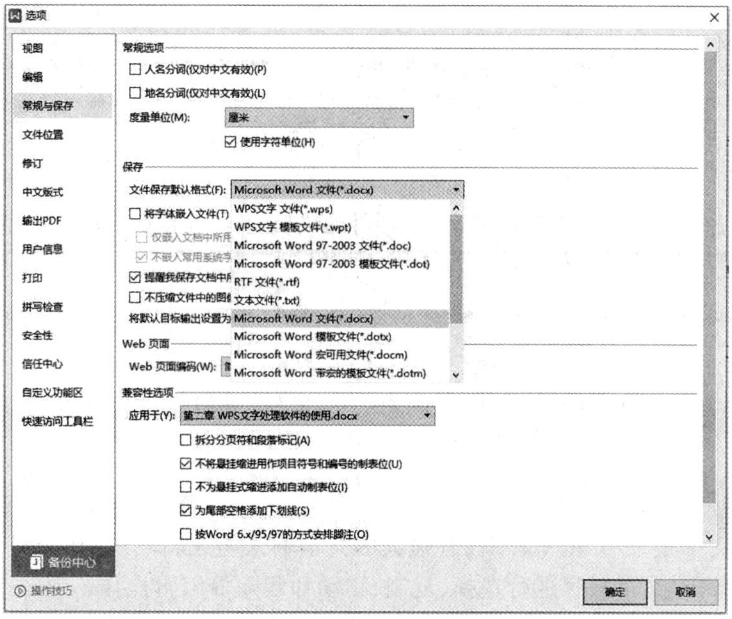

图 2-2-3　选择文件保存的默认格式

5.关闭文档

关闭不需要的文件既可以节约一部分内存，也可以防止误操作。关闭文件有以下几种常用的方法：

（1）单击文档标签右侧的"关闭"按钮。

（2）在文档标签上右击，在弹出的快捷菜单中选择"关闭"命令。

（3）如果在快捷菜单中选择"关闭其他"命令，可以关闭除当前文档之外的其他文档。选择"右侧"选项，则可关闭当前文档标签右侧的文档。

（4）在"文件"菜单选项卡中单击"退出"命令。

关闭文档时，如果没有对文档进行保存，系统会弹出提示框，询问用户是否保存文档。

2.2.2　配置工作环境

1.定制快速访问工具栏

快速访问工具栏位于程序主界面"文件"菜单和"开始"菜单中间，如图 2-2-4 所示，其中放置了几个常用的操作命令按钮。用户可以根据需要自定义快速访问工具栏，添加需要的命令按钮，删除不常用的按钮。

图 2-2-4　快速访问工具栏

2.自定义功能区

功能区位于菜单下方、文档编辑窗口上方，如图 2-2-5 所示，其中包含了 WPS 应用程序所有的操作命令。用户可暂时隐藏功能区,以扩大文档编辑窗口;也可以自定义功能区,增加或减少菜单项和功能组。

图 2-2-5 功能区

单击菜单栏右侧的"隐藏功能区"按钮∧,即可隐藏功能区,仅显示菜单栏,如图 2-2-6 所示。

图 2-2-6 隐藏功能区的效果

此时,"隐藏功能区"按钮∧变为"显示功能区"按钮∨,单击该按钮即可恢复功能区的显示。

2.2.3 输入文本

作为一个文字处理组件,WPS 拥有强大的文本输入与编辑功能,用户可以便捷地输入文本与常用符号,对文本内容进行选择、复制、移动和删除等编辑操作。熟练掌握这些操作,是进行文字编辑、提升办公效率的基础。

1. 设置插入点

打开文字文稿后,在文档编辑区域会显示一个称为"插入点"的不停闪烁的光标" I ",插入点即为输入文本的位置。

WPS 默认启用"即点即输"功能,也就是说,在文档编辑窗口中的任意位置单击,即可在指定位置开始输入文本。

如果习惯使用键盘操作,利用功能键和方向键也可以很方便地设置插入点。

(1)按键盘上的方向键,光标将向相应的方向移动。

(2)按 Ctrl+"←"键或 Ctrl+"→"键,光标向左或右移动一个汉字或英文单词。

(3)按 Ctrl+"↑"键或 Ctrl+"↓"键,光标移至本段的开始或下一段的开始。

(4)按 Home 键,光标移至本行行首;按 Ctrl + Home 键,光标移至整篇文档的开头位置。

(5)按 End 键,光标移至本行行尾;按 Ctrl+ End 键,光标移至整篇文档的结束位置。

(6)按 Page Up 键,光标上移一页;按 Page Down 键,光标下移一页。

2. 设置输入模式

WPS 提供了两种文本输入模式:插入和改写。灵活地使用这两种输入模式,可以提高文本输入效率。

右击文档左下角的状态栏,在弹出的快捷菜单中选择"改写"或"插入"命令,可在两种模式之间进行切换。

3. 输入文字与标点

文字输入主要包括中文和英文输入。设置插入点之后,使用键盘即可在文档中输入文本。如果输入的文本满一行,WPS 将自动换行。如果不满一行就要开始新的段落,可以按Enter 键换行,此时在上一段的段末会出现段落标记。

如果要输入的文本既有中文又有英文,使用键盘或鼠标可以在中、英文输入法之间灵活

切换,并能随时更改英文的大小写状态。切换输入法常用的键盘快捷键如下:

- 切换中文输入法:Ctrl + Shift。
- 切换中英文输入法:Ctrl + Space(空格键)。
- 切换英文大小写:Caps Lock,或者在英文输入法小写状态下按住 Shift 键,可临时切换到大写(大写状态下可临时切换到小写)。

4. 输入日期和时间

如果要在文档中输入当前日期或时间,除了手动输入,还可以通过"日期和时间"对话框进行设置。

5. 插入特殊符号

在输入文本的过程中,经常会用到符号。有些特殊符号可以使用键盘直接输入,键盘无法输入的符号可以使用"符号"对话框插入。

(1)在"插入"菜单选项卡中单击"符号"按钮 Ω ,在弹出的符号列表中可以看到一些常用的符号,如图 2-2-7 所示。单击需要的符号,即可将其插入文档。

(2)如果符号列表中没有需要的符号,则单击"其他符号"命令,打开如图 2-2-8 所示的"符号"对话框。

(3)切换到"符号"选项卡,在"字体"下拉列表框中选择需要的一种符号字体类型。

(4)在"子集"下拉列表框中选择字符代码子集选项。

(5)在"符号"列表框中单击选择需要的符号,然后单击"插入"按钮关闭对话框。

6. 插入公式

WPS 内置了公式编辑器,方便用户直接在 WPS 文档中输入、编辑数学公式。

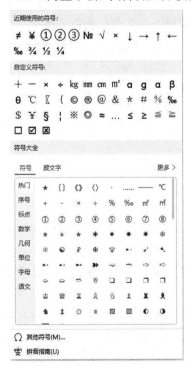

图 2-2-7 选择符号

图 2-2-8 "符号"对话框

2.2.4 编辑文本

在文档中输入文本后,通常还需要对文本进行各种编辑操作,例如复制、粘贴、移动和修改等。熟练掌握这些操作是高效编辑文档的基础。

1. 选取文本

对文本进行编辑的前提是选取文本,在 WPS 中选取文本的常用方式有以下几种:

• 选取单个词组:双击词组。

• 选取任意文本:将鼠标指针移到要选取的文本开始处,按下鼠标左键拖动到要选取文本的末尾释放。

• 选取段落:按住 Ctrl 键单击段落的任意位置。

• 选取连续的文本:将插入点放置在要选取的文本开始处,按住 Shift 键单击要选取文本的末尾。

• 选取不连续的文本:先拖动鼠标选中第一个文本区域,再按住 Ctrl 键,同时拖动鼠标选择其他不相邻的文本,选取完成后释放 Ctrl 键。

• 选择整篇文档:Ctrl+A。

• 纵向选取文本:按住 Alt 键的同时按下鼠标左键拖动。

• 选取一行文本:单击该行左侧的选取栏。

• 选取连续多行文本:将鼠标指针移到要选取的第一行文本对应的选取栏中,按下鼠标左键拖动到最后一行对应的选取栏释放。

• 选取一段文本:双击该段文本对应的选取栏,或在该段文本中的任意部分连续三击。

• 选取多段文本:在第一段文本左侧的选取栏中双击,然后按下鼠标左键拖动到最后一个段落。

• 选取整篇文档:按住 Ctrl 键单击文档中任意位置的选取栏。

2. 移动与复制文本

在编辑文档的过程中,经常需要将某些文本移动或复制到其他位置。移动与复制文本的操作类似,不同的是执行移动操作后,文本仅在目标位置显示,原位置的文本消失;而执行复制、粘贴操作后,原位置和目标位置显示相同的内容。

在 WPS 中移动文本的操作通过剪切、粘贴操作来完成。对文本进行剪切后,原位置上的文本将消失不见,在新的位置上执行粘贴操作,原文本显示在新位置。具体操作如下:

(1)选取需要移动的文本。

(2)单击"开始"菜单选项卡中的"剪切"按钮,或直接按组合键 Ctrl+X。

(3)在文档中单击设置插入点,然后单击"开始"菜单选项卡中的"粘贴"按钮,或直接按组合键 Ctrl+V。

在这里要提请读者注意的是,粘贴文本时可以选择粘贴类型,类型不同,粘贴的效果也不同。单击"粘贴"按钮下方的下拉按钮▾,弹出如图 2-2-9 所示的下拉菜单。

• 保留源格式:粘贴后的文本保留其原来的格式,不受新位置格式的限制。

• 匹配当前格式:粘贴后的文本自动应用粘贴位置的格式。

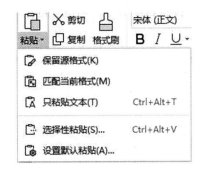

图 2-2-9　粘贴选项

- 只粘贴文本：只粘贴复制或剪切内容中的文本。

- 选择性粘贴：单击该命令，打开"选择性粘贴"对话框，可将剪贴板中的内容粘贴为多种格式的文本或图片。

- 设置默认粘贴：单击该命令，打开"选项"对话框，可设置默认的粘贴方式。

3. 删除文本

在编辑文本时，如果输入了错误或者多余的文字，应将其删除。选取要删除的文本，然后按 Delete 键或者 Backspace 键，即可删除选中的文本。

如果要删除少量的字符，可在设置插入点之后，按 Backspace 键删除插入点之前的一个字符；按 Delete 键删除插入点之后的一个字符。

按 Ctrl + Backspace 组合键可以删除插入点之前的一个单词或词组；按 Ctrl + Delete 组合键可以删除插入点之后的一个单词或词组。

2.2.5　查看文档

WPS 提供了六种各具特点的视图模式，便于用户在不同的角度查看文档。如果要并排比较打开的多个文档，或是上下文对应修改同一个文档，利用 WPS 的窗口操作可以起到事半功倍的效果。

1. 切换文档窗口

默认情况下，在 WPS 中打开的多个文档会以标签选项卡的形式显示在同一个程序窗口中。单击文档标签，即可切换到对应的文档窗口。

2. 切换文档视图

文档视图是指文档在屏幕中的显示方式，在"视图"菜单选项卡中可以看到 WPS 提供的视图选项，如图 2-2-10 所示，单击某项即可进入对应的视图模式。在状态栏上也可以看到对应的视图功能按钮，如图 2-2-11 所示。

图 2-2-10　视图模式

图 2-2-11　视图功能按钮

3. 调整显示比例

在查看或编辑文档时，放大文档能够更方便地查看文档局部内容，缩小文档可以在一屏内显示更多内容。在 WPS 中调整文档显示比例常用的操作方法有以下几种：

(1)使用"显示比例"滚动条

WPS 程序窗口底部的状态栏右侧有一个"显示比例"滚动条。拖动滚动条上的滑块可以设置页面的显示比例。

(2)使用"显示比例"对话框

切换到"视图"菜单选项卡，单击"显示比例"按钮 ，可调整文档的显示比例。

4.为文章创建新窗口

如果要编辑一个文档的多个部分，使用鼠标来回滚动文档比较麻烦，不容易定位。在 WPS 中，可以为同一文档创建多个窗口，可以在不同窗口中编辑文档的不同部分。

(1)打开要编辑的文档后，在"视图"菜单选项卡中单击"新建窗口"按钮，WPS 将新建一个窗口。新建的窗口与原文档窗口除命名有所区别外，内容完全相同，如图 2-2-12 所示。

图 2-2-12　新建窗口

(2)在不同的窗口中定位到不同的位置，然后进行编辑。在任意一个窗口中进行的操作都会在其他窗口中实时更新。

(3)关闭新建的文档窗口，原文档名称自动恢复，在文档中可以看到在其他窗口中所做的相关修改。

5.拆分窗口

所谓拆分窗口，是指将一个文档窗口拆分为显示同一文档内容的两个子窗口，在这两个子窗口都可以编辑文档。采用这种方法能迅速地在文档的不同部分之间进行切换，它适用于对比查看长文档的不同部分。

(1)打开需要拆分的文档，在"视图"菜单选项卡中单击"拆分窗口"下拉按钮，弹出拆分方式下拉菜单，如图 2-2-13 所示。

图 2-2-13 "拆分窗口"下拉菜单

（2）选择拆分窗口的方式。默认为"水平拆分"，将文档窗口拆分为上、下两个子窗口，如图 2-2-14 所示。如果选择"垂直拆分"命令，可将文档窗口拆分为左、右两个子窗口。

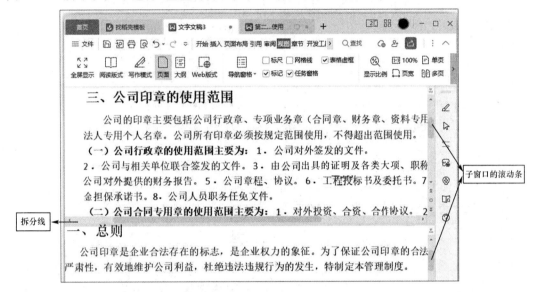

图 2-2-14 水平拆分窗口的效果

拖动窗格上的拆分线，可以调整子窗口的高度或宽度。

（3）分别拖动子窗口中的滚动条调整显示的内容，并进行编辑操作。在任意一个子窗口中进行的编辑会在文档中同步更新。

（4）如果不再需要拆分显示窗口，在"视图"菜单选项卡中单击"取消拆分"按钮即可。取消拆分窗口之后，子窗口将合并为一个完整的窗口，在文档中可以看到在任一子窗口中对文档进行的编辑操作。

6. 并排比较文档

如果要比较两个或多个文档，查看文档的差异或修改，可以使用"并排比较"功能。

（1）打开要并排查看的两个文档，在其中一个文档窗口中切换到"视图"菜单选项卡。

（2）单击"并排比较"按钮，两个文档会以独立窗口的形式并排分布在屏幕中，以方便进行对比和查看，如图 2-2-15 所示。

默认情况下，使用滚轮可同步翻页并排查看两个文档。如果要单独滚动其中一个文档，可在"视图"菜单选项卡中单击"同步滚动"按钮，取消该按钮的选中状态。

如果在查看文档时，移动或调整了某个文档窗口的大小，单击"重设位置"按钮，可重新分布并排比较的两个文档窗口，使它们平分屏幕窗口。

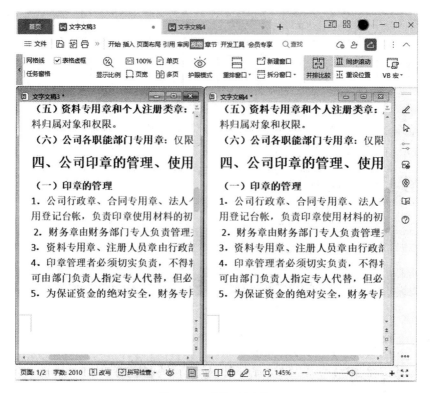

图 2-2-15　并排比较文档

2.3　文档排版

2.3.1　字符格式的设置

字符的常用格式包括字体、字号、字形、颜色、效果、间距、边框、底纹等。通过设置字符格式,可以美化文档、突出重点。

1. 设置字体、字号、字形

字体即字符的形状,分为中文字体和西文字体。字号是指字体的大小,计量单位常用的有"号"和"磅"两种。字形是附加于文本的属性,包括常规、加粗、倾斜等。

(1)选中要设置字体的文本,在"开始"菜单选项卡的"字体"下拉列表框中可以选择相应的字体。

(2)在"字号"下拉列表框中选择字号。

WPS 中的字号分为两种:一种以"号"为计量单位,使用汉字标示,例如"五号",数字越小,字符越大;另一种以"磅"为计量单位,使用阿拉伯数字标示,例如"5.5",磅值越大,字符越大。

(3)如果要将字符的笔画线条加粗,可在"开始"菜单选项卡中单击"加粗"按钮 **B**。此时,"加粗"按钮显示为按下状态,再次单击恢复,同时选定的文本也恢复原来的字形。

（4）如果希望将字符倾斜一定的角度，可在"开始"菜单选项此时，"倾斜"按钮 I 。此时，"倾斜"按钮显示为按下状态，再次单击恢复，同时选定的文本也恢复原来的字形。

在编辑文档的过程中，如果选中了部分文本，选中文本的右上角将显示一个浮动工具栏，如图 2-3-1 所示，使用该工具栏也可以很方便地设置文本的字体、字号和字形。

图 2-3-1　浮动工具

如果一篇文档中既有英文也有中文，且中文和英文字体不一样，那么如果逐句逐段选中修改，势必会花费大量时间和精力。此时可利用"字体"对话框同时设置中文和英文字体。

（1）选定要改变字体的文本。如果要选中整篇文档中的文本，应按 Ctrl＋A 组合键。

（2）将鼠标指针移到"开始"菜单选项卡"字体"功能组右下角的功能扩展按钮上。

（3）单击功能扩展按钮，打开如图 2-3-2 所示的"字体"对话框。

（4）在"中文字体"下拉列表框中选择需要的中文字体，在"西文字体"下拉列表框中选择需要的英文字体。设置字体时，在"预览"区域可以查看设置的字体效果。

（5）设置完成后，单击"确定"按钮关闭对话框。

图 2-3-2　"字体"对话框

2. 设置颜色和效果

在 WPS 中，不仅可以很方便地为文本设置显示颜色，还可以为文本添加阴影、映像、发光、柔化边缘等特殊效果。为了凸显某部分文本，还可以给文本添加颜色和底纹。

（1）选定要设置颜色效果的文本。

（2）在"开始"菜单选项卡单击"字体颜色"下拉按钮 $\underline{A}$，弹出"字体颜色"下拉列表框，单击色块,即可以用指定的颜色显示文本。

(3)在"开始"菜单选项卡中单击"文字效果"按钮 A·,在弹出的下拉列表框中选择需要的文字特效。将鼠标指针移到某种特效上,将弹出对应的预设效果级联菜单,单击即可应用指定的效果。

(4)如果希望将选中的文本以某种颜色标示,像使用了荧光笔一样,可在"开始"菜单选项卡中单击"突出显示"下拉按钮 ·,在颜色列表中选择一种颜色。

3. 设置字符宽度、间距与位置

默认情况下,WPS 文档的字符宽度比例是 100%,同一行文本依据同一条基线进行分布。通过修改字符宽度、字符之间的距离与字符显示的位置,可以创建特殊的文本效果。

(1)选定要设置格式的文本。将鼠标指针移到"开始"菜单选项卡"字体"功能组右下角的功能扩展按钮" ⅃"上单击,打开"字体"对话框。

(2)切换到如图 2-3-3 所示的"字符间距"选项卡,在"缩放"下拉列表框中选择字符宽度的缩放比例。如果下拉列表框中没有需要的宽度比例,可以直接输入所需的比例。在"预览"区域可以预览设置效果。

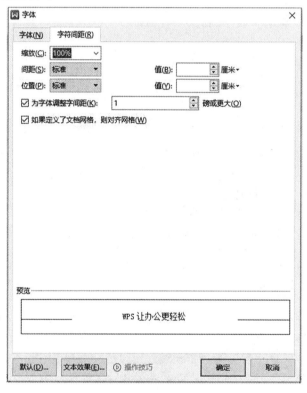

图 2-3-3 "字符间距"选项卡

(3)在"间距"下拉列表框中选择需要的间距类型。字符间距是指文档中相邻字符之间的水平距离。WPS 提供了"标准""加宽""紧缩"三种预置的字符间距选项,默认为"标准"。如果选择其他两个选项,还可以在"磅值"数值框中指定具体值。

（4）在"位置"下拉列表框中选择文本的显示位置。

"位置"选项用于设置相邻字符之间的垂直距离。WPS 提供了"标准""上升"和"下降"三种预置选项。"上升"是指相对于原来的基线上升指定的磅值，"下降"是指相对于原来的基线下降指定的磅值。

（5）设置完成后，单击"确定"按钮关闭对话框，即可看到设置的字符效果。

2.3.2 段落格式的设置

常用的段落格式包括段落的对齐方式、缩进与间距、边框和底纹等。合理的段落格式不仅可以增强文档的美观性，还可以使文档结构清晰，层次分明。利用如图 2-3-4 所示的"段落"功能组中的命令按钮可以很便捷地设置段落格式。

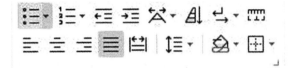

图 2-3-4　段落功能组

1. 段落对齐方式

段落的对齐方式指段落文本在水平方向上的排列方式。

（1）选中要设置对齐方式的段落。

（2）在"开始"菜单选项卡的"段落"功能组中单击需要的对齐方式。

❖左对齐 ▤：段落的每一行文本都以文档编辑区的左边界为基准对齐。

❖居中对齐 ▤：段落的每一行都以文档编辑区水平居中的位置为基准对齐。

❖右对齐 ▤：段落的每一行都以文档编辑区的右边界为基准对齐。

❖两端对齐 ▤：段落的左、右两端分别与文档编辑区的左、右边界对齐，字与字之间的距离根据每一行字符的多少自动分配，最后一行左对齐。

❖分散对齐 ▤：这种对齐方式与"两端对齐"相似，不同的是，段落的最后一行文字之间的距离均匀拉开，占满一行。

2. 设置段落缩进

段落缩进是指段落文本与页边距之间的距离。设置段落缩进可以使段落结构更清晰。

（1）选定要缩进的段落，单击"段落"功能组右下角的功能扩展按钮，弹出"段落"对话框。

（2）切换到如图 2-3-5 所示的"缩进和间距"选项卡，在"缩进"选项区域设置缩进方式和缩进值。

文本之前：用于设置段落左边界距文档编辑区左边界的距离。正值代表向右缩进，负值代表向左缩进。

文本之后：用于设置段落右边界距文档编辑区右边界的距离。正值代表向左缩进，负值代表向右缩进。

图 2-3-5　"缩进和间距"选项卡

特殊格式:可以选择"首行缩进"和"悬挂缩进"两种方式。首行缩进用于控制段落第一行第一个字符的起始位置,悬挂缩进用于控制段落第一行以外的其他行的起始位置。

(3)设置完成后,单击"确定"按钮关闭对话框。即可看到缩进效果。在"开始"菜单选项卡的"段落"功能组中,单击"减少缩进量"按钮 ▣ 或者"增加缩进量"按钮 ▣ ,可以快速调整段落缩进量。

3.设置段落间距

段落间距包括段间距和行间距。段间距是指相邻两个段落前、后的空白距离,行间距是指段落中行与行之间的垂直距离。

(1)选定要设置段间距的段落,单击"段落"功能组右下角的功能扩展按钮,弹出"段落"对话框。

(2)切换到"缩进和间距"选项卡,在"间距"选项区域分别设置段前、段后和行之间的距离,如图 2-3-6 所示。

段前:段落首行之前的空白高度。

段后:段落末行之后的空白高度。

单倍行距:可以容纳本行中最大的字体行间距,通常不同字号的文本行距也不同。如果同一行中有大小不同的字体或者上、下标,WPS 则自动增减行距。

2.3.3 设置边框与底纹

为段落文本添加边框和底纹,不仅可以美化文档,还可以强调或分离文档中的部分内容,增强可读性。

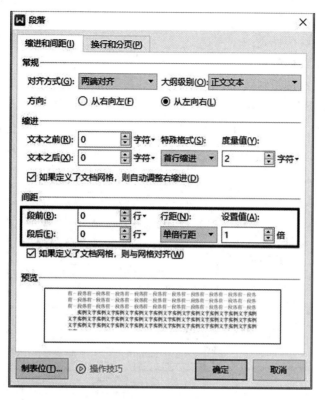

图 2-3-6　设置段落间距

(1)选中需要设置边框和底纹的段落。

(2)在"开始"菜单选项卡"段落"功能组中单击"边框"下拉按钮 ，在弹出的下拉列表框中选择"边框和底纹"命令,如图 2-3-7 所示。

(3)在如图 2-3-8 所示的"边框和底纹"对话框的"边框"选项卡中,设置边框的样式、线型、颜色和宽度。

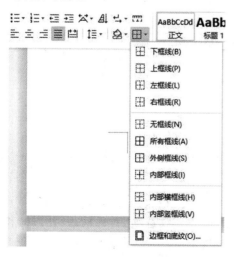

图 2-3-7　"边框"下拉列表

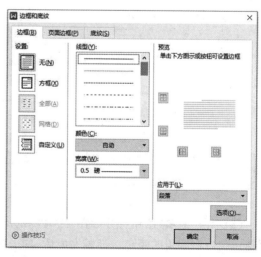

图 2-3-8　"边框和底纹"对话框

设置:选择内置的边框样式。选中"无"可以取消显示边框,选中"自定义"可以自定义边框样式。

线型:选择边框线的样式。

颜色:设置边框线的颜色。

宽度:设置边框线的粗细。

(4)如果在"设置"选项区域选择的是"自定义",还应在"预览"区域单击段落示意图四周的边框线按钮 ▦(上)▦(下)▦(左)、▦(右)添加或取消对应位置的边框线。也可以直接单击预览区域中的段落示意图的上、下、左、右边添加或取消边框线,如图 2-3-9 所示。

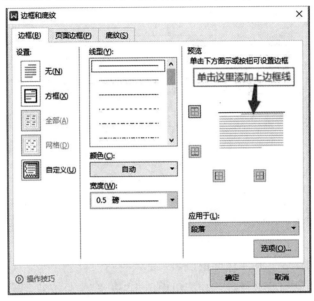

图 2-3-9 在段落示意图四周单击添加边框线

(5)在"应用于"下拉列表框中选择边框的应用范围。如果选择"段落",则在段落四周显示边框线;如果选择"文字",则在文字四周显示边框线。应用于段落的边框与应用于文字的边框效果如图 2-3-10 所示。

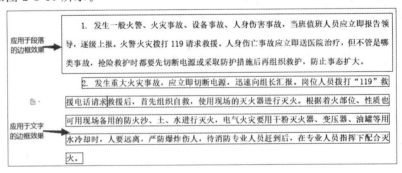

图 2-3-10 边框效果示例

(6)单击"选项"按钮打开如图 2-3-11 所示的"边框和底纹选项"对话框,设置边框和底纹与正文内容四周的距离。设置完成后,单击"确定"按钮。

(7)在"边框和底纹"对话框中切换到如图 2-3-12 所示的"底纹"选项卡,设置底纹的填充颜色、图案样式和图案的前景色。

图 2-3-11 "边框和底纹选项"对话框

图 2-3-12 "底纹"选项卡

(8)在"应用于"下拉列表框中选择底纹要应用的范围。

应用于段落的底纹是衬于整个段落区域下方的一整块矩形背景,而应用于文字的底纹只在段落文本下方显示,没有字符的区域不显示底纹,如图 2-3-13 所示。

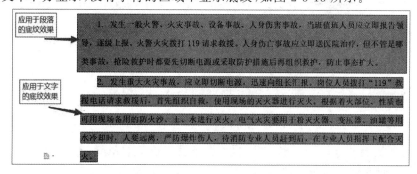

图 2-3-13 底纹效果示例

(9)设置完成后,单击"确定"按钮关闭对话框,即可看到设置的边框和底纹效果。

2.3.4 项目符号或编号

列表在文档中的用途十分广泛,可以对文档中具有并列关系和层次关系的内容进行组织,使文档的结构更加清晰、更具条理性。列表主要分为符号列表和编号列表两种。符号列表适用于没有次序之分的多个项目,编号列表适用于有次序排列要求的多个项目。

1. 使用项目符号

借助 WPS 的自动编号功能,只需在输入第一项时添加项目符号,输入其他列表项时将自动添加项目符号。

2. 创建编号列表

WPS 默认启用自动编号功能,也就是说,输入文本时自动应用编号列表。因此,如果要输入多个具有并列关系的段落,可以在输入文本之前为其添加编号,在输入其他段落时可自动添加编号。

2.3.5 首字下沉

首字下沉功能在排版的时候能起到重要的作用,会因为首字下沉而关注所写的文字,比如在请柬、邀约的时候使用首字下沉功能。

（1）首先选中需要排版的文档，鼠标右键选择"段落"，在"特殊格式"处选择"首行缩进"，度量值为"2 个字符"，如图 2-3-14 所示。

（2）选择上方菜单栏中的"插入"，单击"首字下沉"，在弹出的对话框中选择"下沉"样式，如图 2-3-15 所示。

图 2-3-14 "缩进和间距"选项卡　　　　　图 2-3-15 "首字下沉"对话框

（3）选择所需要的字体和下沉行数，再设置下沉与正文的距离，单击"确定"按钮，得到如图 2-3-16 所示的效果。如果想要调整下沉文字的位置，也可以通过拖动文字外围的小黑点，最后鼠标单击空白处即可。

　　年前，家中第一次养了一笼十姊妹。当母鸟第一次生下了几个玲珑剔透、比小指头还小的鸟蛋以后，我和孩子们眼巴巴地等候小鸟孵出来。有一天，我们正在吃午饭，孩子忽然大叫："小鸟孵出来了！"我惊喜地走到鸟笼边一看，在鸟巢里面的所谓小鸟，只是两团小小的粉红色肉球，仅仅具有鸟的雏形，身上只有稀疏的几根毛，两只黑黑的眼睛却奇大。第一次看到刚孵出来的雏鸟，只觉它们的样子很难看，竟因此而吃不下饭。可是，等到它们渐渐长大，羽毛渐丰，一切都具体而微以后，我喜爱它们又甚于那些老鸟。

图 2-3-16 "首字下沉"效果展示

2.4 图文混排

2.4.1 应用图片

1. 插入图片

图片与形状有很直观的视觉感染力，因此，在文档中适量地使用图片和图形对象，不仅可以美化文档，而且能增强文档的表现力，更好地表达文档内容传递的信息。

在 WPS 中,不仅可以插入本地计算机收藏的和稻壳商场提供的图片,还支持从扫描仪导入图片,甚至还可以通过微信扫描二维码连接到手机,插入手机中的图片。

(1)在文档中需要插入图片的位置单击,切换到"插入"菜单选项卡,单击"图片"下拉按钮 ,在下拉列表框中选择图片来源。

(2)在"图片"下拉列表框中还可以看到面向稻壳会员推荐的图片,单击图片即可插入文档中。如果是稻壳会员,可以免费使用"特权专区"中大量精美的图片;针对非会员,WPS 在"办公专区"提供了一些免费图片。

2.编辑和美化图片

在文档中插入的图片默认按原始尺寸或文档可容纳的最大空间显示,往往需要对图片的尺寸和角度进行调整,有时还要设置图片的颜色和效果,与文档风格和主题融合。

(1)选中图片,图片四周出现控制手柄,拖动控制手柄调整图片大小和角度。将鼠标指针移动到圆形控制手柄上,指针变成双向箭头时,按下鼠标左键拖动到合适位置释放,即可改变图片的大小。

如果要精确地设置图片的尺寸,选中图片后,可在"图片工具"菜单选项卡"大小和位置"功能组中分别设置图片的高度和宽度。选中"锁定纵横比"复选框,可以约束宽度和高度比例缩放图片。如果要将图片恢复到原始尺寸,可单击"重设大小"按钮 重设大小 。单击"大小和位置"功能组右下角的扩展按钮,在弹出的"布局"对话框中也可以精确设置图片的尺寸和缩放比例。

将鼠标指针移到旋转手柄" "上,指针显示为" ",按下鼠标左键拖动到合适角度后释放,图片绕中心点进行相应角度的旋转。

如果要将图片旋转某个精确的角度,单击"大小和位置"功能组右下角的扩展按钮,打开"布局"对话框,在"旋转"选项区域输入角度即可,效果如图 2-4-1 所示。

如果要对图片进行 90° 的旋转,可在"图片工具"菜单选项卡中单击"旋转"按钮,在弹出的下拉菜单中选择需要的旋转角度,如图 2-4-2 所示。

如果插入的图片中包含不需要的部分,要将其去掉,或者希望仅显示图片的某个区域,不需要启动专业的图片处理软件,使用 WPS 提供的图片裁剪功能就可轻松实现。

图 2-4-1　旋转图片效果　　　　图 2-4-2　"旋转"下拉菜单

(2)选中图片,在"大小和位置"功能组中单击"裁剪"按钮 ,图片四周显示黑色的裁剪标志,右侧显示裁剪级联菜单,如图 2-4-3 所示。将鼠标指针移动到某个裁剪标志上,按下鼠标左键拖动至合适的位置释放,即可沿鼠标拖动方向裁剪图片,如图 2-4-4 所示。确认无误后按 Enter 键或单击空白区域完成裁剪。

图 2-4-3 "剪裁"状态的图片   图 2-4-4 剪裁图片

如果要将图片裁剪为某种形状,则单击"裁剪"级联菜单中的形状,如图 2-4-5 所示,按 Enter 键或单击文档的空白区域完成裁剪。

如果要将图片的宽度和高度裁剪为某种比例,在"裁剪"级联菜单中切换到"按比例裁剪"选项卡,然后单击需要的比例,如图 2-4-6 所示,按 Enter 键或单击文档的空白区域完成裁剪。

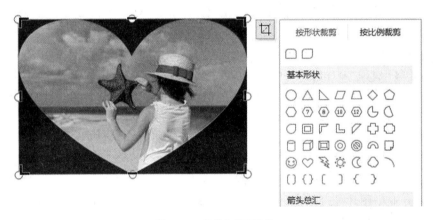

图 2-4-5 裁剪为相应形状

图 2-4-6 按比例剪裁

（3）选中图片，在"图片工具"菜单选项卡中，利用如图 2-4-7 所示的"设置形状格式"功能组的工具按钮修改图片的颜色效果。

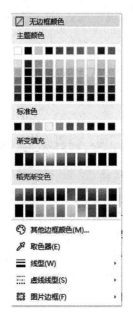

图 2-4-7　"设置形状格式"功能组

如果要调整图片画面的明暗反差程度，则单击"增加对比度"按钮 ↻ 或"降低对比度"按钮 ↺ 。增加对比度，画面中亮的地方会更亮，暗的地方会更暗；降低对比度，则明暗反差会减小。

如果要调整图片画面的亮度，则单击"增加亮度"按钮 ☼ 或"降低亮度"按钮 ☀ 。如果要将图片中特定颜色变为透明，则单击"设置透明色"按钮，在要设置为透明的颜色区域单击鼠标。如果要更改图片的颜色效果，例如显示为灰度、黑白或冲蚀效果，单击"色彩"下拉按钮，在弹出的下拉菜单中选择相应的命令即可。如果要为图片添加边框，则单击"边框"下拉按钮，在如图 2-4-8 所示的下拉菜单中可以设置图片轮廓的颜色、线型。如果要为图片添加特效，则单击"效果"下拉按钮，在弹出的下拉菜单中选择需要的效果，如图 2-4-9 所示。如果对内置的效果不满意，可以在下拉菜单中单击"更多设置"命令，打开"属性"面板修改效果参数。如果要替换文档中的图片，但保留对图片的所有更改，例如大小、颜色、边框和效果设置，则单击"更改图片"按钮，在弹出的对话框中选择替换图片。如果要取消对图片所做的所有更改，应单击"重设样式"按钮。

图 2-4-8　"边框"下拉菜单　　　　　　　　图 2-4-9　"效果"下拉菜单

3. 设置文字环绕方式

默认情况下,图片以嵌入方式插入文档中,位置是固定的,不能随意拖动,而且文字只能显示在图片上方或下方,或与图片同行显示。若要自由移动图片,或希望文字环绕图片排列,可以设置图片的文字环绕方式。

(1)选中要设置文字环绕方式的图片,在图片右侧显示的快速工具栏中可以看到"布局选项"按钮。

(2)单击"布局选项"按钮 $\boxed{}$,在弹出的布局选项列表中可以看到,WPS 提供了多种文字环绕方式,如图 2-4-10 所示,单击相应方式即可应用。单击"图片工具"菜单选项卡中的"环绕"下拉按钮 $\boxed{}$,也可以打开文字环绕下拉菜单,如图 2-4-11 所示。

图 2-4-10　布局选项　　　　　　　　　　　　　图 2-4-11　"环绕"下拉菜单

通过文字环绕的方式图标按钮,可以大致了解各种环绕方式的效果。

嵌入型:图片嵌入某一行中,不能随意移动。

四周型环绕:文字以矩形方式环绕在图片四周。

紧密型环绕:文字根据图片轮廓、形状紧密环绕在图片四周。当图片轮廓为不规则形状时,环绕效果与"穿越型环绕"相同。

衬于文字下方:图片显示在文字下方,被文字覆盖。

浮于文字上方:图片显示在文字上方,覆盖文字。

上下型环绕:文字环绕在图片上方和下方显示,图片左、右两侧不显示文字。

穿越型环绕:文字可以穿越不规则图片的空白区域环绕图片。

除"嵌入型"图片不能随意拖动改变位置外,其他几种环绕方式都可随意拖动,文字将随之自动调整位置。

2.4.2 应用图形

1. 绘制形状

在制作文档时，有时需要绘制一些简单的图形或流程图。WPS提供了丰富的内置形状，可以一键绘制常用的图形，即使用户没有绘画经验，也能通过简单的组合、编辑顶点创建一些复杂图形。

（1）在"插入"菜单选项卡中单击"形状"下拉按钮，打开"形状"下拉列表，如图2-4-12所示。从图2-4-12中可以看到，WPS分门别类内置了八类形状，几乎囊括了常用的图形。

（2）形状既可以直接插入文档中，也可以插入绘图画布中。如果要直接在文档中插入形状，应单击需要的形状图标；如果要在绘图画布中绘制形状，则单击"新建绘图画布"命令，在文档中插入一块与文档宽度相同的画布，然后打开形状下拉列表，选择需要的形状图标。

如果形状列表中没有需要的现成形状，用户还可以使用"线条"类别中的曲线" S "、任意多边形" "和自由曲线" "绘制图形。

（3）当鼠标指针显示为十字形" ＋ "时，在要绘制形状的起点位置按下鼠标左键拖动到合适大小后释放，即可在指定位置绘制一个指定大小的形状，如图2-4-13所示。如果直接单击，可以绘制一个默认大小的形状。

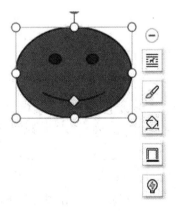

图2-4-12 "形状"下拉列表　　　　图2-4-13 绘制的形状

绘制形状后,WPS自动切换到"绘图工具"菜单选项卡,利用其中的工具按钮可以很方便地设置形状格式。

(4)选中形状,在"绘图工具"菜单选项卡的"设置形状格式"功能组中修改形状的效果,如图2-4-14所示。

WPS内置了一些形状样式,可以一键设置形状的填充和轮廓样式,以及形状效果。单击"形状样式"下拉列表框中的下拉按钮✦,在形状样式列表中单击一种样式,即可应用于形状。

单击"填充"下拉按钮,在弹出的下拉菜单中设置形状的填充效果。

单击"轮廓"下拉按钮,在弹出的下拉菜单中设置形状的轮廓样式。

单击"形状效果"下拉按钮,在弹出的下拉菜单中设置形状的外观效果。

利用形状右侧的快速工具栏中的工具按钮"形状样式"按钮、"形状填充"按钮和"形状轮廓"按钮也可以很方便地设置形状格式。绘制的形状默认浮于文字上方,单击"布局选项"按钮,可以修改形状的文字环绕方式。

绘制形状后,通常还需要在形状中添加文本进行说明。

(5)在形状上右击,在弹出的快捷菜单中选择"添加文字"命令,即可在形状中输入文本,如图2-4-15所示。

图2-4-14　"设置形状格式"功能组　　　　图2-4-15　在形状中输入文本

在形状中添加文本后,菜单功能区自动切换到如图2-4-16所示的"文本工具"选项卡,利用其中的工具按钮可以对文本进行格式化,效果如图2-4-17所示。

图2-4-16　"文本工具"选项卡　　　　图2-4-17　格式化文本的效果

(6)重复以上步骤,绘制其他形状。

默认情况下,绘制一个形状后,即自动退出绘图模式。如果要绘制其他形状,就需要重新打开形状列表选择形状,然后绘制。如果要反复添加同一个形状,可以锁定绘图模式,避免多次执行重复操作。

(1)打开形状列表,在需要的形状上右击。

(2)在弹出的快捷菜单中选择"锁定绘图模式"命令。此时,在文档中绘制一个形状后,不会自动退出绘图模式,从而可以连续多次绘制同一种形状。

(3)形状绘制完成后,按 Esc 键取消锁定。

2.排列图形

在编排文档时,为保证文档整洁有序,往往还需要将文档中插入的多张图片或图形进行对齐和分布排列。分布图形是指平均分配各个图形之间的间距,分为横向分布和纵向分布两种。

(1)按住 Ctrl 键或 Shift 键选中要对齐的多个图形,顶部显示对齐工具栏,如图 2-4-18 所示。该工具栏中包含 7 种对齐方式和 2 种分布方式,以及"组合"按钮。

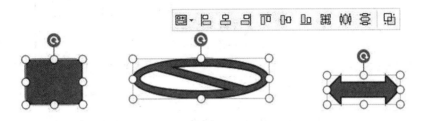

图 2-4-18　选择要对齐的对象

- 左对齐 [呂] :所有选中的图形对象按最左侧对象的左边界对齐。

- 水平居中 [呂] :所有选中的图形对象横向居中对齐。

- 右对齐 [凹] :所有选中的图形对象按最右侧对象的右边界对齐。

- 顶端对齐 [⬚] :所有选中的图形对象按最顶端对象的上边界对齐。

- 垂直居中 [旷] :所有选中的图形对象纵向居中对齐。

- 底端对齐 [旷] :所有选中的图形对象按最底端对象的下边界对齐。

- 中心对齐 [旷] :所有选中的图形对象的中心点与最左侧图形的中心点对齐。

- 横向分布 [旷] :选定的三个或三个以上的图形对象在页面的水平方向上等距离排列。

- 纵向分布 [旷] :选定的三个或三个以上的图形对象在页面的垂直方向上等距离排列。

如果要使用更多的对齐方式,可以单击"绘图工具"菜单选项卡中的"对齐"下拉按钮,打开如图 2-4-19 所示的下拉菜单进行选择。

- 等高:将选中的图形高度缩小到与其中的最小高度相同。

- 等宽:将选中的图形宽度缩小到与其中的最小宽度相同。

- 等尺寸:将选中的图形尺寸缩小到与其中的最小尺寸相同。

- 相对于页:选中的图形对象将以整个页面为参照进行对齐。若没有选中该项,则以选中的某个图形为参照对齐。

- 网格线:在文档编辑区域显示网格线,便于对齐图形。

- 绘图网格:单击该项,打开如图 2-4-20 所示的"绘图网格"对话框,可以选择对象对齐的方式,设置网格线的间距。

图 2-4-19 "对齐"下拉菜单   图 2-4-20 "绘图网格"对话框

默认情况下,后添加的图形显示在先添加的图形上方,如果文档中的图形对象发生重叠,上方的图形将遮挡下方图形。通过调整图形的叠放层次,可以创建不一样的排列效果。

(2)选择要改变层次的绘图对象。如果绘图对象堆叠在一起,不方便选择,可以在"排列"功能组中单击"选择窗格"按钮 ,打开如图 2-4-21 所示的选择窗格,可以查看当前文档中的所有对象,单击某对象即可将其选中。

(3)在"绘图工具"菜单选项卡中,单击"上移一层"下拉按钮 上移一层 或"下移一层"下拉按钮 下移一层 ,在如图 2-4-22 或如图 2-4-23 所示的下拉菜单中选择需要的命令。

图 2-4-21 选择窗格

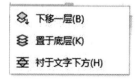

图 2-4-22 "上移一层"下拉菜单   图 2-4-23 "下移一层"下拉菜单

此外,利用"选择"窗格中的"上移一层" ▲ 按钮或"下移一层"按钮 ▼ 也可以很方便地调整图形的叠放次序。单击对象右侧的" ◉ "按钮还可以修改对象在文档中的可见性。

3. 使用智能图形

所谓智能图形,也就是 SmartArt 图形,是一种能快速将信息之间的关系通过可视化的图形直观、形象地表达出来的逻辑图表。WPS 提供了多种现成的 SmartArt 图形,用户可根据信息之间的关系套用相应的类型,只需更改其中的文字和样式即可快速制作出常用的逻辑图表。

(1)在"插入"菜单选项卡中单击"智能图形"按钮 智能图形,弹出如图 2-4-24 所示的"选择智能图形"对话框。选择一种图形,在对话框右下角可以查看该图形的简要介绍。

(2)在对话框中选择需要的图形,单击"确定"按钮,即可在工作区插入图形布局,菜单功能区自动切换到"设计"菜单选项卡。例如,插入"重点流程"的效果如图 2-4-25 所示。

(3)单击图形中的占位文本,输入图示文本,效果如图 2-4-26 所示。默认生成的图形布局通常不符合设计需要,因此需要在图形中添加或删除项目。

(4)选中要在相邻位置添加新项目的现有项目,然后单击项目右上角的"添加项目"按钮,在如图 2-4-27 所示的下拉菜单中选择添加项目的位置,即可添加一个空白的项目,效果如图 2-4-28 所示。

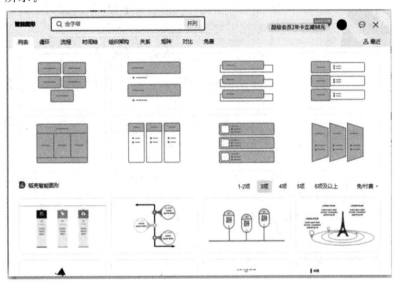

图 2-4-24 "选择智能图形"对话框

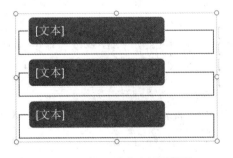

图 2-4-25 插入"重点流程"效果图

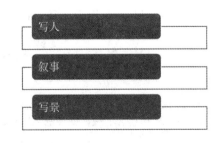

图 2-4-26 在图形中输入文本

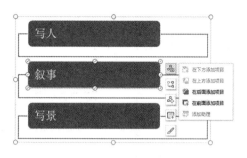

图 2-4-27 "添加项目"下拉菜单

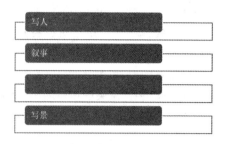

图 2-4-28 添加项目的效果

如果要删除图形中的某个项目,应在选中项目后按 Delete 键;如果要删除整个图形,则单击图形的边框,然后按 Delete 键。创建智能图形后,还可以轻松地改变图形的配色方案和外观效果。

(5)选中图形,在"设计"菜单选项卡中单击"更改颜色"按钮 ,可以修改图形的配色。在"图形样式"下拉列表框中可套用内置的图形效果。选中图形中的一个项目形状,单击右侧的"形状样式"按钮 ,也可以方便地设置形状样式。

(6)切换到 SmartArt 工具的"格式"选项卡,在"艺术字样式"功能组中可以更改文本的显示效果。创建智能图形后,可以根据需要升级或降级某个项目。

(7)选中要调整级别的项目形状,在"设计"菜单选项卡中单击"升级"按钮 或"降级"按钮 ,即可将选中的项目形状升高或降低一级,图形的整体布局也会根据图形大小而变化。

(8)如果要调整项目形状的排列次序,可在选中项目形状后,单击"前移"按钮 或"后移"按钮 。

WPS 提供的智能图形比较有限,适用于制作一些简单的逻辑图表。如果要制作一些具有复杂关系的逻辑图,可以在"插入"菜单选项卡中单击"关系图"按钮,打开如图 2-4-29 所示的在线图示库,从中选择需要的关系图进行编辑。

4. 创建数据图表

数据图表是用于数据分析,以图形的方式组织和呈现数据关系的一种信息表达方式,在文档中使用恰当的图表可以更加直观、形象地显示文档数据。

(1)在"插入"菜单选项卡单击"图表"按钮 ,打开如图 2-4-30 所示的"图表"对话框。

(2)在对话框的左侧窗格中选择一种图表类型,在右上窗格中选择需要的图表样式,然后单击"插入"按钮,即可在文档中插入图表,并自动打开"图表工具"菜单选项卡。图表由许多图表元素构成,在编辑图表之前,读者有必要先认识一下图表的基本组成元素,如图 2-4-31 所示。

(3)在"图表工具"菜单选项卡中单击"编辑数据"按钮 ,将自动新建一个 WPS 表格文档,并自动填充预置数据。

(4)在 WPS 表格文档中编辑图表数据,WPS 文字窗口中的图表将随之自动更新。输入完成后,关闭表格窗口。

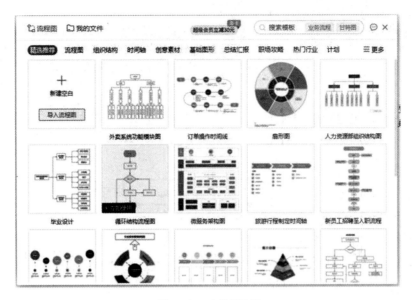

图 2-4-29　在线图示库

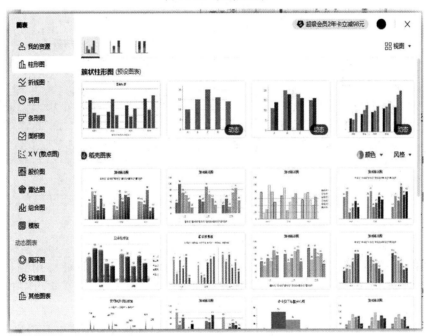

图 2-4-30　"图表"对话框

（5）选中图表，将鼠标指针移至图表四周的控制点上，当指针变为双向箭头时，按下鼠标左键拖动到合适的大小后释放，调整图表的大小。

创建图表后，如还需要修改图表的格式，可利用图表右侧的"图表元素"按钮和"图表样式"按钮 ✎ ，便捷地设置图表元素的布局和格式。

（6）如果希望在图表中添加或删除图表元素，可单击图表右侧的"图表元素"按钮 ⬛ ，在弹出的图表元素列表中选中或取消选中图表元素对应的复选框，如图 2-4-32 所示。

（7）单击图表右侧的"图表样式"按钮，打开下拉列表框，在"颜色"选项卡中可以选择一

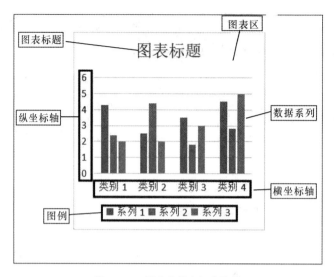

图 2-4-31　图表的基本组成元素

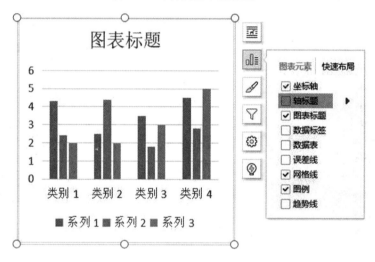

图 2-4-32　添加或删除图元素

种内置的配色方案；在"样式"选项卡中单击需要的图表样式，即可应用到图表中，如图 2-4-33 所示。在 WPS 中，不仅可以利用样式设置图表的整体效果，还可以分别调整各个图表元素的格式，创建个性化的图表。

（8）在图表中选中要修改格式的图表元素，然后单击图表右侧快速工具栏底部的"设置图表区域格式"按钮 ⚙，打开如图 2-4-34 所示的"属性"任务窗格。

在"填充与线条"选项卡中可以设置图表元素的背景填充与边框样式；在"效果"选项卡中可以详细设置图表元素的效果；在"大小与属性"选项卡中可以设置图表元素的大小和相关属性。单击"图表选项"下拉按钮，在弹出的下拉列表框中可以切换要设置格式的图表元素，如图 2-4-35 所示。切换到"文本选项"选项卡，可以设置图表中的文本格式。使用图表展示数据优于普通数据表，不仅体现在数据表现方式直观、形象，而且能根据查阅需要筛选数据。

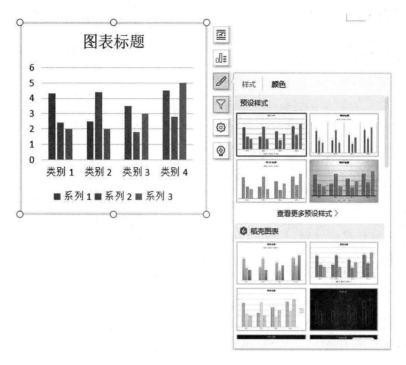

图 2-4-33　应用图表样式

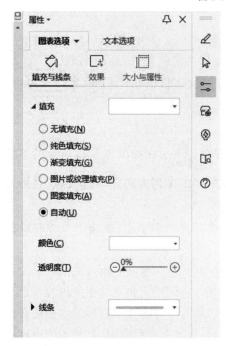

图 2-4-34　"属性"任务窗格

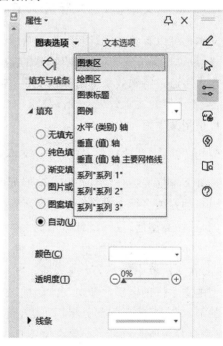

图 2-4-35　切换图表选项

（9）单击图表右侧快速工具栏中的"图表筛选器"按钮 $\boxed{\triangledown}$ ，在如图 2-4-36 所示的下拉列表框中选择按数值或名称筛选，取消选中"（全选）"复选框，然后选中要筛选的数据项，单击"应用"按钮，即可在图表中仅显示指定的数据项。

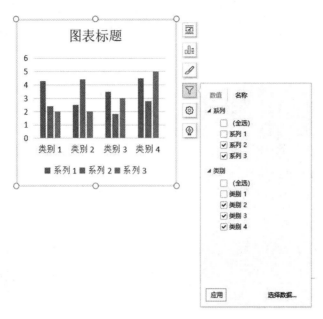

图 2-4-36　使用图表筛选器

2.4.3　应用文本框、艺术字和公式

文本框可以容纳文字、图片、图形等多种页面对象，可以像图片、图形一样添加填充和边框样式、设置布局方式，从而创建特殊的文本效果。

艺术字通过特殊效果突出显示文字，本质与形状和文本框的功能相同，常用于海报、广告宣传、贺卡等对视觉效果有较高要求的文档。

1. 使用文本框

(1) 在"插入"菜单选项卡中单击"文本框"下拉按钮 $\boxed{\text{文本框}}$，在如图 2-4-37 所示的下拉菜单中选择文本框类型。"横向"和"竖向"是指文本框内容的排列方向；"多行文字"是指文本框可以自动容纳多行文本。

(2) 选择类型后，鼠标指针显示为" $+$ "字形，直接在文档中单击，或按下鼠标左键拖动到合适大小后释放，即可绘制一个文本框。

(3) 在文本框中输入文本或者插入图片、图形等对象。在文本框中输入文本时会发现不同类型的文本框的区别，"横向"和"竖向"文本框的大小是固定的，如果其中的内容超出了文本框的显示范围，超出的部分将不可见；而"多行文字"文本框则随其中内容的增加而自动扩展，以完全容纳所有内容。如果在文本框中插入图片等非文本类型的内容，插入的内容将自动等比例缩小到文本框的宽度。

(4) 选中文本框中的文本内容，利用"文本工具"菜单选项卡中的工具按钮可以设置字符格式和段落格式。选中文本框，利用如图 2-4-38 所示右侧的快速工具栏可以设置文本框的布局选项和外观效果。

图 2-4-37 "文本框"下拉菜单　　　　　　　图 2-4-38 文本框的快速工具栏

2. 创建艺术字

在 WPS 中创建艺术字有两种方式，一种是为选中的文字套用一种艺术字效果，另一种是直接插入艺术字。

（1）选中需要制作成艺术字的文本。如果不选中文本，将直接插入艺术字。

（2）在"插入"菜单选项卡中单击"艺术字"按钮 ，打开如图 2-4-39 所示的"艺术字"下拉列表框。"推荐"区域列出的是付费或面向稻壳会员免费的艺术字样式；"预设样式"区域列出的是 WPS 内置的艺术字样式。

（3）单击需要的艺术字样式，即可应用样式。

图 2-4-39 "艺术字"下拉列表框

如果应用样式之前选中了文本，则选中的文本可在保留字体的同时，应用指定的字号和效果，且文本显示在文本框中。

如果没有选中文本,则直接插入对应的艺术字编辑框,且自动选中占位文本"请在此放置您的文字",如图 2-4-40 所示,输入文字替换占位文本,然后修改文本字体。创建艺术字后,还可以编辑艺术字所在的文本框格式。

图 2-4-40　插入的艺术字编辑框

(4)选中艺术字所在的文本框,利用快速工具栏中的"形状填充"按钮 和"形状轮廓"按钮 设置文本框的效果。单击"布局选项"按钮 修改艺术字的布局方式。

(5)如果要创建具有特殊排列方式的艺术字,可在"文本工具"菜单选项卡中单击"文本效果"下拉按钮 ,在如图 2-4-41 所示的下拉菜单中选择"转换"命令,然后在级联菜单中选择一种文本排列方式。

图 2-4-41　"文本效果"下拉菜单

2.5　表格操作

2.5.1　表格的基本操作

表格是处理数据类文件的一种非常实用的文字组织形式,它不仅可以很有条理地展示信息,对表格中的数据进行计算、排序,而且能与文本互相转换,快速创建不同风格的版式效果。

WPS 提供了多种创建表格的方法,读者可以根据自己的使用习惯灵活选择。

(1)将插入点定位在文档中要插入表格的位置,然后在"插入"菜单选项卡中单击"表格"下拉按钮,弹出如图 2-5-1 所示的"表格"下拉菜单。

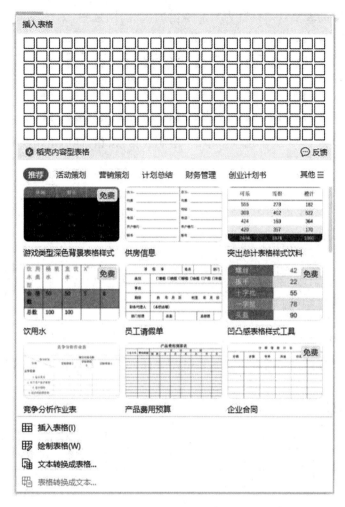

图 2-5-1　"表格"下拉菜单

（2）选择创建表格的方式。在"表格"下拉菜单中可以看到，WPS 在这里提供了 4 种创建表格的方式，下面分别进行简要介绍。

①快速创建一个无任何样式的表格：可在"表格"下拉菜单中的表格模型上移动鼠标指定表格的行数和列数，选中的单元格区域显示为橙色，表格模型顶部显示当前选中的行、列数，如图 2-5-2 所示。单击即可在文档中插入表格，列宽按照窗口宽度自动调整。

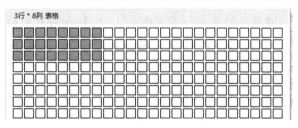

图 2-5-2　使用表格模型创建表格

②创建指定列宽的表格：在"表格"下拉菜单中单击"插入表格"命令，在如图 2-5-3 所示的"插入表格"对话框中分别指定表格的列数和行数，然后在"列宽选择"区域指定表格列宽。

如果希望以后创建的表格自动设置为当前指定的尺寸,则选中"为新表格记忆此尺寸"复选框。设置完成后,单击"确定"按钮插入表格。

③快速创建特殊结构的表格:在"表格"下拉菜单中单击"绘制表格"命令,此时鼠标指针显示为铅笔形,按下鼠标左键并拖动,文档中将显示表格的预览图,指针右侧显示当前表格的行、列数,如图 2-5-4 所示。释放鼠标,即可绘制指定行、列数的表格。在表格绘制模式下,在单元格中按下鼠标左键并拖动,就可以很方便地绘制表头,或将单元格进行拆分。绘制完成后,单击"表格工具"菜单选项卡中的"绘制表格"按钮,即可退出绘制模式。

图 2-5-3 "插入表格"对话框

图 2-5-4 绘制表格

④创建一个自带样式和内容格式的表格:在"插入内容型表格"区域单击需要的表格模板图标即可。

(3)创建的无样式表格如图 2-5-5 所示。

图 2-5-5 创建的无样式表格

表格中的每个单元格都可以看作一个独立的文档编辑区域,可以在其中插入或编辑页面对象,单元格之间用边框线分隔。

(4)拖动表格右下角的控制点⬔,可以调整表格的宽度和高度。

创建表格时,表格的行高和列宽默认平均分布,在编辑表格内容时,通常要根据实际情况调整表格的行高与列宽。

将鼠标指针移到需要调整行高的行的下边框上,指针变为双向箭头⬍时,按下鼠标左键并拖动,此时会显示一条蓝色的虚线标示拖放的目标位置。拖到合适的位置后释放鼠标,整个表格的高度会随着行高的改变而改变,如图 2-5-6 所示效果。

排序	号服	姓名	组别	决赛成绩	总成绩
1	4300	Jose	少儿组	296	602
2	2145	Lisa	少儿组	298	598

图 2-5-6 拖动鼠标调整行高的表格效果

将鼠标指针移到列的左(或右)边框上,指针变成双向箭头 时,按下鼠标左键并拖动到合适位置释放,可调整列宽。

如果对表格尺寸的精确度要求较高,在"表格工具"菜单选项卡中单击"表格属性"按钮 ,在如图 2-5-7 所示的对话框中可以精确设置表格宽度;切换到"行"和"列"选项卡,可以分别设置行高与列宽。设置完成后,单击"确定"按钮关闭对话框。

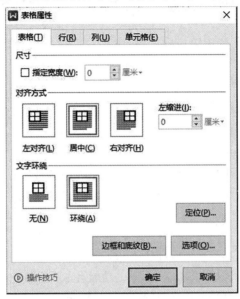

图 2-5-7 "表格属性"对话框

(5)在表格中输入所需的内容,其方法与在文档中输入内容的方法相似,只需将光标插入点定位到需要输入内容的单元格内,即可输入内容。

2.5.2 选定表格

选取表格区域是对表格或者表格中的部分区域进行编辑的前提。不同的表格区域选取操作也不同,熟练掌握选取操作是提升办公效率的基础。

1.选取整个表格

将光标置于表格中的任意位置,表格的左上角和右下角将出现表格控制点。单击左上角的控制点围,或右下角的控制点 ,即可选取整个表格。

2.选取单元格

❖选取单个单元格:直接在单元格中单击;或将鼠标指针置于单元格的左边框位置,当指针显示为黑色箭头 时单击。

选取矩形区域内的多个连续单元格:在要选取的第一个单元格中按下鼠标左键并拖动到最后一个单元格释放;或选中一个单元格后,按住 Shift 键单击矩形区域对角顶点处的单元格。

❖选取多个不连续单元格:选中第一个要选择的单元格后,按住 Ctrl 键的同时单击其他单元格。

3.选取行

❖选取一行:将鼠标指针移到某行的左侧,指针显示为白色箭头时单击。

❖选取连续的多行:将鼠标指针移到某行的左侧,指针显示为白色箭头时,按住鼠标左键向下或向上拖动。

❖选取不连续的多行：选中第一行后，按住 Ctrl 键在其他行的左侧单击。

4. 选取列

❖选取一列：将鼠标指针移到某列的顶部，指针显示为黑色箭头  时单击。

❖选取连续的多列：将鼠标指针移到某列的顶部，指针显示为黑色箭头 时，按住鼠标左键向前或向后拖动。

❖选取不连续的多列：选中第一列后，按住 Ctrl 键在其他列的顶部单击。

2.5.3 修改表格结构

在编辑表格内容时，时常需要插入或删除一些行、列或者单元格，或者合并、拆分单元格。下面分别简要介绍这些操作的步骤。

1. 插入、删除表格元素

（1）将光标定位于表格中需要插入行、列或者单元格的位置。

（2）在"表格工具"菜单选项卡中，利用如图 2-5-8 所示的功能按钮可方便地插入行或列。

如果要在表格底部添加行，可以直接单击表格底边框上的 按钮；如果要在表格右侧添加列，可直接单击表格右边框上的 按钮。

如果要插入单元格，可单击如图 2-5-8 所示的功能组右下角的扩展 按钮，在如图 2-5-9 所示的"插入单元格"对话框中选择插入单元格的方式。设置完成后，单击"确定"按钮关闭对话框。

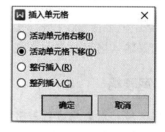

图 2-5-8　功能按钮　　　　　　　图 2-5-9　"插入单元格"对话框

如果要删除单元格、行或列，则选中相应的表格元素之后，在如图 2-5-8 所示的功能按钮中单击"删除"下拉按钮 ，在如图 2-5-10 所示的"删除"下拉菜单中选择要删除的表格元素。选择"单元格"命令，在如图 2-5-11 所示的"删除单元格"对话框中可以选择填补空缺单元格的方法。

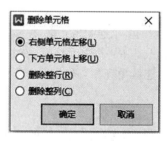

图 2-5-10　"删除"下拉菜单　　　　图 2-5-11　"删除单元格"对话框

2. 合并单元格

(1)选中要进行合并的多个连续单元格。

(2)在"表格工具"菜单选项卡中单击"合并单元格"按钮 ⊞ ，或者右击，在弹出的快捷菜单中选择"合并单元格"命令。

合并单元格后，原来单元格的列宽和行高合并为当前单元格的列宽和行高，如图2-5-12所示。

从图2-5-12中可以看出，合并单元格后相邻两个单元格之间的边框线消失，因此，通过擦除单元格共用的边框线，也可以很方便地合并单元格。

排序	号服	姓名	组别	决赛成绩	总成绩
1	4300	Jose	少儿组	296	602
2	2145	Lisa	少儿组	298	598

排序	号服	姓名	组别	决赛成绩	总成绩
1	4300	Jose	少儿组	296	602
2	2145	Lisa	少儿组	298	598

图2-5-12　合并单元格前、后的效果

(1)在"表格工具"菜单选项卡中单击"擦除"按钮 ⊠ ，此时鼠标指针显示为橡皮擦形状。

(2)在要合并的两个单元格之间的边框线上按下鼠标左键并拖动，选中的边框线变为红色粗线，如图2-5-13所示。

排序	号服	姓名	组别	决赛成绩	总成绩
1	4300	Jose	少儿组	296	602
2	2145	Lisa	少儿组	298	598

图2-5-13　擦除边框线

(3)释放鼠标，即可擦除边框线，共用该边框线的两个单元格合并为一个。

3. 拆分单元格

(1)选中要进行拆分的单元格。

(2)在"表格工具"菜单选项卡中单击"拆分单元格"命令，或者右击，在快捷菜单中选择"拆分单元格"命令，弹出如图2-5-14所示的"拆分单元格"对话框。

(3)指定将选中的单元格拆分的行数和列数。

如果选择了多个单元格，选中"拆分前合并单元格"复选框，可以先合并选定的单元格，然后进行拆分。

(4)单击"确定"按钮关闭对话框，即可看到拆分效果。例如，将图2-5-13中"号服"列单元格下面的两行拆分为2行2列的效果如图2-5-15所示。

图 2-5-14 "拆分单元格"对话框

排序	号服	姓名	组别	决赛成绩	总成绩
1	4300	Jose	少儿组 少儿组	296	602
2	2145	Lisa		298	598

图 2-5-15 拆分单元格的效果

与合并单元格类似,通过在单元格中添加边框线,也可以拆分单元格。

(1)在"表格工具"菜单选项卡中单击"绘制表格"按钮,此时鼠标指针显示为铅笔形状。

(2)在要拆分的单元格中按下鼠标左键并拖动,将显示一条黑色的虚线,如图 2-5-16 所示。

排序	号服	姓名	组别	决赛成绩	总成绩
1	4300	Jose	少儿组	296	602
2	2145	Lisa	少儿组	298	598

图 2-5-16 绘制边框线

如果在单元格左上角按下鼠标左键并拖动到右下角释放,可以绘制斜线表头。

(3)释放鼠标,即可添加一条边框线对单元格进行拆分。

(4)重复以上步骤拆分其他单元格。绘制完成后,单击"表格工具"菜单选项卡中的"绘制表格"按钮,退出绘制模式。

4. 格式化表格

创建表格后,通常还需要设置表格内容的格式,美化表格外观。

(1)选中整个表格,在弹出的快速工具栏中设置表格内容的文本格式,如图 2-5-17 所示。

图 2-5-17 设置表格文本格式

(2)切换到"表格工具"菜单选项卡,单击"对齐方式"下拉按钮,在弹出的下拉菜单中选择对齐方式。

(3)切换到如图 2-5-18 所示的"表格样式"菜单选项卡,设置表格的填充方式,然后在"表格样式"下拉列表框中单击,套用一种内置的表格样式。

如果内置的样式列表中没有理想的样式,可以选中表格元素后,单击"底纹"下拉按钮设置底纹颜色;单击"边框"下拉按钮,自定义边框样式和位置。表格的底

图 2-5-18　表格样式

纹、边框设置方法与段落相同,在此不再赘述。

如果希望单元格中的内容不要紧贴边框线开始显示,或单元格之间显示空隙,可以分别设置单元格边距和间距。

(4)将光标置于表格的任一单元格中,在"表格工具"菜单选项卡中单击"表格属性"按钮,打开"表格属性"对话框。在"表格"选项卡中单击"选项"按钮,弹出如图 2-5-19 所示的"表格选项"对话框进行设置。

单元格边距是指单元格中的内容与单元格上、下、左、右边框线的距离。分别在"上""下""左""右"数值框中输入单元格各个方向的边距。

单元格间距则是指单元格与单元格之间的距离,默认为 0。如果要设置单元格间距,则选中"允许调整单元格间距"复选框,然后输入数值。设置完成后,单击"确定"按钮完成操作。

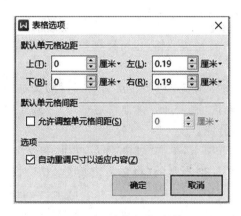

图 2-5-19　"表格选项"对话框

5.表头跨页显示

默认情况下,同一表格占用多个页面时,表头(标题行)只在首页显示,其他页面均不显示,因此会影响阅读。如果希望表格分页后,每页的表格自动显示标题行,可以进行如下操作。

(1)将光标置于表格的标题行中,在"表格工具"菜单选项卡中单击"表格属性"按钮,打开"表格属性"对话框。

(2)切换到"行"选项卡,在"选项"区域选中"在各页顶端以标题行形式重复出现"复选框,如图 2-5-20 所示。

如果允许表格一行中的内容在超出显示范围时,超出的内容自动在下一页以新的一行显示,应选中"允许跨页断行"复选框。

(3)设置完成后,单击"确定"按钮关闭对话框。

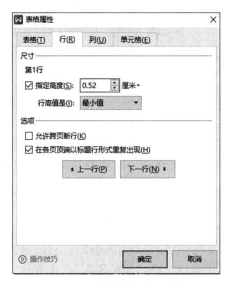

图 2-5-20　表格属性"行"选项卡

2.5.4 表格数据与文本的相互转换

在 WPS 中,可以将文本转换成表格,也可以把编辑好的表格转换成文本。

1. 将文本转换成表格

(1)选中要转换为表格的文本,并将要转换为表格行的文本用段落标记分隔,要转换为列的文本用空格(逗号、分隔符、制表符等其他特定字符)分开。如图 2-5-21 所示,每行用段落标记符隔开,列用制表符分隔。

(2)切换到"插入"菜单选项卡,单击"表格"下拉按钮,在弹出的下拉菜单中选择"文本转换成表格"命令,弹出如图 2-5-22 所示的"将文字转换成表格"对话框。

序号··品牌··商品名··单价··购买地点↵
1··A··茶叶··180··××超市↵
2··B··速溶咖啡··69··××便利店↵
3··C··酸奶··89··××鲜果店↵

图 2-5-21　待转换的文本

图 2-5-22　"将文字转换成表格"对话框

(3)设置表格尺寸和文字分隔位置。

表格尺寸:WPS 根据段落标记符和列分隔符自动填充"行数"和"列数",用户也可以根据需要进行修改。

文字分隔位置:选择将文本转换成行或列的位置。选择段落标记指示文本要开始的新行的位置;选择逗号、空格、制表符等特定的字符指示文本分成列的位置。

(4)单击"确定"按钮关闭对话框,即可将选中文本转换成表格,如图 2-5-23 所示。

序号	品牌	商品名	单价	购买地点
1	A	茶叶	180	xx 超市
2	B	速溶咖啡	69	xx 便利店
3	C	酸奶	89	xx 鲜果店

图 2-5-23　文字转换成表格的效果

2. 将表格转换成文本

将表格转换为文本,可以将表格中的内容按顺序提取出来,但是会丢失一些特殊的格式。

(1)在表格中选定要转换成文字的单元格区域。如果要将所有表格内容转换为文本,应选中整个表格,或将光标定位在表格中。

(2)切换到"表格工具"菜单选项卡,单击"转换成文本"按钮 <kbd>转换成文本</kbd>,打开如图 2-5-24 所示的"表格转换成文本"对话框。

(3)根据需要选择单元格内容之间的分隔符。

❖段落标记:以段落标记分隔每个单元格的内容。

❖制表符:以制表符分隔每个单元格的内容,每行单元格的内容为一个段落。

❖逗号:以逗号分隔每个单元格的内容,每行单元格的内容为一个段落。

❖其他字符:输入特定字符分隔各个单元格内容。

❖转换嵌套表格:将嵌套表格中的内容也转换为文本。

(4)单击"确定"按钮关闭对话框,即可看到表格转换成文本的效果。例如,选择自定义符号">"为分隔符的转换效果如图 2-5-25 所示。

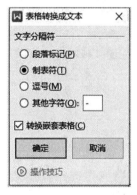

序号>品牌>商品名>单价>购买地点
1>A>茶叶>180>xx 超市
2>B>速溶咖啡>69>xx 便利店
3>C>酸奶>89>xx 鲜果店

图 2-5-24　"表格转换成文本"对话框　　图 2-5-25　表格转换为文本的效果

2.6　页面布局及章节设置

2.6.1　页面设置

在制作文档时,首先应根据需要设置文档的页面方向、大小和页边距等属性,以免后期调整打乱文档版面。有些文档还会对每页显示的行数、每行显示的字数有要求,或需要添加水印或背景效果,这些设置直接影响文档的编排效果和外观。

1.设置页面规格

页面的方向分为横向和纵向,WPS默认的页面方向为纵向,用户可以根据需要进行调整。

(1)打开要设置页面属性的文档,在"页面布局"菜单选项卡中单击"纸张方向"下拉按钮,弹出如图2-6-1所示的下拉列表框。

图 2-6-1 "纸张方向"下拉列表框

(2)在下拉列表框中单击需要的纸张方向。设置的页面方向默认应用于当前节,如果没有添加分节符,则应用于整篇文档。如果要指定设置的纸张方向应用的范围,可以在"页面布局"菜单选项卡中单击功能扩展按钮 ，打开"页面设置"对话框,如图 2-6-2 所示。

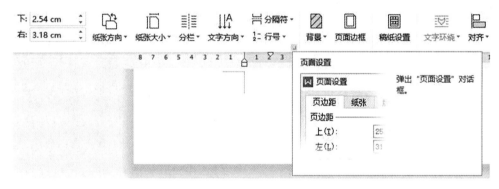

图 2-6-2 功能扩展按钮

在"方向"区域选择需要的纸张方向,然后在"应用于"下拉列表框中选择要应用的范围,如图 2-6-3 所示。设置完成后,单击"确定"按钮关闭对话框。接下来设置页面规格,也就是纸张尺寸。通常情况下,用户应该根据文档的类型要求或打印机的型号设置纸张的大小。

(1)打开要设置纸张大小的文档。

(2)在"页面布局"菜单选项卡中单击"纸张大小"按钮 ，在弹出的下拉列表框中可以看到 WPS 预置了 13 种常用的纸张规格,如图 2-6-4 所示。

(3)单击需要的纸张规格,即可将页面修改为指定的大小。

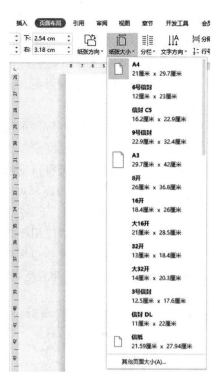

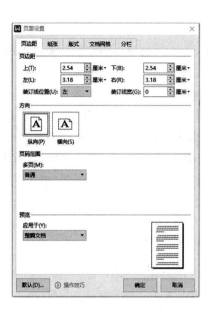

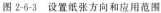

图 2-6-3　设置纸张方向和应用范围　　　　　　图 2-6-4　"纸张大小"下拉列表框

　　如果预置的纸张规格中没有需要的页面尺寸,可以单击"其他页面大小"命令,打开"页面设置"对话框。在"纸张大小"下拉列表框中选择"自定义大小",然后在下方的"宽度"和"高度"数值框中输入尺寸,如图 2-6-5 所示。在"应用于"下拉列表框中还可以指定纸张大小应用的范围。设置完成后,单击"确定"按钮关闭对话框。

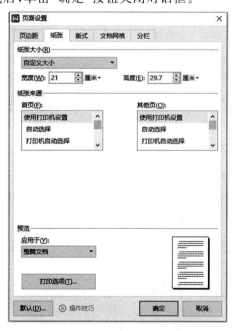

图 2-6-5　自定义纸张大小

2. 调整页边距

页边距是页面的正文区域与纸张边缘之间的空白距离,包括上、下、左、右四个方向的边距,以及装订线的距离。页边距的设置在正式的文档排版中十分重要,太窄会影响文档装订,太宽则不仅浪费纸张,而且影响版面美观。

(1)打开要设置页边距的文档。

(2)在"页面布局"菜单选项卡中单击"页边距"按钮,在弹出的页边距下拉列表框中可以看到,WPS内置了4种常用的页边距尺寸,如图2-6-6所示。

(3)单击需要的页边距设置,即可将指定的页边距设置应用于当前文档或当前节。如果内置的页边距样式中没有合适的页边距尺寸,可以单击"自定义页边距"命令打开"页面设置"对话框,在"页边距"区域自定义上、下、左、右边距。如果文档要装订,还应设置装订线位置和装订线宽,如图2-6-7所示。在"应用于"下拉列表框中还可以指定边距的应用范围。设置装订线宽可以避免装订文档时文档边缘的内容被遮挡。设置完成后,单击"确定"按钮关闭对话框。此时,在"页边距"下拉列表框中可以看到自定义的边距设置。

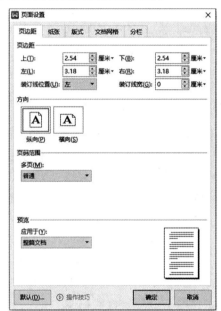

图 2-6-6　内置页边距列表　　　　　　　　图 2-6-7　自定义页边距

3. 设置文档网格

在 WPS 中,可以用水平方向的"行网格"和垂直方向的"字符网格"将文档分隔为多行多列的网格,以便于排版文字。设置文档网格后,可以将文字按指定的方向排列,限定每页显示的行数,以及每行容纳的字符数。

(1)打开文档,单击"页面布局"菜单选项卡中的功能扩展按钮　,打开"页面设置"对话框,并切换到如图2-6-8所示的"文档网格"选项卡。

(2)在"文字排列"区域选择文字排列的方向。

(3)在"网格"区域指定文档网格的类型。

❖ 无网格:不限定每页多少行、每行多少个字符。

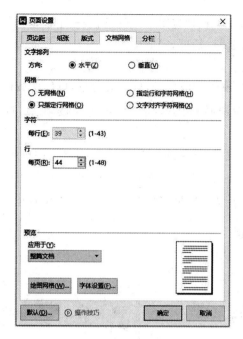

图 2-6-8 "文档网格"选项卡

❖ 只指定行网格：只能指定每页最多的行数。

❖ 指定行和字符网格：可以指定每页的行数，以及每行的字符数。

❖ 文字对齐字符网格：输入的文本自动对齐字符网格。

（4）单击"绘图网格"按钮，在如图 2-6-9 所示的"绘图网格"对话框中设置文档内容的对齐方式、网格的间距，以及是否显示网格线。设置完成后，单击"确定"按钮关闭对话框。在"网格起点"区域选中"使用页边距"复选框，表明网格线从正文文档区开始显示，否则从设定的"水平起点"和"垂直起点"处开始显示。选中"在屏幕上显示网格线"复选框，可以在文档中显示网格线。默认同时显示水平和垂直网格线，如果希望只显示水平网格线，则取消选中"垂直间距"复选框。要调整相邻水平网格线的高度就设置"水平间隔"；要调整相邻垂直网格线的宽度就设置"垂直间隔"。

图 2-6-9 "绘图网格"对话框

（5）在"页面设置"对话框中的"应用于"下拉列表框中指定文档网格应用的范围。

（6）单击"确定"按钮关闭对话框，完成操作。

4. 设置页面背景

WPS默认的页面背景颜色为白色，通过设置背景，可以使文档外观更加赏心悦目。

（1）在"页面布局"菜单选项卡中，单击"背景"下拉按钮 ，打开页面背景下拉菜单，如图 2-6-10 所示。

（2）在"主题颜色"和"标准色"区域单击任意一个色块，即可将选择的颜色作为背景颜色填充页面。如果对系统提供的颜色不满意，可以单击"其他填充颜色"命令，打开如图 2-6-11 所示的"颜色"对话框选择颜色，或切换到"自定义"选项卡中自定义颜色。

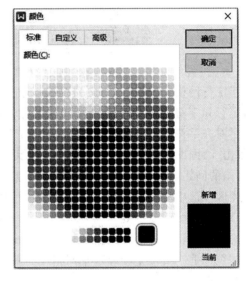

图 2-6-10 "背景"下拉菜单　　　　　　图 2-6-11 "颜色"对话框

如果要提取当前窗口中的某种颜色为背景色，应单击"取色器"命令，鼠标指针显示为滴管状态。将指针移到要拾取的颜色区域，指针上方显示拾取的颜色，以及对应的 RGB 值。在要拾取的颜色上单击即可使用指定颜色填充页面。

（3）如果希望将一幅图片作为背景填充页面，可单击"图片背景"命令，在弹出的"填充效果"对话框中选择背景图片。

（4）如果希望为文档设置更加丰富的填充效果，如渐变、纹理或图案背景，则单击"其他背景"命令，在级联菜单中选择需要的效果，打开"填充效果"对话框进行设置。

❖渐变：创建同一种颜色不同透明度的过渡效果，或两种颜色逐渐过渡的颜色效果。

❖纹理：选择一种预置的纹理作为文档页面的背景。

❖图案：在预置的图案列表中选择一种基准图案，然后设置图案的前景色和背景色。

5. 添加水印

添加水印是指将文本或图片以虚影的方式设置为页面背景，以标识文档的特殊性，例如密级、版权所有等。

（1）打开要添加水印的文字文稿。

（2）在"页面布局"菜单选项卡中单击"背景"下拉按钮 ![背景]，在弹出的下拉菜单中选择"水印"命令。或在"插入"菜单选项卡中单击"水印"按钮 ![水印]，打开下拉列表框。

从图 2-6-12 中可以看到，WPS 内置了一些常用的水印样式，单击即可直接应用。此外，系统还支持用户自定义水印样式、删除文档中已有的水印。

（3）在"水印"下拉列表中单击"自定义水印"区域的"点击添加"按钮，或单击"插入水印"命令，打开如图 2-6-13 所示的"水印"对话框。

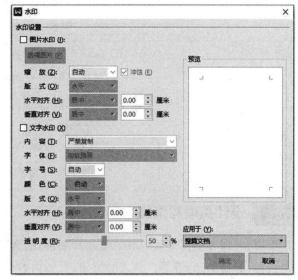

图 2-6-12　"水印"下拉列表　　　　　　图 2-6-13　"水印"对话框

（4）在对话框中选择水印的类型，并详细定义水印的格式。

图片水印：设计图片样式的水印。选中该复选框后，单击"选择图片"按钮选择水印图片。在"缩放"列表中可以对图片进行缩放、设置版式和对齐方式。如果希望水印清晰显示，可以取消选中"冲蚀"复选框。

文字水印：设计文字水印。选中该复选框后，可以在"内容"下拉列表框中选择水印文字，也可以直接输入水印内容，然后设置文字的字体、字号、颜色、版式、对齐方式和透明度等效果。

（5）设置完成后，单击"确定"按钮关闭对话框，即可在文档中看到添加的水印效果。

6. 使用主题快速调整页面效果

在 WPS 中，不仅可以设置文档的背景颜色、边框和水印，还可使用主题快速改变整个文档的外观。主题包括颜色方案、字体组合和页面效果。

（1）打开文档，在"页面布局"菜单选项卡中单击"主题"下拉按钮 ![主题]，在弹出的下拉列表框中可以看到 WPS 预置的主题列表，如图 2-6-14 所示。

（2）单击需要的主题样式，可以看到文档中的文字自动套用主题中的字体格式，图形图表则套用主题中的颜色方案。如果希望使用更为丰富的主题样式，可以分别设置主题颜色和主题字体。

（3）在"页面布局"菜单选项卡中单击"颜色"下拉按钮 颜色▾ ，在弹出的主题颜色列表中可以选择一种配色方案。

（4）单击"字体"下拉按钮 Aa字体▾ ，在弹出的主题字体列表中可以选择一种字体方案。

（5）单击"效果"下拉按钮 效果▾ ，可以在预置的效果列表中选择一种主题效果，如图 2-6-15 所示。

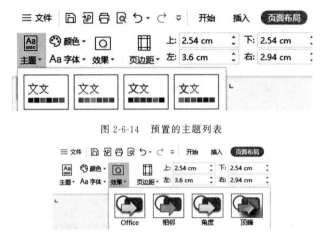

图 2-6-14　预置的主题列表

图 2-6-15　主题效果列表

2.6.2　设计页眉和页脚

页眉、页脚分别位于每一页的顶部和底部，通常用于显示文档的附加信息，如公司徽标、文档名称、版权信息，等等。插入的页眉、页脚内容会自动显示在每一页相应的位置，不需要每页都插入。

1. 插入页眉和页脚

（1）打开要编辑页眉和页脚的文档。将鼠标指针移到页面顶端，WPS 显示提示信息"双击编辑页眉"，如图 2-6-16 所示。如果将指针移到页面底端，将显示"双击编辑页脚"。

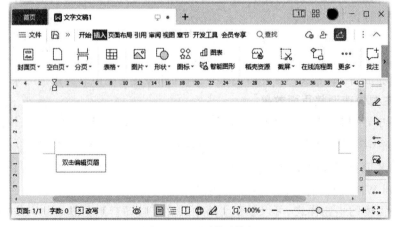

图 2-6-16　显示提示信息

(2)双击页眉或页脚位置，或在"插入"菜单选项卡中单击"页眉和页脚"按钮 ![icon]，即可进入页眉、页脚编辑状态，并自动切换到"页眉和页脚"菜单选项卡，如图2-6-17所示。

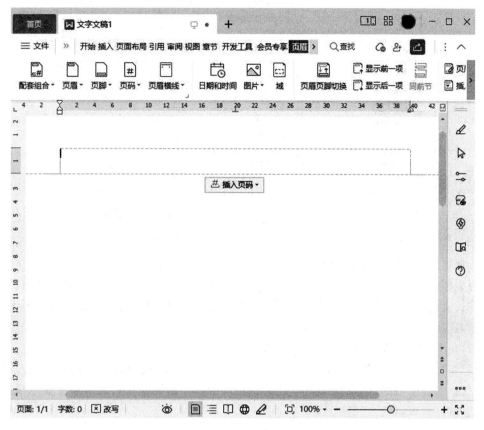

图2-6-17　页眉编辑状态

(3)在"页眉和页脚"菜单选项卡中，单击"页眉顶端距离"微调框中的 ▬ 或 ✚ 按钮，或直接输入数值调整页眉区域的高度；单击"页脚底端距离"微调框中的 ▬ 或 ✚ 按钮，或直接输入数值调整页脚区域的高度。

(4)在页眉、页脚中输入并编辑内容。可以输入纯文字，也可以在"页眉和页脚"菜单选项卡中通过单击相应的按钮，插入横线、日期和时间、图片、域以及对齐制表位。单击"页眉横线"按钮，在如图2-6-18所示的下拉列表框中可以选择横线的线型和颜色。单击"删除横线"命令，可取消显示横线。

单击"日期和时间"按钮，在如图2-6-19所示的"日期和时间"对话框中可以设置日期、时间、语言和格式。选中"自动更新"复选框，则插入的日期和时间会实时更新。

单击"图片"按钮，在下拉列表框中选择图片来源，可以是本地计算机上的图片，也可以通过扫描仪或手机获取图片，稻壳会员还可免费使用图片库中的图片。

图 2-6-18　页眉横线列表　　　　　图 2-6-19　"日期和时间"对话框

2. 创建首页不同的页眉、页脚

为文档设置页眉、页脚后,默认情况下,所有页面在相同的位置显示相同的页眉、页脚。在编排长文档时,通常要求首页设置与其他页面不同的页眉、页脚样式,此时就需要设置页眉、页脚选项了。

(1)在文档页眉或页脚处双击进入编辑状态。

(2)在"页眉和页脚"菜单选项卡中单击"页眉页脚选项"按钮,在弹出的"页眉/页脚设置"对话框中选中"首页不同"复选框,如图 2-6-20 所示。如果要在首页页眉中显示横线,则选中"显示首页页眉横线"复选框。

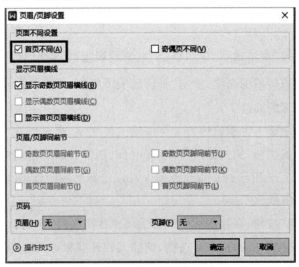

图 2-6-20　选中"首页不同"复选框

(3)设置完成后,单击"确定"按钮关闭对话框。此时,在首页的页眉和页脚区域会标注"首页页眉"和"首页页脚",如图 2-6-21 所示。

（4）在"页眉和页脚"菜单选项卡中，分别调整页眉区域和页脚区域的高度，然后在首页页眉中编辑页眉的内容。

（5）单击"页眉页脚切换"按钮，自动转至首页的页脚，编辑页脚内容。

（6）编辑完首页的页眉、页脚后，单击"显示后一项"按钮，可以进入下一页或下一节的页眉或页脚。

（7）完成所有编辑后，单击"页眉和页脚"菜单选项卡中的"关闭"按钮，退出页眉、页脚的编辑状态。

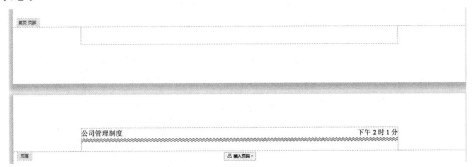

图 2-6-21　首页页脚

3. 创建奇偶页不同的页眉、页脚

编排需要打印、装订的文档时，为便于浏览和定位，通常需要为奇偶页分别创建不同的页眉、页脚。

（1）打开文档，双击页眉或页脚处进入编辑状态。

（2）在"页眉和页脚"菜单选项卡中单击"页眉页脚选项"按钮，在弹出的"页眉/页脚设置"对话框中选中"奇偶页不同"复选框，如图 2-6-22 所示。如果要在页眉中显示横线，则选中"显示奇数页页眉横线"复选框和"显示偶数页页眉横线"复选框。

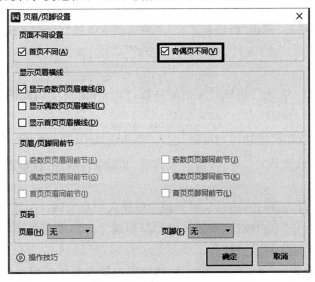

图 2-6-22　选中"奇偶页不同"复选框

（3）设置完成后，单击"确定"按钮关闭对话框。此时，在奇数页和偶数页的页眉和页脚区域会分别显示对应的标注信息，如图 2-6-23 所示。

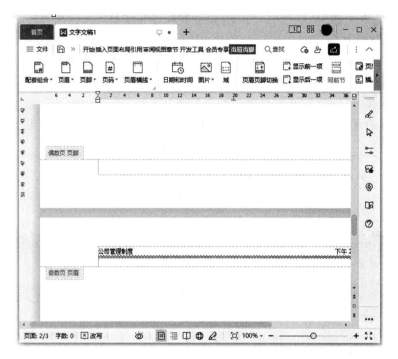

图 2-6-23　偶数页页脚和奇数页页眉

（4）在"页眉和页脚"菜单选项卡中，分别调整页眉区域和页脚区域的高度。然后在奇数页页眉中编辑页眉内容。

（5）单击"页眉页脚切换"按钮，自动转至当前页的页脚，编辑页脚内容。

（6）编辑完奇数页的页脚后，单击"显示后一项"按钮，可以进入偶数页的页脚进行编辑。

（7）编辑完偶数页的页脚后，单击"页眉页脚切换"按钮，自动转至偶数页的页眉，编辑页眉内容。

（8）完成所有编辑后，单击"页眉和页脚"菜单选项卡中的"关闭"按钮，退出页眉、页脚的编辑状态。

4.插入页码

为文档插入页码一方面可以统计文档的页数，另一方面便于读者快速定位和检索。页码通常添加在页眉或页脚中。

（1）打开要插入页码的文档。切换到"插入"菜单选项卡，单击"页码"下拉按钮 。

（2）单击需要显示页码的位置，即可进入页眉、页脚编辑状态，在整篇文档所有页面的指定位置插入页码。

如果直接单击"页码"按钮，则默认在页脚中间插入编号为阿拉伯数字的页码。

（3）单击"重新编号"下拉按钮，设置页码的起始编号。如果在文档中插入了分节符，可以设置当前节的页码是否续前节排列。

（4）单击"页码设置"按钮，在弹出的下拉列表框中修改页码的编号样式、显示位置以及应用范围。插入的页码可以像文本一样进行格式编辑。

（5）如果要取消显示页码，应单击"删除页码"按钮，在弹出的下拉列表框中选择要删除的页码范围。

（6）设置完成后，单击"页眉和页脚"菜单选项卡中的"关闭"按钮，退出页眉、页脚的编辑状态。

如果要修改页码，则双击页眉、页脚区域，按照步骤（3）～（5）进行重新设置，或在"插入"菜单选项卡单击"页码"下拉按钮，在弹出的下拉列表框中选择"页码"命令，打开"页码"对话框进行修改，在这里，可以修改页码的编号样式、显示位置、是否包含章节号、编号方式以及应用范围。

2.7 引用设置

2.7.1 目录设置

在编排长篇文档时，通常要创建目录以便查阅，摘录文档中的术语或主题并标明出处以便检索，或添加引用文献的标注以尊重他人的版权。这些看似烦琐的操作在 WPS 中都能通过使用"引用"迎刃而解。

对于长篇文档来说，目录是文档不可或缺的重要组成部分，它可帮助用户快速把握文档的提纲要领，定位到指定章节。

（1）选中需要显示在目录中的标题，切换到"开始"菜单选项卡，在如图 2-7-1 所示的"样式"下拉列表中选择相应级别的标题样式。

（2）将光标定位在要插入目录的位置，切换到"引用"菜单选项卡，单击"目录"下拉按钮，弹出如图 2-7-2 所示的下拉列表。

图 2-7-1 "样式"下拉列表　　　　　　　　图 2-7-2 "目录"下拉列表

（3）WPS 内置了几种目录样式，单击即可插入指定样式的目录。单击"自定义目录"命令，可打开如图 2-7-3 所示的"目录"对话框，自定义目录标题与页码之间的分隔符、显示级别和页码显示方式。"显示级别"下拉列表框用于指定在目录中显示的标题的最低级别，低于此级别的标题不会在目录中显示。如果选中"使用超链接"复选框，目录项将显示为超链接，单击它则跳转到相应的标题内容。

如果要将目录项的级别和标题样式的级别对应起来，可单击"选项"按钮，打开如图 2-7-4 所示的"目录选项"对话框进行设置。

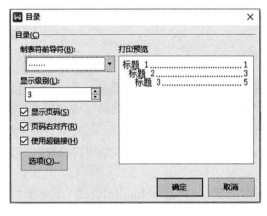 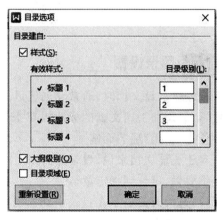

图 2-7-3 "目录"对话框   图 2-7-4 "目录选项"对话框

（4）设置完成后，单击"确定"按钮，即可插入目录。此时，按住 Ctrl 键单击目录项，即可跳转到对应的位置。如果对目录的结构或内容进行了修改，应更新目录，使目录结构与文档结构保持一致。

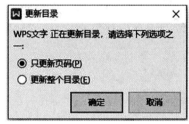

（5）在目录中右击，在弹出的快捷菜单中选择"更新域"命令，或直接按功能键 F9，打开如图 2-7-5 所示的"更新目录"对话框。

（6）如果文档的目录结构没有改动，可以选择"只更新页码"单选按钮；如果修改了文档结构，则选择"更新整个目录"单选按钮，同时更新目录的标题和页码。设置完成后，单击"确定"按钮关闭对话框。

图 2-7-5 "更新目录"对话框

2.7.2 脚注设置

1. 使用题注自动编号

如果文档中包含大量的图片、图表、公式、表格，手动添加编号会非常耗时，而且容易出错。如果后期又增加、删除或者调整了这些页面元素的位置，那么还需要重新编号排序。使用题注功能可以为多种不同类型的对象添加自动编号，修改后还可以自动更新。

（1）选择需要插入题注的对象，在"引用"菜单选项卡单击"题注"按钮，打开如图 2-7-6 所示的"题注"对话框。此时，"题注"文本框中自动显示题注类别和编号，不要修改该内容。

（2）在"标签"下拉列表框中选择需要的题注标签，"题注"文本框中的题注类别自动更新为指定标签。如果下拉列表框中没有需要的标签，可以单击"新建标签"按钮，在弹出的"新建标签"对话框的"标签"文本框中输入新的标签。

（3）在"位置"下拉列表框中选择题注的显示位置。

（4）题注由标签、编号和说明信息三部分组成,如果不希望在题注中显示标签,应选中
"题注中不包含标签"复选框。

（5）单击"编号"按钮打开"题注编号"对话框,在如图 2-7-7 所示的"格式"下拉列表框中
选择编号样式,然后设置编号中是否包含章节编号。

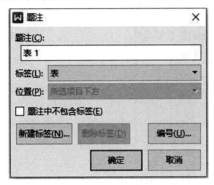 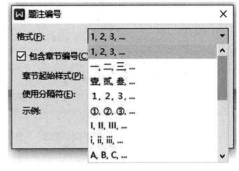

图 2-7-6　"题注"对话框　　　　　　　　图 2-7-7　"题注编号"对话框

2. 添加脚注

脚注一般显示在页面底部,用于注释当前页中难以理解的内容。

（1）将光标定位在需要插入脚注的位置,在"引用"菜单选项卡中单击"插入脚注"按钮
,WPS 将自动跳转到该页的底端,显示一条分隔线和注释标记。

（2）输入脚注内容,如图 2-7-8 所示。

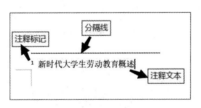

图 2-7-8　输入脚注内容

（3）输入完成后,在插入脚注的文本右上角显示对应的脚注注释标号。将鼠标指针移到
标号上,指针显示为 ,并自动显示脚注文本提示

（4）重复上述步骤,在 WPS 文档中添加其他脚注。添加的脚注会根据脚注在文档中的
位置自动调整顺序和编号。

（5）如果要修改脚注的注释文本,直接在脚注区域修改文本内容即可。

（6）如果要修改脚注格式和布局,应在"引用"菜单选项卡中单击"脚注和尾注"功能组右
下角的扩展按钮,在如图 2-7-9 所示的"脚注和尾注"对话框中修改脚注显示的位置、注释标
号的样式、起始编号、编号方式和应用范围。

如果希望将一种特殊符号作为脚注的注释标号,可单击"符号"按钮,在弹出的"符号"对
话框中选择符号。

（7）如果要删除脚注，在文档中选中脚注标号后，按 Delete 键即可。

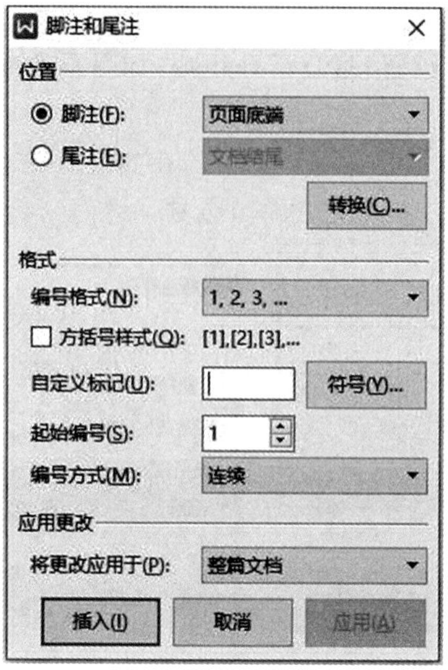

图 2-7-9　"脚注和尾注"对话框

3. 添加尾注

（1）将光标置于需要插入尾注的位置。

（2）在"引用"菜单选项卡中单击"插入尾注"按钮，WPS 将自动跳转到文档的末尾位置，显示一条分隔线和一个注释标号。

（3）直接输入尾注内容。输入完成后，将鼠标指针指向插入尾注的文本位置，自动显示尾注文本提示。与脚注类似，在一个页面中可以添加多个尾注，WPS 会根据尾注注释标记的位置自动调整顺序并编号。如果要修改尾注标号的格式，可以打开如图 2-7-9 所示的"脚注和尾注"对话框进行设置。

2.8　审阅操作

2.8.1　文档校对

WPS 的文档校对功能，可以快速对文档内容进行专业校对纠错，精准解决错词标点遗漏现象。

（1）在"审阅"菜单选项卡中单击"文档校对"按钮，此时弹出"文档校对"对话框。单击"立即校对"按钮，校对结果可显示有多少处错误。

（2）单击"开始修改文档"按钮，在文档右侧弹出"文档校对"侧边栏。单击即可快速查看出错类型，并定位到出错位置。

（3）单击"文档校对"侧边栏的"替换全部问题"按钮，就可以将错误内容替换为正确的书写内容了。

2.8.2　修订操作

在编辑文档时,使用修订功能可以记录文档的修改信息,方便比较和查看文档的修改记录。

1. 修订文档

(1)打开文档,切换到"审阅"菜单选项卡,单击"修订"下拉按钮 ,在如图 2-8-1 所示的下拉菜单中选择"修订"命令。"修订"按钮呈选中状态表明进入修订状态。

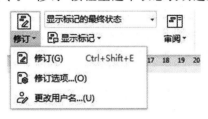

图 2-8-1　"修订"下拉菜单

(2)对文档内容进行修改、编辑。WPS 默认显示标记的最终状态,修订的文本行左侧显示一条竖线,添加或删除的文本下方显示下划线。如果删除或改写了文本,则修订文本处会显示一条虚线,在文档右侧显示修订用户名和具体修改内容,如图 2-8-2 所示。

图 2-8-2　修订状态下的文档

更改修订标记的显示状态:可以在"审阅"菜单选项卡的"修订"下拉列表框中进行选择完成,如图 2-8-3 所示。

显示标记的最终状态:显示文档修改之后的状态,并用修订标记标示被修改的内容。

• 最终状态:显示修订完成后的文档状态,不显示修

图 2-8-3　"修订"的显示状态列表

订标记。

• 显示标记的原始状态：显示文档未经过修改之前的状态，并用修订标记标示被修改的内容，如图 2-8-4 所示。

• 原始状态：显示修订之前的文档状态，不显示修订标记。

（3）完成所有修订工作后，单击"修订"下拉按钮，在如图 2-8-1 所示的下拉菜单中选择"修订"命令。取消"修订"按钮的选中状态，即可退出修订状态。

图 2-8-4　显示标记的原始状态

2. 设置修订格式

在修订状态下，用户可以自定义修订标记的颜色，以与他人或不同的修改时间进行区分。还可以根据阅读习惯设置标记的显示方式。

3. 审阅修订

用户在查阅修订的文档后，可以根据需要接受或拒绝修订。如果接受修订，则文档会保存为修改之后的状态；如果拒绝修订，则文档会保存为修改之前的状态。

2.8.3　批注操作

1. 添加批注

使用批注可以在文档中附加注释、说明、建议、意见等信息。批注由批注标记、连线以及批注框构成。

（1）选中要添加批注的文本，切换到"审阅"菜单选项卡，单击"插入批注"按钮，默认情况下，WPS 以"在批注框中显示修订内容"的方式显示批注，选中的文本显示在批注标记中，窗口右侧自动添加一个批注框，通过连线与批注标记连接，如图 2-8-5 所示。

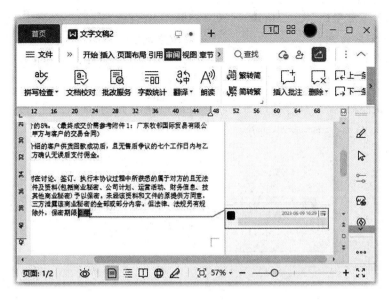

图 2-8-5　插入批注

（2）在批注框中输入批注文本，即可创建批注。

（3）如果要修改批注的显示方式，应单击"显示标记"下拉按钮 ，在弹出的下拉菜单中选择"使用批注框"命令，然后在级联菜单中选择需要的显示方式。与修订类似，用户还可以自定义批注框的样式。

（4）在"审阅"菜单选项卡中单击"修订"下拉按钮，在弹出的下拉菜单中选择"修订选项"命令，在如图 2-8-6 所示的"选项"对话框中设置批注标记的颜色、批注框的显示方式、宽度和边距等。

图 2-8-6　"选项"对话框

（5）设置完成后单击"确定"按钮，关闭对话框。

2.答复与解决批注

在审阅文档时，可以对文档的批注进行答复。如果某个批注中提出的问题已经得到解决，可以将批注设置为"解决"状态。

将鼠标指针移到需要进行处理的批注框内，单击右上角的"编辑批注"按钮，在如图 2-8-7 所示的下拉菜单中选择一种处理方式。

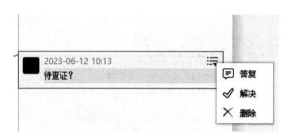

图 2-8-7 "编辑批注"下拉菜单

如果选择"答复"命令，则批注框中显示答复者用户名和时间，直接输入答复内容即可，如图 2-8-8 所示。

图 2-8-8 答复批注

如果批注中提出的问题已经得到了解决，则单击"解决"命令，批注内容灰显，右侧显示"已解决"，如图 2-8-9 所示，此时不可再对批注内容进行编辑操作。

图 2-8-9 解决批注

如果要重新激活该标注，单击批注框右上角的"编辑批注"按钮 ，在弹出的下拉菜单中选择"取消解决"命令即可。

2.9　文字的文档保护和打印

2.9.1　文档加密

如果我们不希望他人或未授权的用户查看保存的文档,可以对文档加密,进行保护。在 WPS 中,对文档进行加密主要有两种方式,一种是使用 WPS 账号加密,另一种是使用密码保护。如果希望保护个人著作权,还可以对文档进行认证。

1. 使用密码加密

使用密码加密,是指通过为文档设置不同级别的密码对文档进行保护。

(1)在"文件"菜单选项卡中选择"文档加密"命令,在级联菜单中选择"密码加密"命令,打开"文档安全"对话框。

(2)单击加密说明中的"高级"链接,在弹出的"加密类型"对话框中选择加密类型。然后单击"确定"按钮返回"文档安全"对话框。

(3)设置文档的打开权限和编辑权限,为防止忘记密码,还可以设置密码提示。

(4)单击"应用"按钮关闭对话框。此时,在文档标签中可以看到加密标记 🔒。如果要取消密码保护,只需再次打开"文档安全"对话框,清除密码文本框中的密码,然后单击"应用"按钮。

2. 文档认证

文档认证主要是为了保护个人著作权,它可以有效地预防他人篡改文档。WPS 的文档认证功能使用金山数据云技术实现,生成全网唯一的文件 DNA,一旦修改将及时提醒文档原作者。

(1)在"审阅"菜单选项卡中单击"文档认证"命令,弹出"文档认证"对话框。在"安全"菜单选项卡中单击"文档认证"按钮,可以直接进入文档认证界面。

(2)单击"开始认证"按钮,即可开始认证过程。认证结束后显示"文档认证信息"对话框。

3. 文档共享

在 WPS 中,通过将文档上传到 WPS 云端,不仅可实现文档的安全备份,以便实时追踪文档版本记录和跨设备访问,还能将制作好的 WPS 文档分享给 QQ、微信好友或联系人。前提是必须有可应用的网络环境。

(1)登录 WPS 账号后,打开要共享的文档,在"文件"菜单选项卡中单击"分享文档"按钮 ⤴ 分享文档(D),即可自动将文档上传到 WPS 云服务器。上传完成后,生成共享链接并自动复制。

(2)默认情况下,获取文档链接的好友只能查看共享的文档,如果希望好友能编辑文档,单击"设置"按钮 ⚙ 设置 ,打开"设置"对话框,再选中"允许好友编辑"复选框。

（3）如果要设置链接分享的范围和有效期，单击"设置"按钮，打开"设置"对话框，在"分享设置"和"成员管理"中分别设置。

（4）使用微信扫描对话框右上角的二维码指定要分享的好友，即可共享文档。

分享文档后，切换到 WPS 首页，在左侧窗格中单击"云文档"打开"金山文档"界面。在左侧窗格中单击"共享"选项，即可查看共享的或收到的共享文件。

4. 限制编辑

如果文档要共享给他人查看，但不希望他人修改文档的某些格式或内容，可以利用"限制编辑"功能保护文档。

（1）切换到"审阅"菜单选项卡，单击"限制编辑"按钮，在文档窗口右侧打开如图 2-9-1 所示的"限制编辑"任务窗格。

（2）如果允许其他用户编辑文档的内容，但不允许修改文档格式，应选中"限制对选定的样式设置格式"复选框，然后单击"设置"按钮，在如图 2-9-2 所示的"限制格式设置"对话框中设置限制编辑的样式。

图 2-9-1 "限制编辑"任务窗格　　　　　图 2-9-2 "限制格式设置"对话框

在"显示"下拉列表框中可以筛选当前文档使用的样式、内置样式、自定义样式。然后在"当前允许使用的样式"列表框中选择要限制格式的样式，单击"限制"按钮 `限制(L)▸` 或"全部限制"按钮 `全部限制(R) ▸▸` 添加到"限制使用的样式"列表框中。如果要解除某些样式的编辑限制，应在选中样式后，单击"允许"按钮 `◂ 允许(A)` 或"全部允许"按钮 `◂◂ 全部允许(O)`。设置完成后单击"确定"按钮，弹出对话框，单击"是"按钮关闭对话框。

（3）如果要进一步设置文档的保护方式，应在"限制编辑"任务窗格中选中"设置文档的保护方式"复选框，然后选中一种保护方式，选项下方会显示该保护方式的简要说明以及操作方法，如图 2-9-3 所示。

❖只读：允许其他用户查看文档，但不允许对文档进行任何编辑操作。也可以对某些用户指定允许编辑区域。

❖修订：允许其他用户修改文档，修改记录以修订形式显示。

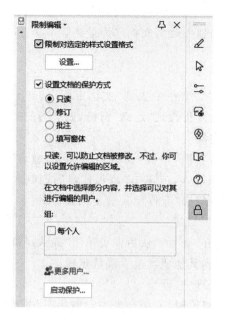

图 2-9-3　设置文档的保护方式

❖批注：只允许在文档中插入批注，也可以对某些用户指定允许编辑区域。

❖填写窗体：只能在窗体域中填写内容，不能进行其他编辑操作。

窗体域通常用于合同、试卷、登记表、统计表、申报表之类的文档，设置"填写窗体"的限制后，填表者只能在指定的区域进行填写，不能改动文档的其他部分。

（4）单击"启动保护"按钮 ，在"启动保护"对话框中输入保护密码，单击"确定"按钮关闭对话框。

在"限制编辑"任务窗格中可看到文档的限制编辑说明，状态栏上显示"编辑受限"。如果对文档中的样式设置了格式限制，在"开始"菜单选项卡中可以看到大部分的命令按钮呈禁用状态，如图 2-9-4 所示。

图 2-9-4　编辑受限的文档效果

如果要取消对文档的编辑限制，可在"限制编辑"任务窗格中单击"停止保护"按钮 ，弹出"取消保护文档"对话框。输入保护密码，单击"确定"按钮，即可解除编辑限制。

2.9.2　文档定稿

WPS 新增的"文档定稿"功能，适用于文字、表格、演示文稿、PDF 组件，如果有比较重要的文件需要请领导或团队成员确认审批,或者需要对多次修订的文档进行重要版本管理和内容篡改监控,或者需要向他人表明文档已为最终版本状态时,那"文档定稿"功能再合适不过了。

(1)标记文档定稿

首先打开文稿,在"审阅"菜单栏中找到"文档定稿"按钮,单击"文档定稿"下拉选项按钮,选择"文档定稿"。文档右侧将出现"定稿"窗格,显示当前文档为已定稿状态。

(2)邀请其他成员确认定稿

在已定稿的文档中,单击右侧"定稿"窗格内的"立即邀请"按钮,弹出"邀请定稿"对话框,单击"复制链接"分享给任何人,或单击"添加成员"按钮分享给指定人确认文档定稿状态。若需要他人定稿,请保持勾选"允许他人确定定稿"按钮。

(3)其他成员确认定稿

其他成员收到链接后打开,查看确认后即可单击"确认定稿"按钮,发起人重新打开文档后就可以在右侧的弹窗中看到其他成员是否确认定稿。

(4)定稿状态变更后的处理

当对已定稿的文档进行修改时,文档会失去定稿状态,进入"文档已修改"状态。完成修改后,可在"定稿"窗格内单击"重新定稿",即可对最新内容再次定稿。若想恢复到之前的定稿版本,也可单击"恢复到该版本"按钮,即可恢复至上一定稿版本内容。

(5)如何取消定稿

单击右侧文档定稿窗格右上角的"更多"按钮,在下拉菜单中选择"取消定稿",即可对当前文档取消定稿,此举不影响现有文档内容。

2.9.3 文档打印

1.打印文档的方法

(1)打印

在左上角"WPS文字"菜单下,单击"文件"选项,选择"打印"或者直接单击"打印"按钮,如图2-9-5所示,进入打印设置界面。

在常用工具栏上单击"打印"图标来进入打印设置界面;还可以直接按快捷键"Ctrl + P"快速进入。

(2)批量打印

在左上角"WPS文字"菜单下,单击"文件"选项,选择"打印"然后单击"批量打印"按钮,进入"批量打印"设置界面。选择需要打印的文档,然后单击"开始打印"按钮批量打印。

(3)高级打印

在左上角"WPS文字"菜单下,单击"文件",选择"打印"然后单击"高级打印"按钮,进入"高级打印"设置界面。在高级打印弹窗中根据需求进行设置,单击"开始打印"按钮即可。

(4)打印预览

在左上角"WPS文字"菜单下,单击"文件"选项,选择"打印"然后单击"打印预览"按钮,进入"打印预览"设置界面。

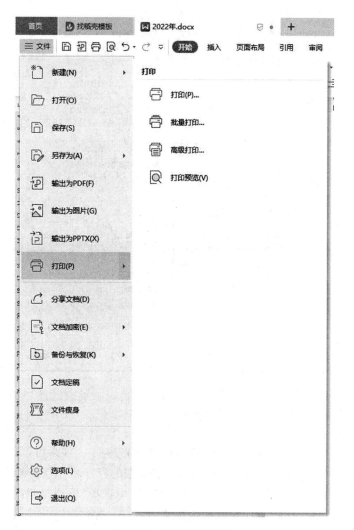

图 2-9-5 "打印"级联菜单

2. WPS文字打印设置

（1）控制打印页码范围

选定页码进行打印，如图 2-9-6 所示。在"页码范围"中选择"全部"，进行所有页的打印；选择"当前页"，进行鼠标所指页面打印；选择"所选内容"，对鼠标所选的内容进行打印；选择"页码范围"，键入需要打印的页码范围，进行页码范围内的页面打印。

（2）重复打印

如果一篇文档需要打印多个副本，可以通过设置打印份数实现。在"副本"框中键入要打印的份数。若要在文档的一页打印完毕后立即该页的下一份副本，请取消勾选"逐份打印"复选框。若设置此复选框，则会在文档的所有页打印完毕后再开始打印文档的下一份副本。

（3）并打和缩放打印

在"并打和缩放"下的"每页的版数"框中，选择所需的版数 。例如，若要在一张纸上打印一篇四页的文档，可单击"4 版"选项。您也可以在"按纸型缩放"框中，选择要用于打印文档的纸张类型。例如，您可通过缩小字体和图形大小，指定将 B4 大小的文档打印到 A4 纸

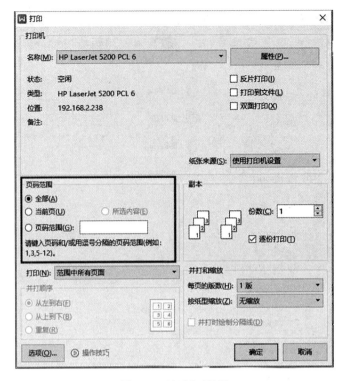

图 2-9-6 "打印"对话框

型上。此功能类似于复印机的缩小/放大功能。

（4）双面打印

在"打印"对话框中单击"属性"按钮，然后设置所需选项。如果可以设置页面方向和双面打印选项，选择横向和在文档的短边翻转。如果您的打印机不支持双面打印，那么您可以采用"手动双面打印"的方法实现：在"打印"对话框中选择"手动双面打印"复选框。WPS表格打印完奇数页之后，将提示您更换纸张至背面，单击"确定"按钮，完成双面打印。

课后习题

1. 启动 WPS 有多种方式，下列几种方式中错误的是（　　）。

A. 在桌面上单击 WPS 快捷方式图标

B. 在快速启动工具栏中单击 WPS 快捷方式图标

C. 在"开始"菜单的"程序"级联菜单中单击"WPS Office"

D. 在资源管理器中双击 WPS 文件

2. WPS 文字文档默认的扩展名是（　　）。

A. TXT   B. DOC   C. WPS   D. BMP

3. 在"文件"菜单选项卡中选择"打开"命令，则（　　）。

A. 只能打开后缀名为 wps 的文档   B. 只能一次打开一个文件

C. 可以同时打开多个文件   D. 打开的是 doc 文档

4. 在汉字输入状态下,如果要切换到大写英文字母输入状态,应当按(　　　)键。

A. Caps Lock　　　　　　　　　　　　B. Shift

C. Ctrl＋Space　　　　　　　　　　　D. Ctrl＋Shift

5. 要把相邻的两个段落合并为一个段落,可以执行的操作是(　　　)。

A. 将插入点定位在前段末尾,单击"撤销"命令按钮

B. 将插入点定位于前段末尾,按 Backspace 键

C. 将插入点定位在后段开头,按 Delete 键

D. 删除两个段落之间的段落标记

6. 在 WPS 文档中,就中文字号而言,字号越大,表示字体越(　　　)。

A. 大　　　　　　　B. 小　　　　　　　C. 不变　　　　　　D. 都不是

7. 在 WPS 文档中,选择了一个段落并设置段落首行缩进 1 厘米,则(　　　)。

A. 该段落的首行起始位置距页面的左边距 1 厘米

B. 文档中各个段落的首行都缩进 1 厘米

C. 该段落的首行起始位置为段落的左缩进位置右边 1 厘米

D. 该段落的首行起始位置为段落的左缩进位置左边 1 厘米

8. 在 WPS 文档中,插入的图片只能放在文字的(　　　)。

A. 左右　　　　　　B. 上下　　　　　　C. 中间　　　　　　D. 以上均可

9. 在 WPS 文档中,添加在形状中的文字(　　　)。

A. 会随着形状的缩放而缩放　　　　　B. 会随着形状的旋转而旋转

C. 会随着形状的移动而移动　　　　　D. 以上三项都正确

10. 在 WPS 文档中对插入的图片进行编辑,说法正确的是(　　　)。

A. 可以利用"组合"命令改变图片的叠放次序

B. 可以将图片中的文字转换为文本

C. 可以为图片添加背景和边框

D. 利用图片缩放可以改变图片的灰度、亮度

11. 在 WPS 文档中,要进行图文混排,可选择的文档视图为(　　　)。

A. 页面视图　　　　　　　　　　　　B. 大纲视图

C. 阅读版式视图　　　　　　　　　　D. 草稿视图

12. 选择某个单元格后,按 Delete 键将(　　　)。

A. 删除该单元格　　　　　　　　　　B. 删除整个表格

C. 删除单元格所在的行　　　　　　　D. 删除单元格中的内容

13. 使用 WPS 编辑文本时,使用标尺不能改变(　　　)。

A. 首行缩进位置　　　　　　　　　　B. 左缩进位置

C. 右缩进位置　　　　　　　　　　　D. 字体

14. 关于编辑页眉、页脚,下列叙述不正确的选项是(　　　)。

A. 文档内容和页眉、页脚可在同一窗口编辑

B. 文档内容和页眉、页脚一起打印

C. 编辑页眉、页脚时不能编辑文档内容

D. 页眉、页脚中也可以进行格式设置

15.编辑文档时,如果需要对某处内容添加注释信息,可通过插入( )实现。

A.脚注   B.书签   C.注释   D.题注

16.在编辑 WPS 文件时,用了很多英文单词,担心有拼写错误的单词,检查的操作步骤是( )。

A.审阅—文档校对   B.审阅—审阅

C.审阅—拼写检查   D.审阅—翻译

17.以链接形式分享文档时,如果期望所有打开的人只能查看不能修改,应该在分享时设置( )权限。

A.仅指定人可查看/编辑   B.本企业可查看

C.任何人可查看   D.任何人可编辑

第3章

WPS电子表格软件的使用

学习目标

1. 了解 WPS 表格的简介,掌握数据编辑和填充的操作。
2. 熟练掌握工作表的选定、插入和删除。
3. 掌握设置不同的数字格式与条件格式。
4. 掌握数据的筛选、排序和分类汇总。
5. 了解 WPS 工作簿图表的创建并调整图表布局。
6. 掌握保护、共享工作簿的操作方法。

思维导图

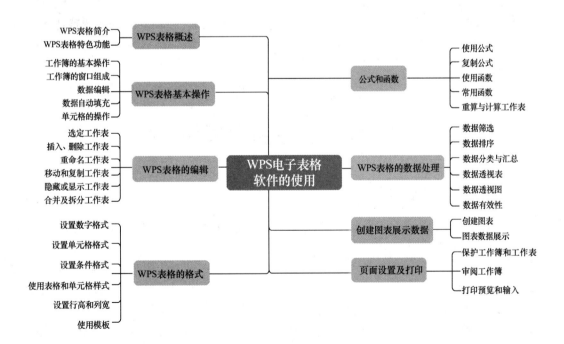

3.1 表格概述

3.1.1 WPS 表格简介

WPS 表格是一个灵活、高效的电子表格制作工具,它的一切操作都是围绕数据进行的,尤其是在数据的应用、处理和分析方面,WPS 表格表现出了其强大的功能。在实际的办公过程中,掌握数据相关的基础知识是很重要的,本章将介绍表格创建的相关知识,主要包括工作簿、工作表和单元格的基本操作,数据的输入与编辑,表格应用的样式和主题等。

3.1.2 WPS 表格特色功能

在 WPS 表格中有一个专门"会员专享"菜单,包含输出为图片、图片转文字、输出为PDF、PDF 转 Excel、文件瘦身、工资条群发等特色功能,如图 3-1-1 所示。

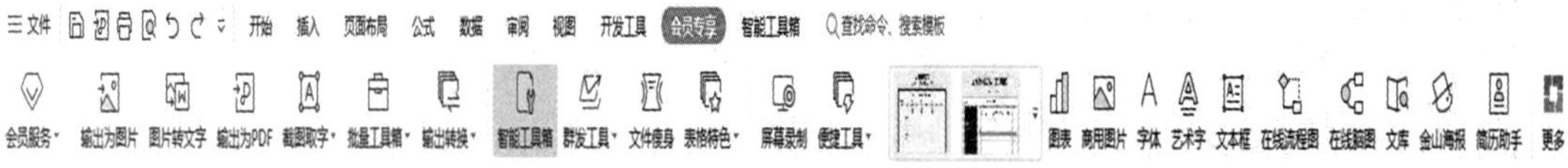

图 3-1-1 "会员专享"菜单

其中,"稻壳资源"包含了模板库、文库、素材库,有着海量的资源。

另外,"智能工具箱"菜单,包含合并表格、拆分表格、数据对比、创建工作表目录、工作表排序、插入斜线表头等非常实用的特色功能,如图 3-1-2 所示。

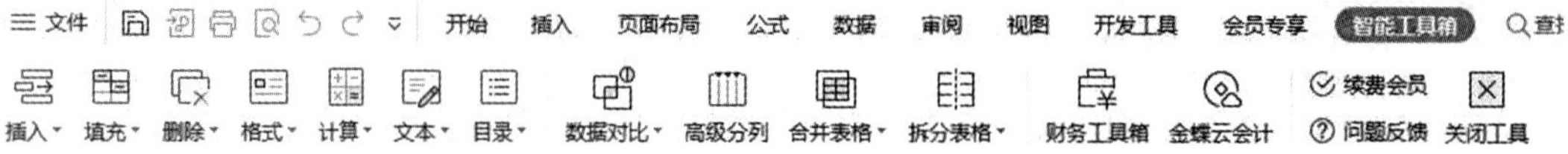

图 3-1-2 "智能工具箱"菜单

3.2 表格基本操作

3.2.1 工作簿的基本操作

在 WPS 中新建工作簿的常用方法有两种,一种是创建空白的工作簿,另一种是基于内置模板创建工作簿。

(1)启动 WPS 后,在首页的左侧窗格中单击"新建"命令,系统将创建一个标签名称为"新建"的标签选项卡。

可以看到,除了空白文档,WPS 还内置了多种专业表格模板。

(2)在模板列表中单击"新建空白文档"按钮,即可创建一个文档标签为"工作簿 1"的空白新文档。

3.2.2 工作簿的窗口组成

工作簿的菜单功能区以功能组的形式管理相应的命令按钮。大多数功能组右下角都有一个称为功能扩展按钮的图标 ⌐，将鼠标指针指向该按钮时，可以预览对应的对话框或窗格，单击该按钮，可打开相应的对话框或者窗格。

编辑栏用于显示活动单元格的名称和使用的公式或内容，由名称框和编辑区两部分组成。

编辑区用于显示活动单元格的内容或使用的公式。单元格的宽度不能显示单元格的全部内容时，通常在编辑区中编辑内容。

工作区是编辑表格和数据的主要工作区域，左侧显示行号，顶部为列号，绿框包围的单元格为活动单元格，底部的工作表标签用于标记工作表的名称，白底绿字的标签为当前活动工作表的标签。

状态栏位于应用程序窗口底部，左侧用于显示与当前操作有关的状态信息，右侧为视图方式、缩放级别按钮及缩放滑块。

工作簿的窗口组成如图 3-2-1 所示。

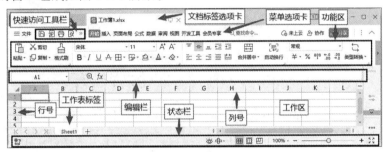

图 3-2-1　工作簿的窗口组成

3.2.3 数据编辑

WPS 表格中存在各种各样的数据，在编辑操作过程中，除了对数据进行修改，还涉及其他一些操作，如使用记录单批量修改数据、自定义数据显示格式和设置数据验证规则等，对于一些基本操作，如复制粘贴、查找替换等。

使用记录单修改数据

如果工作表的数据量巨大，那么在输入数据时就需要耗费很多时间在来回切换行、列的位置上，有时还容易出现错误。此时可通过 WPS 表格的"记录单"功能，在打开的"记录单"对话框中批量编辑数据，而不用在长表格中编辑数据。

（1）选择 B3：G12 单元格区域，如图 3-2-2 所示，单击"数据"选项卡中的"记录单"按钮，打开"Sheet1"对话框，如图 3-2-3 所示。

（2）单击"下一条"按钮，进入第二条记录单，在"单价"文本框中输入"208"，在"经办人"文本框中输入"陈清扬"，单击"关闭"按钮，如图 3-2-4 所示。

◢	A	B	C	D	E	F	G
1				商品出入库明细			
2	序号			入库商品			
3		商品名称	入库时间	单价	数量	规格	经办人
4	1	面膜	2023/7/8	￥15.60	20	件	张千苒
5	2	眼霜	2023/7/8	￥168.00	100	瓶	张千苒
6	3	面霜	2023/7/8	￥108.00	300	瓶	张千苒
7	4	精华素	2023/7/11	￥88.00	50	件	张千苒
8	5	洁面乳	2023/7/11	￥58.00	50	件	张千苒
9	6	精华液	2023/7/11	￥68.00	20	件	张千苒
10	7	爽肤水	2023/7/11	￥55.00	300	瓶	张千苒
11	8	乳液	2023/7/11	￥58.00	200	瓶	张千苒
12	9	冰肌水	2023/7/11	￥108.00	100	瓶	张千苒

图 3-2-2　选择 B3:G12 单元格区域

图 3-2-3　"Sheet1"对话框

图 3-2-4　输入数据

（3）返回 WPS 表格工作界面，在第二行中即可看到修改后的数据，如图 3-2-5 所示。

◢	A	B	C	D	E	F	G
1				商品出入库明细			
2	序号			入库商品			
3		商品名称	入库时间	单价	数量	规格	经办人
4	1	面膜	2023/7/8	￥15.60	20	件	张千苒
5	2	眼霜	2023/7/8	￥208.00	100	瓶	陈清扬
6	3	面霜	2023/7/8	￥108.00	300	瓶	张千苒
7	4	精华素	2023/7/11	￥88.00	50	件	张千苒
8	5	洁面乳	2023/7/11	￥58.00	50	件	张千苒
9	6	精华液	2023/7/11	￥68.00	20	件	张千苒
10	7	爽肤水	2023/7/11	￥55.00	300	瓶	张千苒
11	8	乳液	2023/7/11	￥58.00	200	瓶	张千苒
12	9	冰肌水	2023/7/11	￥108.00	100	瓶	张千苒

图 3-2-5　修改后的数据

3.2.4　数据自动填充

WPS 表格提供了便捷的键盘快捷键和实用的填充手柄，可帮助用户在某个单元格区域高效地输入大量相同的数据或具有某种规律的数据。

1. 快速填充相同数据

在选中的单元格区域填充相同的数据有多种方法，下面简要介绍几种常用的操作。

（1）使用快捷键快速填充

①选择要填充相同数据的单元格区域，输入要填充的数据，如图 3-2-6 所示。要填充数

据的区域可以是连续的,也可以是不连续的。

②按组合键 Ctrl+D,即可在选中的单元格区域填充相同的内容,如图 3-2-7 所示。

图 3-2-6　选中单元格区域并输入数据 　　　图 3-2-7　填充相同数据

(2)拖动填充手柄快速填充

①选中已输入数据的单元格,将鼠标指针移到单元格右下角的绿色方块(称为"填充手柄")上,指标显示为黑色十字形"✚",如图 3-2-8(a)所示。

②按下鼠标左键拖动选择要填充的单元格区域,释放鼠标,即可在选择区域的所有单元格中填充相同的数据,如图 3-2-8(b)所示。

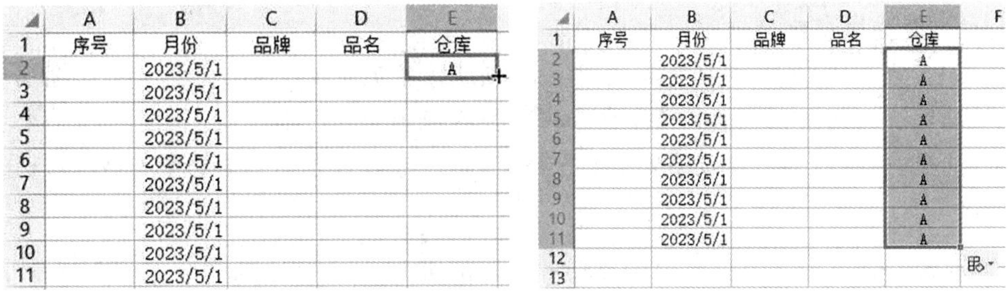

(a)　　　　　　　　　　　　(b)

图 3-2-8　填充相同数据

使用填充手柄在单元格区域填充数据后,在最后一个单元格右侧显示"自动填充选项"按钮,单击该按钮,在如图 3-2-9 所示的下拉菜单中可以选择填充方式。

图 3-2-9　"自动填充选项"下拉菜单

在单元格区域填充的数据类型不同,"自动填充选项"下拉菜单中显示的选项也会有所差异。

(3)利用"填充"命令快速填充

利用"填充"命令可以指定填充的方向。

①选中已输入数据的单元格,按下鼠标左键并拖动,选中要填充相同数据的单元格区域,如图 3-2-10 所示。

	A	B	C	D	E
1	序号	月份	品牌	品名	仓库
2		2023/5/1		显示器	A
3		2023/5/1			A
4		2023/5/1			A
5		2023/5/1			A
6		2023/5/1			A
7		2023/5/1			A
8		2023/5/1			A
9		2023/5/1			A
10		2023/5/1			A
11		2023/5/1			A

图 3-2-10　选中填充区域

②切换到"开始"菜单选项卡,单击"填充"下拉按钮，选择填充方式,即可在选定的区域填充相同的数据。

2.快速填充数据序列

在 WPS 表格中,通常把具有相关信息的有规律的数据集合称为一个序列,例如星期、月份、季度等。利用填充手柄和菜单命令可以很便捷地填充数据序列。

(1)选择一个单元格,输入序列中的初始值,然后选择包含初始值的单元格区域,作为要填充的区域。

(2)在"开始"菜单选项卡中单击"填充"下拉按钮，在弹出的下拉菜单中选择"序列"命令,弹出如图 3-2-11 所示的"序列"对话框。

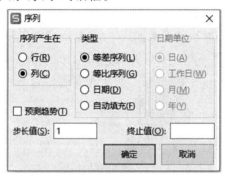

图 3-2-11　"序列"对话框

(3)在"序列产生在"区域指定是沿行方向进行填充,还是沿列方向进行填充。

(4)在"类型"区域选择序列的类型。

❖ 等差序列:相邻两项相差一个固定的值,这个值称为步长值。

❖ 等比序列:相邻两项的商是一个固定的值。

❖ 日期:自动填入日期序列,可以设置为以日、工作日、月或年为单位。

❖自动填充:根据初始值决定填充项。如果初始值是文字后跟数字的形式,拖动填充柄,则每个单元格填充的文字不变,数字递增。

❖预测趋势:由初始值按照最小二乘法生成序列,忽略步长值。

(5)在"步长值"文本框中输入一个正数或负数,作为序列项变化的单位量。

(6)在"终止值"文本框中指定序列的最后一个值。

(7)设置完成后,单击"确定"按钮即可创建一个序列。

例如,使用步长值为 4 的等差序列沿列填充选中区域的结果如图 3-2-12 所示。

图 3-2-12　序列填充效果

3. 使用智能填充

如果要填充的一列数据没有什么规律,但可以由已有的数据提取或合并,或通过添加、修改已有数据列的部分内容得到,那么,利用 WPS 表格的"智能填充"功能可根据表格已输入的示例数据,自动分析输入结果与原始数据之间的关系,进行一键高效填充。

(1)在要填充的数据列中输入初始数据,如图 3-2-13 所示的 C2 单元格。

图 3-2-13　输入初始数据

(2)在"开始"菜单选项卡中单击"填充"下拉按钮 ，在弹出的下拉菜单中选择"智能填充"命令,或直接按 Ctrl+E 键,相关的单元格中即可自动填充相应的内容,如图 3-2-14 所示。

图 3-2-14　智能填充

利用智能填充功能还可以提取某列数据中的部分内容。例如,在 D2 单元格中输入手机的型号系列,如图 3-2-15 所示,在"数据"菜单选项卡中单击"填充"下拉按钮,在弹出的下拉菜单中选择"智能填充"命令,或直接按 Ctrl+E 组合键,即可提取所有数据记录中的型号,如图 3-2-16 所示。

图 3-2-15　输入初始值

	A	B	C	D
1				
2	华为	Mate X3	华为Mate X3	Mate X3
3	荣耀	Magic5 Pro	荣耀Magic5 Pro	Magic5 Pro
4	小米	13 Pro	小米13 Pro	13 Pro
5	努比亚	Z50 Ultra	努比亚Z50 Ultra	Z50 Ultra

图 3-2-16　智能填充效果

3.2.5 单元格的操作

1. 选定单元格

在编辑 WPS 表格数据时,对单元格的操作针对的都是当前选中的单元格或区域。下面简要介绍选取单元格或区域常用的操作。

❖ 选取单个单元格:单击相应的单元格,或利用方向键移动到相应的单元格。

❖ 选取连续的矩形单元格区域:单击选定该区域顶点处的一个单元格,当鼠标指针显示为空心十字形时,按下鼠标左键拖动到最后一个单元格释放;或先选定该区域顶点处的一个单元格,然后按住 Shift 键单击对角顶点处的单元格。

❖ 选取不相邻的单元格或区域:先选定一个单元格或区域,然后按住 Ctrl 键选定其他的单元格或区域。

❖ 选取当前工作表中的所有单元格:单击工作表左上角的"全选"按钮。

❖ 选取整行或整列:单击行号或列号。

❖ 取消选定区域:单击任意一个单元格。

2. 插入与删除单元格

在要插入单元格的位置右击,在弹出的快捷菜单中选择"插入"命令,然后在级联菜单中选择单元格插入的方式。

❖ 插入单元格:在活动单元格左侧或上方插入一个新单元格。

如果选定单元格区域后右击,使用右键快捷菜单中的"插入单元格"命令可插入与选定单元格数目相同的单元格。

❖ 插入行:在选定单元格上方插入指定数目的空行。

❖ 插入列:在选定单元格左侧插入指定数目的空列。

如果要删除单元格或区域,可在要删除的单元格或区域右击,在弹出的快捷菜单中选择"删除"命令,然后在级联菜单中选择需要删除单元格的方式。

如果希望只删除单元格中输入的数据,保留单元格的格式或批注,可以在快捷菜单中选择"清除内容"命令,或直接按 Delete 键。

删除单元格是从工作表中移除单元格,并移动周围的单元格填补删除后的空缺。清除单元格则仅删除单元格中的内容、格式或批注,保留单元格。

如果要清除单元格中的格式、批注,可以在"开始"菜单选项卡中单击"单元格"下拉按钮,在弹出的下拉菜单中选择"清除"命令,然后在如图 3-2-17 所示的级联菜单中选择要清除的内容。

图 3-2-17 "清除"级联菜单

3.移动或复制单元格

移动单元格是指把某个单元格(或区域)的内容从当前的位置删除,放到目标位置;而复制单元格是指在保留单元格内容、格式和位置不变的前提下,在目标位置生成一个与之相同的副本。

要在同一个工作表中移动或复制单元格,最简单的方法是用鼠标拖动。选定要移动或复制的单元格,将鼠标指针移到选定区域的边框,指针显示为 时按下鼠标左键拖动到目标位置释放,即可将选中的区域移到指定位置。拖动鼠标的同时按住 Ctrl 键,可以复制单元格或区域。

如果要将选定区域移动或复制到其他工作表,可以选定区域后单击"剪切"按钮 或"复制"按钮 ,然后打开目标工作表,在要粘贴单元格区域的位置单击"粘贴"按钮 。

选择粘贴区域时,可以只选择区域中的第一个单元格,也可以选择与剪切区域完全相同的区域。否则会弹出"剪切区域与粘贴的形状不同"的警告提示。

4.合并单元格

WPS 表格中的单元格默认大小一样,排列规整。如果希望某些单元格占用多行或多列,可以将一个矩形区域中的多个单元格合并为一个单元格。

(1)选择要合并的多个连续的单元格,且这些单元格组成一个矩形区域。

(2)在"开始"菜单选项卡中单击"合并居中"下拉按钮 ,弹出下拉菜单。

❖合并居中:将选择的多个单元格合并为一个较大的单元格,仅保留单元格区域左上角单元格中的内容,且居中显示。

❖合并单元格:将所有选中的单元格合并为一个单元格,仅保留单元格区域左上角单元格中的内容,且按原有的对齐方式显示。

❖合并内容:将所有选中的单元格合并为一个单元格,保留所有单元格中的内容并自动换行。如果合并前的单元格区域包含多列,如图 3-2-18 所示,则合并后的部分内容会隐藏,如图 3-2-19 所示。此时将鼠标指针移到合并后的单元格中,即可查看所有内容,如图 3-2-20 所示。如果取消"自动换行"按钮的选中状态,可将单元格中的多行内容合并为一行,如图 3-2-21 所示。

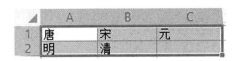

图 3-2-18 合并前的单元格区域

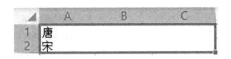

图 3-2-19 合并内容的效果

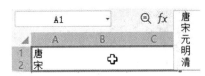

图 3-2-20 查看单元格中的内容

图 3-2-21 取消自动换行的效果

❖按行合并：分别将选中区域的每一行进行合并，仅保留每一行最左侧单元格中的数据。

❖跨列居中：在不合并单元格区域的情况下，将各列内容居中显示。

（3）选择需要的合并方式。

如果要取消合并单元格，应选中合并后的单元格，再单击"合并居中"下拉按钮，在下拉菜单中选择"取消单元格合并"命令即可。

取消合并之后，单元格将被拆分为合并之前的样子。如果合并后的单元格中仅保留了最左侧或左上角单元格中的数据，则取消合并后，其他单元格中的数据会丢失。

如果选择"拆分并填充内容"命令，可将单元格中的内容按行拆分，并填充到各列，如图 3-2-22 所示。

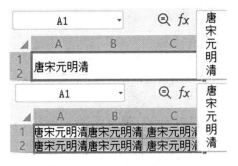

图 3-2-22 拆分并填充内容前、后的效果

3.3 表格的编辑

3.3.1 选定工作表

要对工作表进行编辑，首先应选中工作表。单击工作表的名称标签，即可进入对应的工作表。

如果要选择多个连续的工作表，可以选中一个工作表之后，按下 Shift 键单击最后一个要选中的工作表。

如果要选择不连续的多个工作表，可以选中一个工作表之后，按下 Ctrl 键单击其他要选中的工作表。

如果要选中当前工作簿中所有的工作表,可以在任意一个工作表标签上右击,在弹出的快捷菜单中选择"选定全部工作表"命令。

3.3.2 插入、删除工作表

默认情况下,新建的工作簿只包含 1 个工作表 Sheetl。如果要在一个工作簿中创建多个不同形式的数据表,就要插入工作表。

单击工作表标签右侧的"新建工作表"按钮 +,即可在当前活动工作表右侧插入一个新的工作表。新工作表的名称依据活动工作簿中工作表的数量自动命名。

如果要同时插入多个工作表,可以在工作表标签上右击,在弹出的快捷菜单中选择"插入"命令,打开"插入工作表"对话框。

如果要删除工作表,可以右击要删除的工作表标签,在弹出的快捷菜单中选择"删除工作表"命令。删除的工作表不能通过"撤销"命令恢复。

3.3.3 重命名工作表

WPS 自动为创建的工作表分配的名称(例如 Sheet1、Sheet2、Sheet3)不容易区分。为每个工作表指定一个具有意义的名称,可以在众多的工作表中进行查找、识别。

修改工作表的名称常用的方法有以下两种:

(1)双击工作表名称标签,输入新的名称后按 Enter 键。

(2)在工作表名称标签上右击,在弹出的快捷菜单中选择"重命名"命令,输入新名称后按 Enter 键。

3.3.4 移动和复制工作表

如果要在同一个工作簿中制作多个相同或相似的工作表,或者使用另一个工作簿中的工作表,使用复制和移动操作可以达到事半功倍的效果。在 WPS 表格中移动或复制工作表的方法有多种,下面简要介绍两种常用的方法,读者可根据操作习惯和要求灵活选用适当的方法。

1. 使用鼠标拖放

如果要在同一个工作簿中快速移动或复制工作表,可以使用鼠标拖动工作表标签实现。

选中要移动的工作表标签,按下鼠标左键拖动,鼠标指针显示为 形状,当前选中工作表标签的左上角出现一个黑色倒三角标志。当黑色倒三角显示在目标位置时释放鼠标左键,即可将工作表移动到指定的位置。

如果拖放的同时按住 Ctrl 键,则鼠标指针显示为 形状,当前选中工作表标签的左上角处。当黑色倒三角显示在目标位置时释放鼠标左键,即可在指定位置生成当前选中工作表的一个副本。

2. 使用"移动或复制工作表"对话框

如果要在不同的工作簿中移动或复制工作表,使用"移动或复制工作表"对话框会比较方便。

（1）在要移动或复制的工作表名称标签上右击，从弹出的快捷菜单中选择"移动或复制工作表"命令，打开对话框。

（2）在"工作簿"下拉列表框中选择要接收工作表或工作表副本的工作簿。默认显示为当前工作簿的名称，因此如果要在同一工作簿中移动或复制，可跳过这一步。

（3）在"下列选定工作表之前"列表框中选择工作表的目标位置。

（4）如果要复制工作表，则选中"建立副本"复选框。

（5）单击"确定"按钮关闭对话框。

如果目标工作簿中有与移动或复制的工作表同名的工作表，WPS将自动在移动或复制的工作表名称后添加编号，使其命名唯一。

3.3.5 隐藏或显示工作表

如果不希望他人查看工作簿中的某个工作表，或在编辑工作表时避免对重要的数据进行误操作，可以隐藏工作表。

在要隐藏的工作表名称标签上右击，在弹出的快捷菜单中选择"隐藏工作表"命令，即可隐藏对应的工作表，其名称标签也随之隐藏。

如果要取消隐藏，可右击任一工作表名称标签，在弹出的快捷菜单中选择"取消隐藏工作表"命令，在"取消隐藏"对话框中选择要显示的工作表，单击"确定"按钮关闭对话框。

隐藏工作表在一定程度上可以使工作表免于被查看或修改，但隐藏的工作表仍然处于打开状态，其他工作表仍然可以使用其中的数据。如果希望工作表中的数据不被随意引用或篡改，可以对工作表或工作表的部分区域进行保护。

WPS 2023 支持采用多种视图方式查看工作表，可方便地以不同视角查看表格数据。在 WPS 表格的状态栏上可看到 3 种查看工作表的常用视图。在"视图"菜单选项卡中可以选择更多的视图方式，如图 3-3-1 所示。

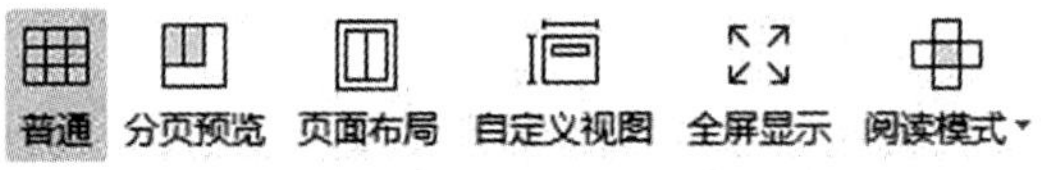

图 3-3-1 "视图"菜单选项卡

❖普通 ⊞：默认的显示方式，适用于屏幕预览和处理，表格的大多数操作都在该视图中进行。

❖分页预览 ⊟：显示工作表的分页位置。

❖页面布局 ⊟：显示页眉页脚区域。

❖自定义视图 ⊟：自定义视图名称和显示方式。单击该按钮打开"视图管理器"对话框，可指定工作表以某种既定的视图显示；单击"添加"按钮，在"添加视图"对话框中可定义视图的名称和显示内容。

❖全屏显示 ⊠：全屏显示工作表，不包括标题栏和菜单功能区。按 Esc 键退出全屏模式。

❖阅读模式 ⊞:以某种颜色突出显示与当前选中单元格同一行和同一列的数据。

3.4 表格的格式

3.4.1 设置数字格式

1. 设置数字格式

选中要设置格式的单元格,切换到"开始"菜单选项卡,利用如图 3-4-1 所示的"数字"功能组中的功能按钮可以非常方便地格式化数字。

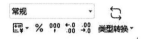

图 3-4-1 数字功能组

❖中文货币符 ¥:用中文货币符号和数值共同表示金额。如果单元格中的数值为负数,则货币符号和数值将显示在括号中,并显示为红色,如图 3-4-2 所示。

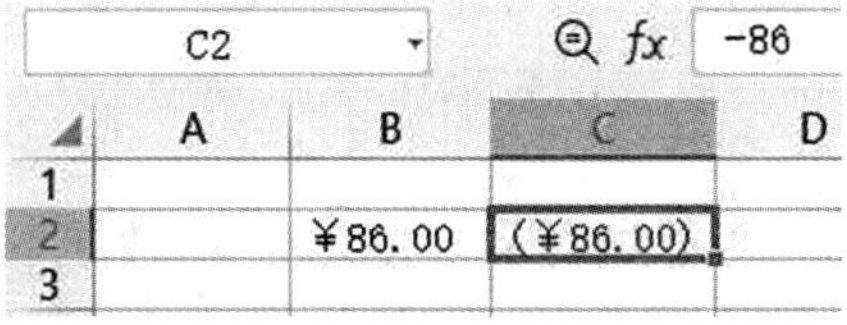

C2	▼	Q fx	-86	
◢	A	B	C	D
1				
2		¥86.00	(¥86.00)	
3				

图 3-4-2 为数值添加中文货币符号

负数之所以显示为红色,是因为默认情况下,货币的负数格式为($1,234),且显示为红色。具体显示格式可以在"单元格格式"对话框中进行设置。

❖会计专用 ⊞¥:该选项位于"中文货币符号" ¥ 右侧的下拉菜单中,功能也是为单元格中的数值添加中文货币符号,且货币符号靠左对齐,如图 3-4-3 所示的 B3 和 C3 单元格。

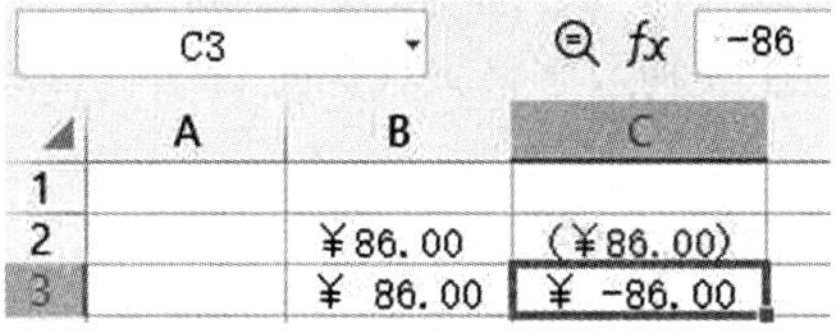

C3	▼	Q fx	-86	
◢	A	B	C
1			
2		¥86.00	(¥86.00)
3		¥ 86.00	¥ -86.00

图 3-4-3 使用会计数字格式

中文货币格式与会计专用格式都是使用货币符号和数字共同表示金额。它们的区别在于,中文货币格式中货币符号与数字符号是一体的,统一右对齐;会计专用格式中货币符号左对齐,而数字右对齐,从而可以对一列数值进行小数点对齐。

❖百分比样式 %:用百分数表示数字。

❖千位分隔样式 ⁰⁰⁰:以逗号分隔千分位数字。

❖增加小数位数 ⁺.₀₀:增加小数点后的位数。

❖减少小数位数 ：减少小数点后的位数。

如果要对数据格式进行更多设置,可单击如图 3-4-1 所示的"数字"功能组右下角的扩展按钮 ,打开"单元格格式"对话框。在"数字"选项卡中可设置多种数据类型的格式。例如,"货币"类型的选项,如图 3-4-4 所示,可以指定数值的小数位数、货币符号以及负数的显示方式。

图 3-4-4　设置"货币"类型格式

2. 自定义数字格式

在输入数据时,用户还可以自定义数字格式。

(1)选择要设置格式的单元格或区域后右击,在弹出的快捷菜单中选择"设置单元格格式"命令,打开"单元格格式"对话框。

(2)在"分类"列表框中选择"自定义"选项,切换到自定义选项界面。

(3)在"类型"列表框中选择一种数字格式代码进行编辑,以创建所需格式。数字位置标识符的含义如下:

❖"♯":只显示有意义的数字。

❖"0":显示数字,如果数字位数少于格式中的零的个数,则显示无意义的零。

❖"?":为无意义的零在小数点两边添加空格,以便使小数点对齐。

❖",":作为千位分隔符或者将数字以千倍显示。

3.4.2　设置单元格格式

1. 设置字体字号

WPS 默认使用的字体是"宋体",字号是"11"号,用户可以根据需要设置其他字体字号。选中需要设置字体格式的单元格区域,单击"字体"下拉按钮,从展开的列表中可选择需要的字体。单击"字号"下拉按钮,可从下拉列表中选择需要的字号,如图 3-4-5 所示。

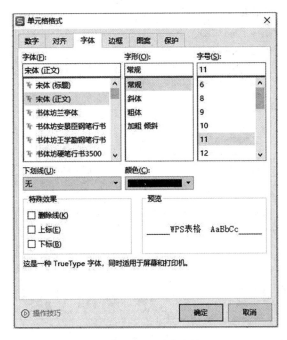

图 3-4-5　设置字体字号

在工作表中输入数据后，为便于阅读和理解，通常还要设置工作表的格式，例如设置数据的对齐方式、调整行高和列宽、添加表格边框和底纹等。格式化工作表可以使表格数据清晰、整齐、有条理，不仅增添表格的视觉感染力，还能增强表格数据的可读性。

2. 设置对齐方式

默认情况下，单元格中不同类型的数据对齐方式也会有所不同。为使表格数据排列整齐，通常会修改单元格数据的对齐方式。利用"开始"菜单选项卡中如图 3-4-6 所示的"对齐"方式功能按钮，可以很方便地设置单元格内容的对齐方式。

图 3-4-6　"对齐"方式功能按钮

（1）选中要设置对齐方式的单元格或区域。

（2）单击需要的对齐按钮，即可应用格式。

如果要对单元格内容进行更多的格式控制，可以打开"单元格格式"对话框进行设置。

（3）在单元格上右击，在弹出的快捷菜单中选择"设置单元格格式"命令，打开相应的对话框，然后切换到如图 3-4-7 所示的"对齐"选项卡。

（4）分别在"水平对齐"和"垂直对齐"下拉列表框中选择一种对齐方式。

"对齐"下拉列表框中的对齐方式比菜单选项卡中的对齐按钮更全面，其中，带有"缩进"字样的选项还可以设置对齐的缩进量。

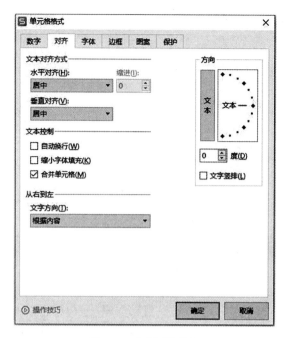

图 3-4-7 "对齐"选项卡

（5）在"文本控制"区域进一步设置文本格式选项。

如果希望在保持行距不变的前提下显示单元格中的多行文本，可以选中"缩小字体填充"复选框，效果如图 3-4-8 所示。

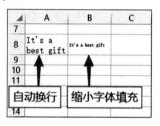

图 3-4-8 "缩小字体填充"效果

如果先选中了"自动换行"复选框，"缩小字体填充"复选框将不可用。使用"缩小字体填充"选项容易破坏工作表整体的风格，最好不要采用这种办法显示多行或长文本。

（6）在"方向"区域设置文本的排列方向。

除了可以直接设置竖排文本或指定旋转角度，还可以用鼠标拖动方向框中的文本指针直观地设置文本的方向。

在"度"数值框中输入正数可以使文本顺时针旋转，输入负数则逆时针旋转。

3. 设置边框和底纹

默认情况下，WPS 工作表的背景颜色为白色，各个单元格由浅灰色网格线进行分隔，但网格线不能打印显示。为单元格或区域设置边框和底纹，不仅能美化工作表，而且可以更清楚地区分单元格。

（1）选中要添加边框和底纹的单元格或区域。

（2）切换到"开始"菜单选项卡，单击"单元格"下拉按钮 　　 ，在弹出的下拉菜单中选择"设置单元格格式"命令打开"单元格格式"对话框,然后切换到如图3-4-9所示的"边框"选项卡设置边框线的样式、颜色和位置。

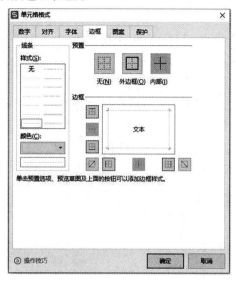

图 3-4-9 "边框"选项卡

设置边框线的位置时,在"预置"区域单击"无"选项可以取消已设置的边框,单击"外边框"选项可以在选定区域四周显示边框,单击"内部"选项可以设置分隔相邻单元格的网格线样式。

在"边框"区域的预览草图上单击,或直接单击预览草图四周的边框线按钮,即可在指定位置显示或取消显示边框。

(3)切换到"图案"选项卡,在"颜色"列表框中选择底纹的背景色,在"图案样式"下拉列表框中选择底纹图案,在"图案颜色"下拉列表框中选择底纹的前景色。

如果"颜色"列表中没有需要的背景颜色,可以单击"其他颜色"按钮,在打开的"颜色"对话框中选择一种颜色,或单击"填充效果"按钮,在如图3-4-10所示的"填充效果"对话框中自定义一种渐变颜色。

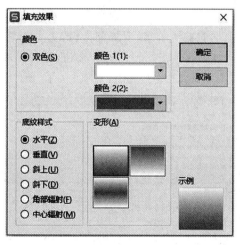

图 3-4-10 "填充效果"对话框中

(4)设置完成后,单击"确定"按钮关闭对话框。

3.4.3 设置条件格式

条件格式用于将数据表中满足指定条件的数据以特定的格式显示出来,便于直观查看与区分数据。特定的格式包括数据条、色阶、图标集等,主要为了实现数据的可视化效果。

(1)选中要设置条件格式的单元格区域,通常是同一标题列的数据。

(2)如果要突出显示指定范围的单元格,可在"开始"菜单选项卡中单击"条件格式"下拉按钮,在弹出的下拉菜单中选择"突出显示单元格规则"命令或"项目选取规则"命令,然后在级联菜单中选择条件规则,如图 3-4-11 所示。

图 3-4-11 突出显示单元格规则

选择条件规则后,将弹出对应的格式设置对话框。例如选择"介于"规则,弹出如图 3-4-12 所示的"介于"对话框。

设置要突出显示的数据范围之后,在"设置为"下拉列表框中设置符合条件的单元格显示格式。

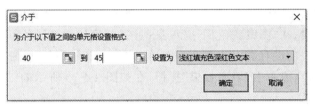

图 3-4-12 "介于"对话框

如果在条件格式的数值框中输入公式,要加前导符"＝"。

WPS 提供了一些预置的格式,单击"条件格式"按钮,在弹出的下拉菜单中选择"新建规则"命令,打开"新建格式规则"对话框设置格式,如图 3-4-13 所示。

图 3-4-13 "新建格式规则"对话框

设置完成后,在工作表中可以看到应用条件格式的效果,如图 3-4-14 所示。单击"确定"按钮关闭对话框。

	A	B	C	D	E
1	部门	姓名	年龄	职称	月薪
2	人事部	A	45	部门经理	8000
3	财务部	B	38	经济师	7800
4	销售部	C	31	职员	4500
5	研发部	D	35	工程师	9000
6	生产部	E	42	高级工程师	12000
7	企划部	F	36	部门经理	8000

图 3-4-14 突出显示"年龄"介于 40~45 的单元格

(3)如果要使用数据条、色阶或图标集直观地体现单元格数据的大小,应在"条件格式"下拉菜单中选择"数据条"命令或"色阶"命令或"图标集"命令,然后在级联菜单中选择格式样式,如图 3-4-15 所示。

图 3-4-15 "数据条"级联菜单

选择一种填充样式或图标样式后,所选单元格区域即可根据单元格值的大小显示长短不一或颜色各异的数据条或图标,如图 3-4-16 所示。左图为使用数据条的效果,右图为使用"三色交通灯"图标集的效果。

	A	B	C	D	E
1	部门	姓名	年龄	职称	月薪
2	人事部	A	45	部门经理	8000
3	财务部	B	38	经济师	7800
4	销售部	C	31	职员	4500
5	研发部	D	35	工程师	9000
6	生产部	E	42	高级工程师	12000
7	企划部	F	36	部门经理	8000

	A	B	C	D	E
1	部门	姓名	年龄	职称	月薪
2	人事部	A	45	部门经理	8000
3	财务部	B	38	经济师	7800
4	销售部	C	31	职员	4500
5	研发部	D	35	工程师	9000
6	生产部	E	42	高级工程师	12000
7	企划部	F	36	部门经理	8000

图 3-4-16 应用条件格式的效果

如果对同一列数据设定了多个条件,且不止一个条件为真,则 WPS 自动应用最后一个为真的条件。例如,"条件 1"设置月薪大于等于 8000 的单元格文本显示为绿色,"条件 2"设置月薪大于 9000 的单元格文本显示为红色,则月薪为 12000 的单元格将应用"条件 2"的设置,单元格文本显示为红色。

(4)如果要清除单元格区域的条件格式,则选中包含条件格式的单元格区域后,在"条件格式"下拉菜单中选择"清除规则"命令,然后在级联菜单中选择"清除所选单元格的规则"命令。如果要清除当前工作表中的所有条件格式,则选择"清除整个工作表的规则"命令。

3.4.4 使用表格和单元格样式

所谓样式,实际上就是一些特定属性的集合,如字体大小、对齐方式、边框和底纹等。使用样式可以在不同的表格区域一次应用多种格式,快速设置表格元素的外观效果。WPS 预置了丰富的表格样式和单元格样式,单击即可一键改变单元格的格式和表格外观。

(1)如果要套用单元格样式,应选择要格式化的单元格,在"开始"菜单选项卡中单击"单元格样式"命令按钮 单元格样式▾,弹出单元格样式列表。单击需要的样式图标,即可在选中的单元格中应用指定的样式。

(2)如果要套用表格样式,应选择要格式化的表格区域,或选中其中一个单元格,在"开始"菜单选项卡中单击"表格样式"按钮 表格样式▾,弹出样式列表。

(3)单击需要的样式,弹出如图 3-4-17 所示的"套用表格样式"对话框。"表数据的来源"文本框中将自动识别并填充要套用样式的单元格区域,可以根据需要修改。

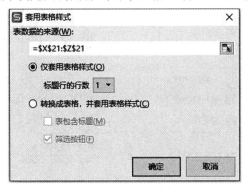

图 3-4-17 "套用表格样式"对话框

如果选择的单元格区域包含标题行,可以在"标题行的行数"下拉列表框中指定标题的行数;如果没有标题行,则选择 0。

如果要将选中的单元格区域转换为表格,应选择"转换成表格,并套用表格样式"单选按钮;如果第一行是标题行,应选中"表包含标题"复选框,否则 WPS 会自动添加以"列 1""列 2"命名的标题行。

将普通的单元格区域转换为表格后,有些操作将不能进行,例如分类汇总。

(4)单击"确定"按钮,即可关闭对话框,并应用表格样式。

"仅套用表格样式"和"转换成表格,并套用表格样式"的效果分别如图 3-4-18 和图 3-4-19 所示。

选中表格中的任意一个单元格,菜单功能区会显示"表格工具"菜单选项卡,单击其中的"转换为区域"按钮,可在保留样式的同时将表格转换为普通区域,筛选按钮也随之消失。

如果要删除套用的样式,应选择含有套用格式的区域,在"开始"菜单选项卡中单击"格式"下拉按钮,在弹出的下拉菜单中选择"清除"命令,然后在级联菜单中选择"格式"命令。

	A	B	C	D	E	F	G
1	商品出入库明细						
2	序号	入库商品					
3		商品名称	入库时间	单价	数量	规格	经办人
4	1	面膜	2023/7/8	￥15.60	20	件	张千萬
5	2	眼霜	2023/7/8	￥208.00	100	瓶	陈清扬
6	3	面霜	2023/7/8	￥108.00	300	瓶	张千萬
7	4	精华素	2023/7/11	￥88.00	50	件	张千萬
8	5	洁面乳	2023/7/11	￥58.00	50	件	张千萬
9	6	精华液	2023/7/11	￥68.00	20	件	张千萬
10	7	爽肤水	2023/7/11	￥55.00	300	瓶	张千萬
11	8	乳液	2023/7/11	￥58.00	200	瓶	张千萬
12	9	冰肌水	2023/7/11	￥108.00	100	瓶	张千萬

图 3-4-18 “仅套用表格样式”的效果

	A	B	C	D	E	F
1	商品名称	入库时间	单价	数量	规格	经办人
2	面膜	2023/7/8	￥15.60	20	件	张千萬
3	眼霜	2023/7/8	￥208.00	100	瓶	陈清扬
4	面霜	2023/7/8	￥108.00	300	瓶	张千萬
5	精华素	########	￥88.00	50	件	张千萬
6	洁面乳	########	￥58.00	50	件	张千萬
7	精华液	########	￥68.00	20	件	张千萬
8	爽肤水	########	￥55.00	300	瓶	张千萬
9	乳液	########	￥58.00	200	瓶	张千萬
10	冰肌水	########	￥108.00	100	瓶	张千萬

图 3-4-19 “转换成表格，并套用表格样式”的效果

3.4.5 设置行高和列宽

WPS 工作表中的所有单元格默认具有相同的行高和列宽，如果要在单元格中放置不同大小和类型的内容，就需要调整行高和列宽。

如果对行高与列宽的要求不高，可以利用鼠标拖动进行调整。

(1)将鼠标指针移到行号的下边界上，指针显示为纵向双向箭头时，按下鼠标左键拖动到合适位置释放，可改变指定行的高度。

(2)将鼠标指针移到列标的右边界上，指针显示为横向双向箭头时，按下鼠标左键拖动到合适位置释放，可改变指定列的宽度。

双击列标题的右边界，可使列宽自动适应单元格中内容的宽度。如果要一次改变多行或多列的高度或宽度，只需要选中多行或多列，然后用鼠标拖动其中任意一行或一列的边界即可。

如果希望精确地指定行高和列宽，可以使用菜单命令进行设置。

(1)选中要调整行高或列宽的单元格。

(2)在“开始”菜单选项卡中单击“行和列”下拉按钮 行和列，在下拉菜单中选择需要的命令。

如果要调整行高，应单击“行高”命令打开“行高”对话框设置行高的单位与数值。如果希望 WPS 根据输入的内容自动调整行高，应单击“最适合的行高”命令。

如果要调整列宽,应单击"列宽"命令打开"列宽"对话框设置列宽的单位与数值。如果希望 WPS 根据输入的内容自动调整列宽,应单击"最适合的列宽"命令。

如果希望将工作表中的所有列宽设置为一个固定值,应单击"标准列宽"命令,在"标准列宽"对话框中设置列宽数值和单位。

3.4.6 使用模板

(1)单击"插入"选项卡下的"稻壳资源",打开"稻壳资源"对话框,单击"模板库"下的"表格模板",有多种表格模板可供使用。

(2)单击选中其中一个模板可立即使用。

3.5 公式和函数

3.5.1 使用公式

输入公式的操作类似于输入文本数据,不同的是公式应以等号(=)开头,然后是操作数和运算符组成的表达式。

(1)选中要输入公式的单元格。

(2)在单元格或编辑栏中输入"=",然后在"="后输入公式内容。例如,输入"=120 * 2",表示求两个数相乘的积,如图 3-5-1 所示。

	A	B	C	D	E	F
						=120*2
1	订单号	品名	规格	单价	数量	金额
2	1	茶叶	50g	120	2	=120*2
3	2	砂糖桔	500g	8	3	
4	3	糖果	500g	29.8	3	

图 3-5-1 输入公式

输入公式时如果不以等号开头,WPS 会将输入的公式作为单元格内容填入单元格。如果公式中有括号,必须在英文状态或者是半角中文状态下输入。

(3)按 Enter 键或者单击编辑栏中的"输入"按钮 ✓,即可在单元格中得到计算结果,在编辑栏中仍然显示输入的公式,如图 3-5-2 所示。

	A	B	C	D	E	F
	F2			=120*2		
1	订单号	品名	规格	单价	数量	金额
2	1	茶叶	50g	120	2	240
3	2	砂糖桔	500g	8	3	
4	3	糖果	500g	29.8	3	

图 3-5-2 得到计算结果

(4)如果要修改输入的公式,应单击公式所在的单元格,在单元格或编辑栏中编辑公式,方法与修改文本相同。修改完成后,按 Enter 键完成操作,单元格中的计算结果将自动更新。

（5）如果要删除公式，选中公式所在的单元格，按 Delete 键即可。

3.5.2 复制公式

在 WPS 表格中计算数据时，通常公式的组成结构是固定的，只是计算的数据不同，通过复制公式然后直接修改的方法，能够节省输入数据的时间。

单击"开始"选项卡中的"粘贴"按钮；或通过"Ctrl＋C""Ctrl＋V"组合键来复制公式，不仅能复制公式，而且还会将原单元格中的格式复制到目标单元格中。

3.5.3 使用函数

1. 输入函数

与输入公式一样，在工作表中使用函数也可以在单元格或编辑栏中直接输入；除此之外，还可以通过插入函数的方法来输入并设置函数参数。对于初学者而言，采用插入函数的方式输入较好，这样比较容易设置函数的参数。

（1）选择 F3 单元格，单击"公式"选项卡中的"插入函数"按钮 。

（2）打开"插入函数"对话框，在"选择函数"列表框中选择"SUM"选项，单击"确定"按钮。

（3）打开"函数参数"对话框，单击"数值 1"文本框右侧的"收缩"按钮，如图 3-5-3 所示。

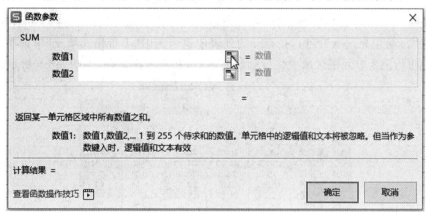

图 3-5-3 "函数参数"对话框

（4）此时，"函数参数"对话框将自动折叠，在工作表中选择 B3：E3 单元格区域，如图 3-5-4 所示在折叠的"函数参数"对话框中单击右侧的"展开"按钮。

（5）返回"函数参数"对话框，单击"确定"按钮。

（6）返回 WPS 表格的工作界面，即可在 G3 单元格中看到输入函数后的计算结果，如图 3-5-5 所示。

在编辑栏中单击"插入函数"按钮，也可以打开"插入函数"对话框，在其中可以选择不同的函数进行计算。

2. 复制函数

（1）将鼠标指针移动到 F3 单元格右下角，当其变成黑色十字形状时，将其向下拖动。

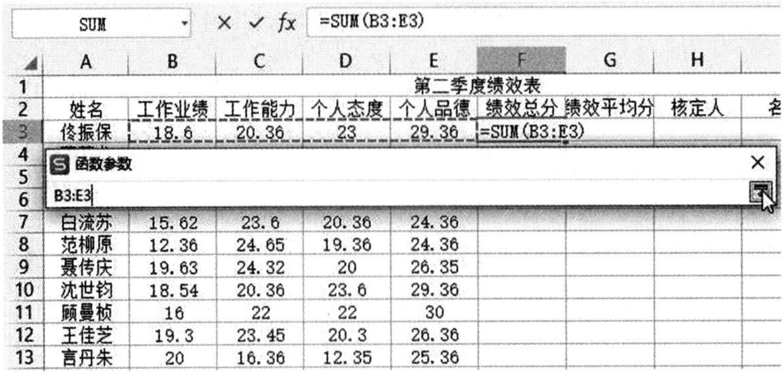

图 3-5-4　选择 B3:E3 单元格区域

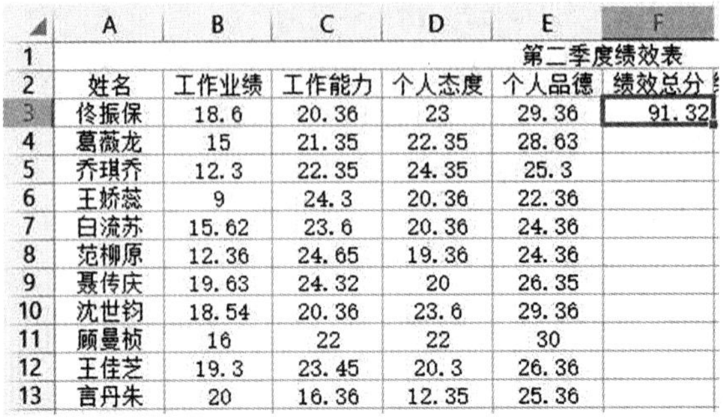

图 3-5-5　输入函数后的计算结果

（2）拖动到 F13 单元格释放鼠标，即可通过填充方式快速复制函数到 F4:F13 单元格区域中，单击"自动填充选项"按钮，在打开的列表中单击选中"不带格式填充"单选项。

（3）在 F4:F13 单元格区域中将自动填充函数，并计算出结果，如图 3-5-6 所示。

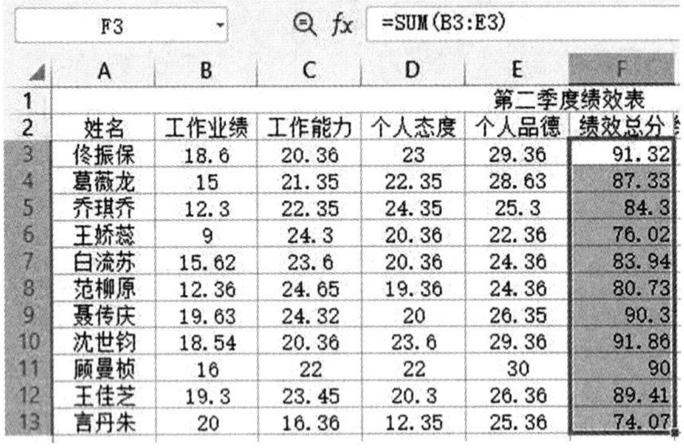

图 3-5-6　自动填充函数

3.嵌套函数

嵌套函数是函数使用时最常见的一种操作，它是指某个函数或公式以函数参数的形式参与计算的情况。在使用嵌套函数时应该注意返回值类型需要符合外部函数的参数类型。

（1）选择 G3 单元格，单击编辑栏中的"插入函数"按钮。

（2）打开"插入函数"对话框，在"选择函数"列表框中选择"SUM"选项，单击"确定"按钮。

（3）打开"函数参数"对话框，在"数值 1"文本框中输入参数"B3：E3"，单击"确定"按钮。

（4）将光标定位到编辑栏中函数的最后，输入运算符"＊"选择工作表中的 F3 单元格，如图 3-5-7 所示。

SUM	▼	× ✓	f_x	=SUM(B3:E3)*F3		
▲	A	B	C	D	E	F	G
1					第二季度绩效表		
2	姓名	工作业绩	工作能力	个人态度	个人品德	考评系数	绩效总分
3	佟振保	18.6	20.36	23	29.36	0.86	F3

图 3-5-7　编辑函数

（5）按 Enter 键，即可在 F3 单元格中看到输入函数后的计算结果，如图 3-5-8 所示。

G3	▼	⊖	f_x	=SUM(B3:E3)*F3		
▲	A	B	C	D	E	F	G
1					第二季度绩效表		
2	姓名	工作业绩	工作能力	个人态度	个人品德	考评系数	绩效总分
3	佟振保	18.6	20.36	23	29.36	0.86	78.54

图 3-5-8　输入函数的计算结果

3.5.4 常用函数

WPS 表格提供了多种函数类别，如财务函数、日期与时间函数、统计函数、查找与引用函数以及数学和三角函数等。在日常办公中常用的包括求和函数 SUM、平均值函数 AVERAGE、最大/小值函数 MAX/MIN、条件函数 IF、排名函数 RANK.EQ 以及统计函数 COUNTIF 等。

1. 求和函数 SUM

求和函数用于计算两个或两个以上单元格的数值之和，是 WPS 表格中使用频繁的函数。

求和函数的使用方法在函数部分已介绍，在此不再赘述。

在数据统计工作中，求和是一种常见的公式计算。在 WPS 表格中，除了利用插入函数方式进行求和外，还可以进行自动求和，方法如下：选择存放计算结果的目标单元格，然后单击"公式"选项卡中的"自动求和"按钮，即可在目标单元格中显示自动求和结果。需要注意的是，进行求和的单元格区域一定要是连续的。

2. 平均值函数 AVERAGE

平均值函数用于计算参与的所有参数的平均值，即使用公式将若干个单元格数据相加后再除以单元格个数。

（1）选择 G3 单元格，单击编辑栏中的"插入函数"按钮。

（2）打开"插入函数"对话框，在"选择函数"列表框中选择"AVERAGE"选项，单击"确定"按钮。

（3）打开"函数参数"对话框，在"数值 1"文本框中输入参数"B3：F3"，单击"确定"按钮，如图 3-5-9 所示。

（4）返回工作表，在 G3 单元格中显示了函数的计算结果。

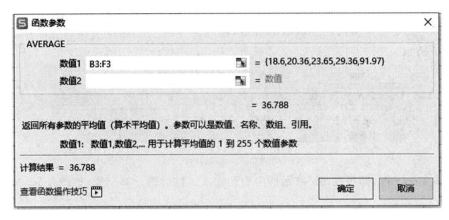

图 3-5-9 输入参数"B3:F3"

(5)将函数复制到 G4:G13 单元格区域,并采用"不带格式填充"的方式对单元格内容进行填充,最终在 G4:G13 单元格区域内,将自动填充平均值函数,并计算出结果,如图 3-5-10 所示。

G3				=AVERAGE(B3:F3)			
	A	B	C	D	E	F	G	H
1	第二季度绩效表							
2	姓名	工作业绩	工作能力	个人态度	个人品德	绩效总分	绩效平均分	核定人
3	佟振保	18.6	20.36	23.65	29.36	91.97	36.788	陈清扬
4	葛薇龙	15	21.35	22.35	28.63	87.33	34.932	陈清扬
5	乔琪乔	12.3	22.35	24.35	25.3	84.3	33.72	陈清扬
6	王娇蕊	9	24.3	20.36	22.36	76.02	30.408	陈清扬
7	白流苏	15.62	23.6	20.36	24.36	83.94	33.576	陈清扬
8	范柳原	12.36	24.65	19.36	24.36	80.73	32.292	陈清扬
9	聂传庆	19.63	24.32	20	26.35	90.3	36.12	陈清扬
10	沈世钧	18.54	20.36	23.6	29.36	91.86	36.744	陈清扬
11	顾曼桢	16	22	22	30	90	36	陈清扬
12	王佳芝	19.3	23.45	20.3	26.36	89.41	35.764	陈清扬
13	言丹朱	20	16.36	12.35	25.36	74.07	29.628	陈清扬
14								
15								

图 3-5-10 复制函数到 G4:G13 单元格区域

3.最大值函数 MAX 和最小值函数 MIN

最大值函数用于返回一组数据中的最大值,最小值函数用于返回一组数据中的最小值。

(1)选择 C15 单元格,单击"公式"选项卡中的"插入函数"按钮。

(2)打开"插入函数"对话框,在"选择函数"列表框中选择"MAX"选项,单击"确定"按钮。

(3)打开"函数参数"对话框,单击"数值 1"文本框右侧的"收缩"按钮。

(4)拖动鼠标选择工作表中的 E3:E13 单元格区域,如图 3-5-11 所示,在折叠后的"函数参数"对话框中单击"展开"按钮。

(5)返回"函数参数"对话框,单击"确定"按钮,即可在 C15 单元格中查看最终的计算结果,如图 3-5-12 所示。

(6)在工作表中选择 C16 单元格,打开"插入函数"对话框,在"或选择类别"列表中选择"统计"选项,在"选择函数"列表框中选择"MIN"选项,单击"确定"按钮。

图 3-5-11　选择 E3：E13 单元格区域

图 3-5-12　"MAX"函数的计算结果

（7）打开"函数参数"对话框，单击"数值 1"文本框右侧的"收缩"按钮。

（8）拖动鼠标选择工作表中的 B3：B13 单元格区域，如图 3-5-13 所示，在折叠后的"函数参数"对话框中单击"展开"按钮。

图 3-5-13　选择 B3：B13 单元格区域

(9)返回"函数参数"对话框,单击"确定"按钮,即可在 C16 单元格中查看最终的计算结果,如图 3-5-14 所示。

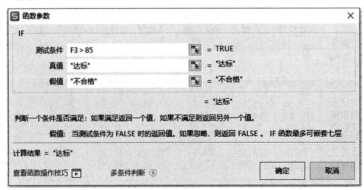

图 3-5-14 "MIN"函数的计算结果

简化函数参数,即在公式中引用定义了名称的单元格。如在本例中便可以通过"公式"选项卡中的"名称管理器"按钮,将 B3:B13 单元格区域定义为"工作业绩",那么在"函数参数"对话框中的"数值1"文本框中便可直接输入"工作业绩",从而省去了在工作表中拖动鼠标选择单元格区域的麻烦。

4. 条件函数 IF

条件函数 IF 用于判断数据表中的某个数据是否满足指定条件,如果满足则返回特定值,不满足则返回其他值。设置条件以绩效总分 85 分作为标准,通过逻辑函数 IF 来判断各个员工是否达标,85 分以上即可"达标",否则"不合格"。

(1)选择 J3 单元格,单击"公式"选项卡中的"逻辑"下拉按钮，在弹出的下拉列表中选择"IF"选项。

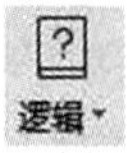

(2)打开"函数参数"对话框,在"测试条件"文本框中输入"F3＞85",在"真值"文本框中输入"达标",在"假值"文本框中输入"不合格",单击"确定"按钮,如图 3-5-15 所示。

图 3-5-15 输入"IF"函数参数

(3)返回"第二季度绩效"工作表,即可在 J3 单元格中看到利用条件函数得出的结果。

(4)采用拖动鼠标方式,在 J4:J13 单元格区域中复制函数,并采用"不带格式填充"方式对单元格内容进行复制,如图 3-5-16 所示。

	A	B	C	D	E	F	G	H	I	J
1	第二季度绩效表									
2	姓名	工作业绩	工作能力	个人态度	个人品德	绩效总分	绩效平均分	核定人	名次	是否达标
3	佟振保	18.6	20.36	23.65	29.36	91.97	36.788	陈清扬		达标
4	葛薇龙	15	21.35	22.35	28.63	87.33	34.932	陈清扬		达标
5	乔琪乔	12.3	22.35	24.35	25.3	84.3	33.72	陈清扬		不合格
6	王娇蕊	9	24.3	20.36	22.36	76.02	30.408	陈清扬		不合格
7	白流苏	15.62	23.6	20.36	24.36	83.94	33.576	陈清扬		不合格
8	范柳原	12.36	24.65	19.36	24.36	80.73	32.292	陈清扬		不合格
9	聂传庆	19.63	24.32	20	26.35	90.3	36.12	陈清扬		达标
10	沈世钧	18.54	20.36	23.6	29.36	91.86	36.744	陈清扬		达标
11	顾曼桢	16	22	22	30	90	36	陈清扬		达标
12	王佳芝	19.3	23.45	20.3	26.36	89.41	35.764	陈清扬		达标
13	言丹朱	20	16.36	12.35	25.36	74.07	29.628	陈清扬		不合格

J3 单元格公式:=IF(F3>85,"达标","不合格")

图 3-5-16 复制函数到 J4:J13 单元格区域

5. 排名函数 RANK. EQ

排名函数用于分析与比较一列数据并根据数据大小返回数值的排列名次,在商务办公的数据统计中经常使用。

(1)选择 I3 单元格,单击"公式"选项卡中的"常用函数"按钮,在打开的列表中选择"RANK. EQ"选项。

(2)打开"函数参数"对话框,在"数值"文本框中输入"F3",在"引用"文本框中输入"＄F＄3:＄F＄13",在"排位方式"文本框中输入"0",按降序排位,单击"确定"按钮,如图 3-5-17 所示。

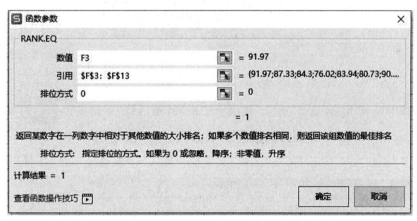

图 3-5-17 输入"RANK. EQ"函数参数

(3)返回工作表,即可在 I3 单元格中看到利用排名函数得出的排名结果。

(4)将函数复制到 I4:I13 单元格区域,单击"自动填充选项"按钮,在打开的列表中单击选中"不带格式填充"单选项。

(5)在 I4:I13 单元格区域中将自动填充排名函数,并得出各单元格的排名结果,如图 3-5-18 所示。

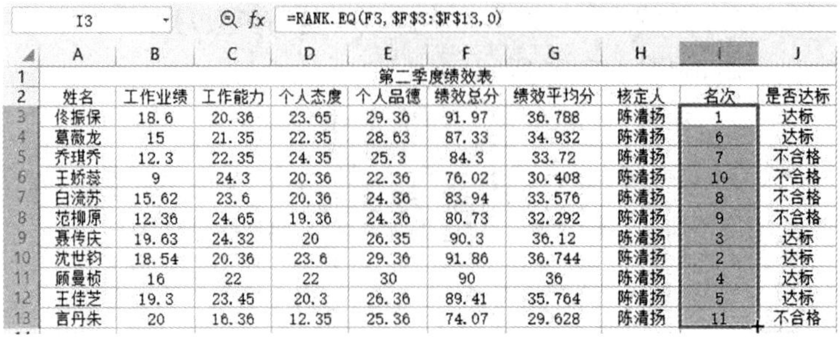

图 3-5-18　各单元格的排名结果

6.统计函数 COUNTIF

统计函数用于对表格中指定区域进行筛选,并统计出来满足一定条件的数字的个数。下面将在工作表中统计"绩效总分"大于 88 的员工个数。

(1)选择 F3:F18 单元格区域,单击"公式"选项卡中的"名称管理器"按钮　。

(2)打开"名称管理器"对话框,单击"新建"按钮。

(3)打开"新建名称"对话框,在"名称"文本框中输入"绩效总分",单击"确定"按钮,如图 3-5-19 所示。

图 3-5-19　"新建名称"对话框

(4)返回"名称管理器"对话框,单击"关闭"按钮。

(5)选择 D17 单元格,单击"公式"选项卡中的"其他函数"下拉按钮　,在弹出的下拉菜单中选择"统计"选项,再在级联菜单中选择"COUNTIF"选项。

(6)打开"函数参数"对话框,在"区域"文本框中输入"绩效总分",在"条件"文本框中输入">88",单击"确定"按钮,如图 3-5-20 所示。

图 3-5-20　输入"COUNTIF"函数参数

（7）在 D17 单元格中将自动显示统计结果，如图 3-5-21 所示。

	D17		f_x	=COUNTIF(绩效总分,">88")					
	A	B	C	D	E	F	G	H	I	J
1					第二季度绩效表					
2	姓名	工作业绩	工作能力	个人态度	个人品德	绩效总分	绩效平均分	核定人	名次	是否达标
3	佟振保	18.6	20.36	23.65	29.36	91.97	36.788	陈清扬	1	达标
4	葛薇龙	15	21.35	22.35	28.63	87.33	34.932	陈清扬	6	达标
5	乔琪乔	12.3	22.35	24.35	25.3	84.3	33.72	陈清扬	7	不合格
6	王娇蕊	9	24.3	20.36	22.36	76.02	30.408	陈清扬	10	不合格
7	白流苏	15.62	23.6	20.36	24.36	83.94	33.576	陈清扬	8	不合格
8	范柳原	12.36	24.65	19.36	24.36	80.73	32.292	陈清扬	9	不合格
9	聂传庆	19.63	24.32	20	26.35	90.3	36.12	陈清扬	3	达标
10	沈世钧	18.54	20.36	23.6	29.36	91.86	36.744	陈清扬	2	达标
11	顾曼桢	16	22	22	30	90	36	陈清扬	4	达标
12	王佳芝	19.3	23.45	20.3	26.36	89.41	35.764	陈清扬	5	达标
13	言丹朱	20	16.36	12.35	25.36	74.07	29.628	陈清扬	11	不合格
14										
15	"个人品德"最高分		30							
16	"工作业绩"最低分		9							
17	统计绩效总分在88分以上的同事			5						

图 3-5-21 "COUNTIF"函数的计算结果

3.6 表格的数据处理

3.6.1 数据筛选

面对数据庞杂的数据表格，如何快速、便捷地定位特定条件的数据是数据分析者很关心的一个问题。利用 WPS 提供的筛选功能，可以只显示满足指定条件的数据行，暂时隐藏不符合条件的数据行，对于复杂条件的筛选，还支持原始数据与筛选结果同屏显示。

1. 自动筛选

自动筛选是按指定的字段值筛选符合条件的数据行，适用于筛选条件简单的情况。

（1）选中要筛选数据的单元格区域。

如果数据表的首行为标题行，可以单击数据表中的任意一个单元格。

（2）在"数据"菜单选项卡中单击"筛选"下拉按钮 ▽，在弹出的下拉菜单中选择"筛选"命令。此时，数据表的所有列标志右侧都会显示一个下拉按钮 ▼，如图 3-6-1 所示。

	A	B	C	D	E	F
1			书籍库存管理			
2	书籍名称 ▼	出版社 ▼	出版日期 ▼	入库量 ▼	出库量 ▼	库存量 ▼
3	同意	文汇出版社	2023年2月	1200	1190	10
4	莎乐美	上海译文出版社	2019年11月	900	550	350
5	你的奥尔加	南海出版公司	2019年11月	600	300	300
6	一间自己的房间	上海译文出版社	2023年4月	1000	900	100
7	漫长的告别	上海译文出版社	2020年3月	500	250	250
8	焚舟纪	南京大学出版社	2019年4月	200	100	100

图 3-6-1 自动筛选

（3）单击筛选条件对应的列标题右侧的下拉按钮，在弹出的下拉列表框中选择要筛选的内容，如图 3-6-2 所示。选中"全选"复选框可取消筛选。

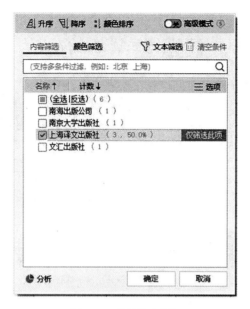

图 3-6-2　设置筛选条件

如果当前筛选的数据列中为单元格设置了多种颜色,可以切换到"颜色筛选"选项卡按单元格颜色进行筛选。

（4）如果要对筛选结果进行排序,可单击自动筛选下拉列表框顶部的"升序""降序"或"颜色排序"按钮。

（5）单击"确定"按钮,即可显示符合条件的筛选结果,如图 3-6-3 所示。从图中可以看出,筛选结果的行号显示为蓝色,筛选字段名称右侧显示筛选图标 ，不符合条件的数据行则自动隐藏。

	A	B	C	D	E	F
1	书籍库存管理					
2	书籍名称	出版社	出版日期	入库量	出库量	库存量
4	莎乐美	上海译文出版社	2019年11月	900	550	350
6	一间自己的房间	上海译文出版社	2023年4月	1000	900	100
7	漫长的告别	上海译文出版社	2020年3月	500	250	250

图 3-6-3　数据筛选结果

自动筛选时,可以设置多个筛选条件。

（6）在其他数据列中重复第（3）步～第（5）步,指定筛选条件。

如果筛选数据后,在数据表中添加或修改了一些数据行,单击"数据"菜单选项卡中的"重新应用"按钮 ，可更新筛选结果。

如果要取消筛选,显示数据表中的所有数据行,应在"数据"菜单选项卡中单击"全部显示"按钮 。

2. 自定义条件筛选

如果要在同一列中筛选指定范围内的数据,或使用两个交叉或并列的条件进行筛选,可以自定义自动筛选。

（1）选中要筛选数据的单元格区域,在"数据"菜单选项卡中单击"筛选"下拉按钮 ,

在弹出的下拉菜单中选择"筛选"命令,然后单击筛选条件对应的列标题右侧的下拉按钮 ,弹出自动筛选下拉列表框。

(2)如果要在指定的范围内筛选数据,例如"出版社"包含"南"或"库存量"介于 100～200,可单击"文本筛选"按钮 文本筛选 或"数字筛选"按钮 数字筛选,在弹出的下拉列表框中选择条件,如图 3-6-4 所示。

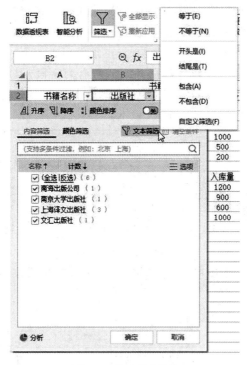

图 3-6-4 文本筛选条件

如果要筛选的字段值是文本,则显示文本筛选条件;如果要筛选的字段值是数字,则显示数字筛选条件。

(3)在下拉列表框中选择筛选条件,或者直接单击"自定义筛选"命令,打开如图 3-6-5 所示的"自定义自动筛选方式"对话框。

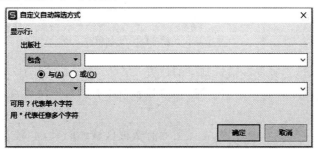

图 3-6-5 "自定义自动筛选方式"对话框

(4)在"显示行"下方的条件下拉列表框中选择筛选条件,并设置条件值。如果要设置两个条件进行筛选,还应选择条件之间的逻辑关系。

❖与:筛选同时满足指定的两个条件的数据行。

❖或:筛选满足任一条件的数据行。

(5)设置完成后,单击"确定"按钮关闭对话框。

3.高级筛选

如果需要筛选的字段较多,筛选条件也比较复杂,可以使用高级筛选功能简化筛选流程,提高工作效率。与自动筛选不同,使用高级筛选时,必须先建立一个具有列标志的条件区域,指定筛选的数据要满足的条件。

(1)在工作表的空白位置设置条件标志,并在条件标志的下一行输入要匹配的条件,如图3-6-6所示。条件区域不一定包含数据表中的所有列字段,但条件区域中的字段必须是数据表中的列标题字段,且必须与数据表中的字段保持一致。作为条件的公式必须能得到True或False之类的结果。

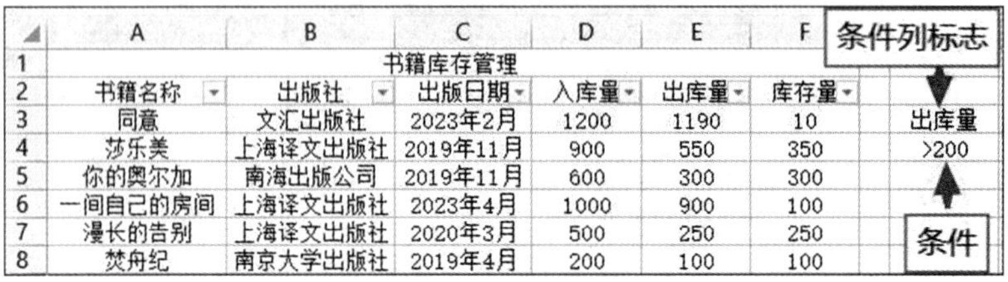

图 3-6-6 设置筛选条件区域

(2)在"数据"菜单选项卡中单击"筛选"按钮右下方的扩展按钮，弹出如图3-6-7所示的"高级筛选"对话框。

图 3-6-7 "高级筛选"对话框

(3)在"方式"区域选择保存筛选结果的位置。

❖在原有区域显示筛选结果:将筛选结果显示在原有的数据区域,筛选结果与自动筛选结果相同。

❖将筛选结果复制到其他位置:在保留原有数据区域的同时,将筛选结果复制到指定的单元格区域显示。

(4)"列表区域"文本框自动填充数据区域,单击右侧的 按钮可以在工作表中重新选择筛选的数据区域。

（5）单击"条件区域"文本框右侧的 按钮，在工作表中选择条件区域所在的单元格区域，选择时应包含条件列标志和条件。也可以直接输入条件区域的单元格引用。

（6）如果选择了"将筛选结果复制到其他位置"单选按钮，应单击"复制到"文本框右侧的 按钮，在工作表中选择筛选结果首行显示的位置。

（7）如果不显示重复的筛选结果，则选中"选择不重复的记录"复选框。

（8）设置完成后，单击"确定"按钮，即可在"复制到"文本框中指定的单元格区域开始显示筛选结果，如图 3-6-8 所示。

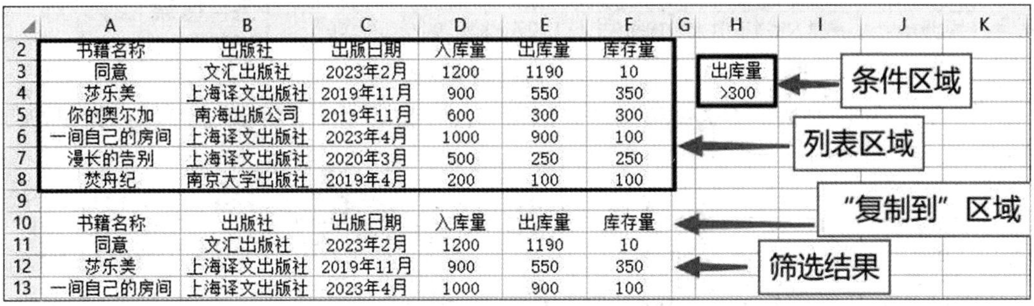

图 3-6-8　筛选结果

高级筛选也支持多条件交叉或并列筛选数据，读者尤其要注意不同逻辑关系的条件的设置方法。

（1）如果要筛选同时满足多个条件（逻辑"与"）的数据行，条件区域的各个条件应显示在同一行，如图 3-6-9 所示。

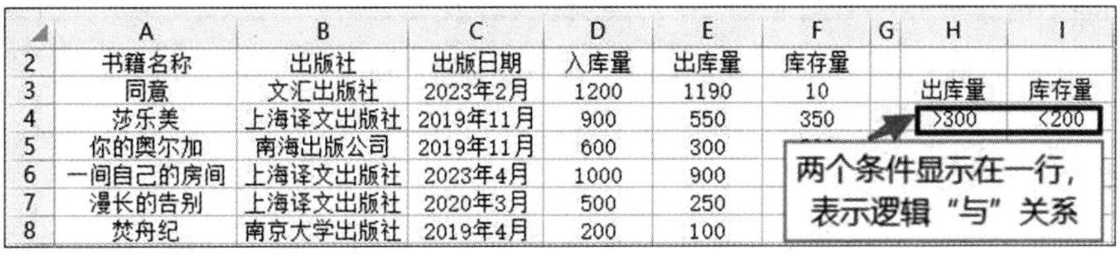

图 3-6-9　设置高级筛选条件

在"数据"菜单选项卡中单击"筛选"按钮右下方的扩展按钮 ，打开"高级筛选"对话框，选择保存筛选结果的位置和条件区域后，单击"确定"按钮，即可在指定的单元格区域显示筛选结果的第一行。如图 3-6-10 所示为筛选出库量大于 300，且库存量小于 200 的数据行的结果。

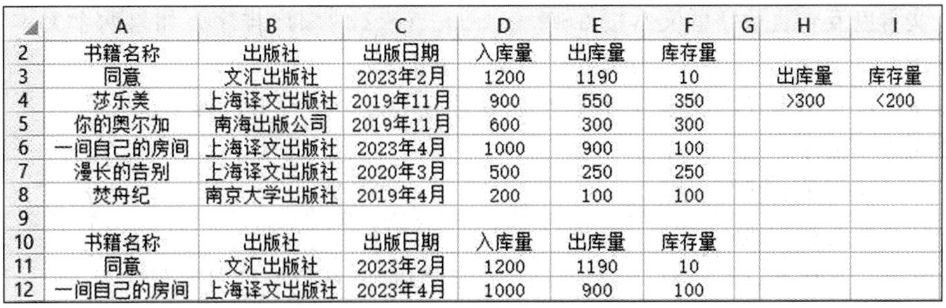

图 3-6-10　交叉条件的筛选结果

（2）如果要筛选满足指定的多个条件之一（逻辑"或"）的数据行，条件区域的各个条件应在不同行输入。如图 3-6-11 所示为筛选出库量大于 300，且库存量小于 200 的数据行，或者入库量大于 500 的数据行。

	A	B	C	D	E	F	G	H	I	J
1			书籍库存管理							
2	书籍名称	出版社	出版日期	入库量	出库量	库存量				
3	同意	文汇出版社	2023年2月	1200	1190	10		出库量	库存量	入库量
4	莎乐美	上海译文出版社	2019年11月	900	550	350		>300	<200	
5	你的奥尔加	南海出版公司	2019年11月	600	300	300				>500
6	一间自己的房间	上海译文出版社	2023年4月	1000	900	100				
7	漫长的告别	上海译文出版社	2020年3月	500	250	250		条件区域		
8	焚舟纪	南京大学出版社	2019年4月	200	100	100				

图 3-6-11 设置筛选条件

在"高级筛选"对话框中选择筛选结果的保存位置和条件区域后，单击"确定"按钮，筛选结果如图 3-6-12 所示。

	A	B	C	D	E	F	G	H	I	J
2	书籍名称	出版社	出版日期	入库量	出库量	库存量				
3	同意	文汇出版社	2023年2月	1200	1190	10		出库量	库存量	入库量
4	莎乐美	上海译文出版社	2019年11月	900	550	350		>300	<200	
5	你的奥尔加	南海出版公司	2019年11月	600	300	300				>500
6	一间自己的房间	上海译文出版社	2023年4月	1000	900	100				
7	漫长的告别	上海译文出版社	2020年3月	500	250	250				
8	焚舟纪	南京大学出版社	2019年4月	200	100	100				
9										
10	书籍名称	出版社	出版日期	入库量	出库量	库存量				
11	同意	文汇出版社	2023年2月	1200	1190	10				
12	莎乐美	上海译文出版社	2019年11月	900	550	350				
13	你的奥尔加	南海出版公司	2019年11月	600	300	300				
14	一间自己的房间	上海译文出版社	2023年4月	1000	900	100				

图 3-6-12 并列条件的筛选结果

3.6.2 数据排序

在实际应用中，有时会对工作表中的数据按某种方式进行排序，以查看特定的数据，增强可读性。

1.默认排序规则

在排序数据之前，读者有必要先了解表格数据的默认排序规则，以便于选择正确的排序方式。

WPS 表格默认根据单元格中的数据值进行排序，在按升序排序时，遵循以下规则。

❖ 文本以及包含数字的文本按 0～9～a～z～A～Z 的顺序排序。如果两个文本字符串除了连字符不同，其余都相同，则带连字符的文本排在后面。

❖ 按字母先后顺序对文本进行排序时，从左到右逐个字符进行排序。

❖ 在逻辑值中，False 排在 True 前面。

❖ 所有错误值的优先级相同。

❖ 空格始终排在最后。

在按降序排序时，除了空白单元格总是在最后以外，其他的排列次序反转。

2.按关键字排序

所谓按关键字排序，是指按数据表中的某一列的字段值进行排序，这是排序中最常用的一种排序方法。

（1）单击待排序数据列中的任意一个单元格。

（2）在"数据"菜单选项卡中单击"排序"下拉按钮 $\begin{smallmatrix}A\\\text{排序}\end{smallmatrix}$ ，在弹出的下拉菜单中单击"升序"或"降序"按钮，即可依据指定列的字段值按指定的顺序对工作表中的数据行重新进行排列，如图 3-6-13 所示。

	A	B	C	D
1		存货记录表		
2	货物名称	单价	数量	总成本
3	A	¥300.00	18	¥5,400.00
4	B	¥170.00	35	¥5,950.00
5	C	¥300.00	27	¥8,100.00
6	D	¥225.00	20	¥4,500.00

	A	B	C	D
1		存货记录表		
2	货物名称	单价	数量	总成本
3	B	¥170.00	35	¥5,950.00
4	D	¥225.00	20	¥4,500.00
5	A	¥300.00	18	¥5,400.00
6	C	¥300.00	27	¥8,100.00

图 3-6-13 按"单价"升序排列前、后的效果

按单个关键字进行排序时，经常会遇到两个或多个关键字相同的情况，如图 3-6-14 所示中的货物 A、C 的单价。如果要分出这些关键字相同的记录的顺序，就需要使用多关键字排序。例如，在单价相同的情况下，按数量升序排序。

如果在排序后的数据表中单击第二个关键字所在列的任意一个单元格，重复步骤（2），数据表将按指定的第二个关键字重新进行排序，而不是在原有基础上进一步排序，如图 3-6-14 所示。

针对多关键字排序，WPS 提供了"排序"对话框，不仅可以按单列或多列排序，还可以依据拼音、笔画、颜色或条件格式排序。

	A	B	C	D
1		存货记录表		
2	货物名称	单价	数量	总成本
3	A	¥300.00	18	¥5,400.00
4	D	¥225.00	20	¥4,500.00
5	C	¥300.00	27	¥8,100.00
6	B	¥170.00	35	¥5,950.00

图 3-6-14 在单价升序排列的基础上按数量升序排列

（1）选中数据表中的任一单元格，单击"数据"菜单选项卡中的"排序"下拉按钮 $\begin{smallmatrix}A\\\text{排序}\end{smallmatrix}$ ，在弹出的下拉菜单中单击"自定义排序"命令，打开"排序"对话框。

（2）设置主要关键字、排序依据和排序方式，如图 3-6-15 所示。

图 3-6-15 "排序"对话框

（3）单击"添加条件"按钮，添加一行次要关键字条件，用于设置次要关键字、排序依据和排序方式，如图 3-6-16 所示。

图 3-6-16　添加条件

（4）如果要调整主要关键字和次要关键字的次序，可选中主要条件，单击"下移"按钮，或者选中次要条件，单击"上移"按钮。

（5）如果需要添加多个次要关键字，则重复步骤（3），设置关键字、排序依据和排序方式。

（6）如果要利用同一关键字按不同的依据排序，可以选中已定义的条件，然后单击"复制条件"按钮，并修改条件。

（7）如果要删除某个排序条件，应在选中该条件后单击"删除条件"按钮。

（8）设置完成后，单击"确定"按钮关闭对话框，即可完成排序操作。

3. 自定义条件排序

在实际应用中，有时需要将工作表数据按某种特定的顺序排列。例如：按产品等级"优、良、中"的顺序查看产品信息，或按照部门名称"财务部、经营部、研发部、人事部、生产部、企划部"的顺序查看各部门的收支情况。利用自定义序列排序功能，解决这类问题轻而易举。

（1）在数据表中选中任意一个单元格，单击"数据"菜单选项卡中的"排序"下拉按钮，在弹出的下拉菜单中单击"自定义排序"选项，打开"排序"对话框。

（2）在"主要关键字"下拉列表框中选择排序的关键字，"排序依据"选择"数值"，然后在"次序"下拉列表框中选择"自定义序列"命令，如图 3-6-17 所示，弹出"自定义序列"对话框。

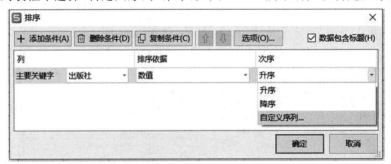

图 3-6-17　选择"自定义序列"命令

自定义排序只能用于"主要关键字"下拉列表框中指定的数据列。

（3）在"自定义序列"列表框中选择"新序列"，在"输入序列"文本框中输入序列项，序列项之间用 Enter 键分隔，如图 3-6-18 所示。

图 3-6-18　"自定义序列"对话框

（4）序列输入完成后单击"添加"按钮，将输入的序列添加到"自定义序列"列表框中，且新序列自动处于选中状态。然后单击"确定"按钮返回"排序"对话框，可以看到排列次序指定为创建的序列，如图 3-6-19 所示。

图 3-6-19　按指定序列进行排序

（5）单击"确定"按钮，即可按指定序列排序，如图 3-6-20 所示。

	A	B	C
1			书籍库存管理
2	书籍名称	出版社	出版日期
3	同意	文汇出版社	2023年2月
4	莎乐美	上海译文出版社	2019年11月
5	你的奥尔加	南海出版公司	2019年11月
6	一间自己的房间	上海译文出版社	2023年4月
7	漫长的告别	上海译文出版社	2020年3月
8	焚舟纪	南京大学出版社	2019年4月

	A	B	C
1			书籍库存管理
2	书籍名称	出版社	出版日期
3	莎乐美	上海译文出版社	2019年11月
4	一间自己的房间	上海译文出版社	2023年4月
5	漫长的告别	上海译文出版社	2020年3月
6	你的奥尔加	南海出版公司	2019年11月
7	同意	文汇出版社	2023年2月
8	焚舟纪	南京大学出版社	2019年4月

图 3-6-20　按自定义序列排序前、后的效果

3.6.3　数据分类与汇总

对数据进行排序后，通常还会将数据按指定的字段进行分类汇总，分级显示分析数据。对数据进行分类汇总之后，如果修改了其中的明细数据，汇总数据会随之自动更新。

在 WPS 中对数据进行汇总有两种方法，一种是在数据表中添加自动分类汇总，另一种

是利用数据透视表汇总和分析数据。

1. 简单分类汇总

简单分类汇总是指对数据表中的某一列进行一种方式的汇总。

(1)打开要进行分类汇总的数据表。

WPS 根据列标题分组数据并进行汇总,因此进行分类汇总的数据表的各列应有列标题,并且没有空行或者空列。

(2)按汇总字段对数据表进行排序。选中要进行分类的列中的任意一个单元格,在"数据"菜单选项卡中单击"排序"下拉按钮,单击"升序"或"降序"命令,对数据表进行排序。

按汇总列对数据表进行排序,可以将同类别的数据行组合在一起,这样便于对包含数字的列进行汇总。例如,要汇总显示员工医疗费用中的各项费用的报销金额,则按"医疗种类"排序数据表,如图 3-6-21 所示。

	A	B	C	D	E	F	G
2	编号	员工姓名	性别	所属部门	医疗种类	医疗费用	报销金额
3	8	冯碧落	女	技术部	理疗费	￥150.00	￥120.00
4	6	孟烟郦	女	财务部	手术费	￥1,700.00	￥1,190.00
5	3	医濛珠	女	采购部	输液费	￥200.00	￥160.00
6	4	洛贞	女	市场部	体检费	￥110.00	￥88.00
7	1	虞家茵	女	财务部	药品费	￥250.00	￥200.00
8	5	姜云泽	男	技术部	药品费	￥330.00	￥264.00
9	7	许峰仪	男	生产部	药品费	￥380.00	￥304.00
10	9	罗潜之	男	生产部	针灸费	￥420.00	￥336.00
11	2	赵钰	男	市场部	住院费	￥900.00	￥675.00
12	10	潘汝良	男	采购部	住院费	￥1,600.00	￥1,200.00

图 3-6-21　按"医疗种类"排序数据表

(3)选中要进行汇总的数据区域,在"数据"菜单选项卡中单击"分类汇总"按钮 ▦ 分类汇总,打开如图 3-6-22 所示的"分类汇总"对话框。

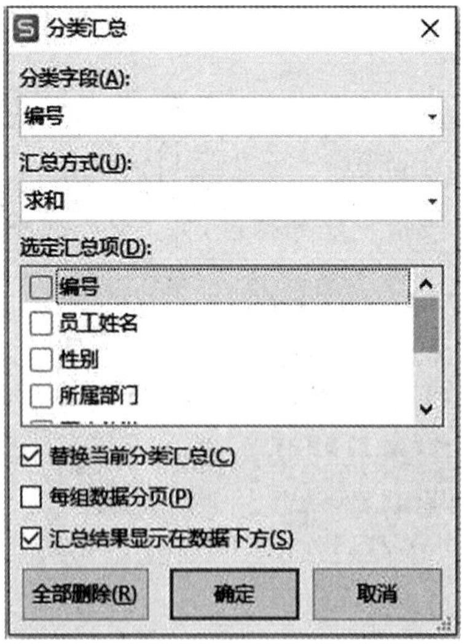

图 3-6-22　"分类汇总"对话框

（4）在"分类字段"下拉列表框中选择用于分类汇总的数据列标题。选定的数据列一定要与执行排序的数据列相同。

（5）在"汇总方式"下拉列表框中选择对分类进行汇总的计算方式。

（6）在"选定汇总项"列表框中选择要进行汇总计算的数值列。如果选中多个复选框，可以同时对多列进行汇总。

例如，要查看各种费用的报销金额，则选中"报销金额"复选框。

（7）如果之前已对数据表进行了分类汇总，希望再次进行分类汇总时保留先前的分类汇总结果，则取消选中"替换当前分类汇总"复选框。

（8）如果要分页显示每一类数据，应选中"每组数据分页"复选框。

（9）单击"确定"按钮关闭对话框，即可看到分类汇总结果。

例如，按医疗种类对报销金额进行求和汇总的结果如图 3-6-23 所示。

	A	B	C	D	E	F	G
2	编号	员工姓名	性别	所属部门	医疗种类	医疗费用	报销金额
3	8	冯碧落	女	技术部	理疗费	￥150.00	￥120.00
4					理疗费 汇总		￥120.00
5	6	孟烟郦	女	财务部	手术费	￥1,700.00	￥1,190.00
6					手术费 汇总		￥1,190.00
7	3	匡漾珠	女	采购部	输液费	￥200.00	￥160.00
8					输液费 汇总		￥160.00
9	4	洛贞	女	市场部	体检费	￥110.00	￥88.00
10					体检费 汇总		￥88.00
11	1	虞家茵	女	财务部	药品费	￥250.00	￥200.00
12	5	姜云泽	男	技术部	药品费	￥330.00	￥264.00
13	7	许峰仪	男	生产部	药品费	￥380.00	￥304.00
14					药品费 汇总		￥768.00
15	9	罗潜之	男	生产部	针灸费	￥420.00	￥336.00
16					针灸费 汇总		￥336.00
17	2	赵钰	男	市场部	住院费	￥900.00	￥675.00
18	10	潘汝良	男	采购部	住院费	￥1,600.00	￥1,200.00
19					住院费 汇总		￥1,875.00
20					总计		￥4,537.00

图 3-6-23　分类汇总结果

2. 多级分类汇总

对一列数据进行分类汇总后，还可以对这一列进行其他方式的汇总；或者在原有分类汇总的基础上，再对其他的字段进行分类汇总，从而生成多级分类汇总。

（1）打开已创建的简单分类汇总，选中数据区域，在"数据"菜单选项卡中单击"分类汇总"按钮，弹出"分类汇总"对话框。

（2）设置分类字段、汇总方式和汇总项。

如果要对同一列数据进行其他方式的汇总，分类字段和汇总项与简单汇总相同，修改汇总方式。例如，汇总各类医疗的报销金额后，再统计各类医疗的个数，设置如图 3-6-24 所示。

如果要对其他列数据进行分类汇总，则重新设置分类字段、汇总方式和汇总项。例如，汇总各类医疗的报销金额后，在此基础上再汇总各个部门的医疗费用，设置如图 3-6-25 所示。

图 3-6-24 设置"分类汇总"对话框1

图 3-6-25 设置"分类汇总"对话框2

（3）取消选中"替换当前分类汇总"复选框。

（4）单击"确定"按钮，即可显示多级汇总结果。对同一列数据进行不同方式的汇总结果如图 3-6-26 所示，分别对不同列数据进行分类汇总的结果如图 3-6-27 所示。

		A	B	C	D	E	F	G
	2	编号	员工姓名	性别	所属部门	医疗种类	医疗费用	报销金额
	3	8	冯碧落	女	技术部	理疗费	￥150.00	￥120.00
	4					理疗费 计数		￥1.00
	5					理疗费 汇总		￥120.00
	6	6	孟烟郦	女	财务部	手术费	￥1,700.00	￥1,190.00
	7					手术费 计数		￥1.00
	8					手术费 汇总		￥1,190.00
	9	3	匡漾珠	女	采购部	输液费	￥200.00	￥160.00
	10					输液费 计数		￥1.00
	11					输液费 汇总		￥160.00
	12	4	洛贞	女	市场部	体检费	￥110.00	￥88.00
	13					体检费 计数		￥1.00
	14					体检费 汇总		￥88.00
	15	1	虞家茵	女	财务部	药品费	￥250.00	￥200.00
	16	5	姜云泽	男	技术部	药品费	￥330.00	￥264.00
	17	7	许峰仪	男	生产部	药品费	￥380.00	￥304.00
	18					药品费 计数		￥3.00
	19					药品费 汇总		￥768.00
	20	9	罗潜之	男	生产部	针灸费	￥420.00	￥336.00
	21					针灸费 计数		￥1.00
	22					针灸费 汇总		￥336.00
	23	2	赵钰	男	市场部	住院费	￥900.00	￥675.00
	24	10	潘汝良	男	采购部	住院费	￥1,600.00	￥1,200.00
	25					住院费 计数		￥2.00
	26					住院费 汇总		￥1,875.00
	27					总计数		￥10.00
	28					总计		￥4,537.00

图 3-6-26 对同一列数据进行不同方式的汇总

3．分级显示汇总结果

创建简单分类汇总后的数据表分为三级显示，多级汇总的数据级别会更多。如果分类级数较多，则查看各级分类汇总之间的关系也会变得困难，利用数据表左上角的分级工具条 1 2 3 4 可以很方便地在各级数据之间进行切换，显示或隐藏每个分类汇总的明细数据。

1 2 3 4		A	B	C	D	E	F	G
	2	编号	员工姓名	性别	所属部门	医疗种类	医疗费用	报销金额
	3	8	冯碧落	女	技术部	理疗费	￥150.00	￥120.00
	4				技术部 汇总		￥150.00	
	5					理疗费 汇总		￥120.00
	6	6	孟烟郦	女	财务部	手术费	￥1,700.00	￥1,190.00
	7				财务部 汇总		￥1,700.00	
	8					手术费 汇总		￥1,190.00
	9	3	匡潆珠	女	采购部	输液费	￥200.00	￥160.00
	10				采购部 汇总		￥200.00	
	11					输液费 汇总		￥160.00
	12	4	洛贞	女	市场部	体检费	￥110.00	￥88.00
	13				市场部 汇总		￥110.00	
	14					体检费 汇总		￥88.00
	15	1	虞家茵	女	财务部	药品费	￥250.00	￥200.00
	16				财务部 汇总		￥250.00	
	17	5	姜云泽	男	技术部	药品费	￥330.00	￥264.00
	18				技术部 汇总		￥330.00	
	19	7	许峰仪	男	生产部	药品费	￥380.00	￥304.00
	20				生产部 汇总		￥380.00	
	21					药品费 汇总		￥768.00
	22	9	罗潜之	男	生产部	针灸费	￥420.00	￥336.00
	23				生产部 汇总		￥420.00	
	24					针灸费 汇总		￥336.00
	25	2	赵钰	男	市场部	住院费	￥900.00	￥675.00
	26				市场部 汇总		￥900.00	
	27	10	潘汝良	男	采购部	住院费	￥1,600.00	￥1,200.00
	28				采购部 汇总		￥1,600.00	
	29					住院费 汇总		￥1,875.00
	30				总计		￥6,040.00	
	31					总计		￥4,537.00

图 3-6-27　分别对不同列数据进行分类汇总

（1）单击一级数据按钮 1 ，仅显示一级数据，即最终的总计数，其他数据自动隐藏，如图 3-6-28 所示。

1 2 3 4		A	B	C	D	E	F	G
	2	编号	员工姓名	性别	所属部门	医疗种类	医疗费用	报销金额
	30				总计		￥6,040.00	
	31					总计		￥4,537.00

图 3-6-28　显示一级数据

（2）单击二级数据按钮 2 ，显示一级和二级数据，即最终的总计数和第一次分类汇总产生的分类汇总项，其他数据自动隐藏，如图 3-6-29 所示。

1 2 3 4		A	B	C	D	E	F	G
	2	编号	员工姓名	性别	所属部门	医疗种类	医疗费用	报销金额
	5					理疗费 汇总		￥120.00
	8					手术费 汇总		￥1,190.00
	11					输液费 汇总		￥160.00
	14					体检费 汇总		￥88.00
	21					药品费 汇总		￥768.00
	24					针灸费 汇总		￥336.00
	29					住院费 汇总		￥1,875.00
	30				总计		￥6,040.00	
	31					总计		￥4,537.00

图 3-6-29　显示前二级数据

（3）单击三级数据按钮 3 ，显示前三级的数据，即最终的总计数和第二次分类汇总产生的数据项，其他数据自动隐藏，如图 3-6-30 所示。

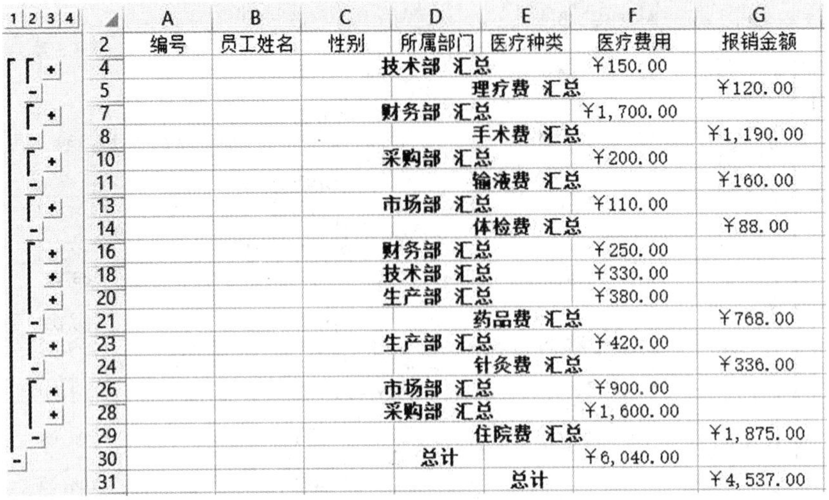

图 3-6-30　显示前三级数据

对数据表进行简单分类汇总后，第 3 级数据是数据表中的原始数据。如果创建了多级分类汇总，那么最后一级数据才是数据表中的原始数据。

（4）单击最后一级数据按钮，将显示全部明细数据。

4. 查看明细数据

在分级显示中，除了可以使用分级按钮显示各级数据，还可以使用分级按钮下方树状结构上的展开按钮 ➕ 和折叠按钮 ➖，显示或隐藏指定分类的明细数据。

例如，在显示二级数据的情况下，单击"药品费 汇总"左侧的 ➕ 按钮，即可显示药品费的明细数据，此时展开按钮 ➕ 变为折叠按钮 ➖，如图 3-6-31 所示。单击 ➖ 按钮可隐藏对应的明细数据。

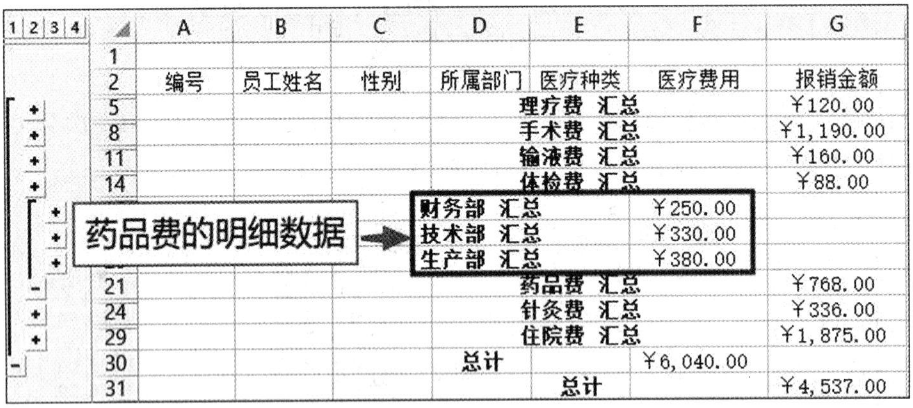

图 3-6-31　显示明细数据

如果在分类汇总中修改了明细数据，汇总数据会自动更新。

利用"数据"菜单选项卡中的"展开明细"按钮 ⬛展开明细 和"折叠明细"按钮 ⬛折叠明细，也可以很方便地查看明细数据。

5. 保存分类汇总数据

如果要在其他工作表中使用汇总数据，而不关心明细数据，可以将分类汇总后的汇总行数据复制到其他单元格或区域。

（1）选中要保存的分类汇总数据区域，在"开始"菜单选项卡中单击"查找"下拉按钮，在弹出的下拉菜单中选择"定位"命令。

（2）在弹出的"定位"对话框中，选择"可见单元格"单选按钮，如图 3-6-32 所示。然后单击"定位"按钮关闭对话框。

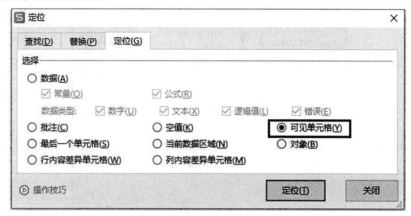

图 3-6-32　"定位"对话框

（3）按 Ctrl＋C 键，复制单元格区域。然后新建一个工作表，单击要开始粘贴数据的单元格，按 Ctrl＋V 键，得到复制结果，如图 3-6-33 所示。

	A	B	C	D	E	F	G
1	编号	员工姓名	性别	所属部门	医疗种类	医疗费用	报销金额
2					理疗费 汇总		￥120.00
3					手术费 汇总		￥1,190.00
4					输液费 汇总		￥160.00
5					体检费 汇总		￥88.00
6					药品费 汇总		￥768.00
7					针灸费 汇总		￥336.00
8					住院费 汇总		￥1,875.00
9				总计		￥6,040.00	
10					总计		￥4,537.00

图 3-6-33　复制结果

从图 3-6-33 中的行号可以看出，粘贴的数据仅为分类汇总结果，不包括明细数据。

6. 清除分类汇总

如果不再需要分类汇总数据，可以将它清除，恢复为原始的数据表。

（1）单击分类汇总中的任意一个单元格，在"数据"菜单选项卡中单击"分类汇总"按钮，打开"分类汇总"对话框。

（2）单击对话框左下角的"全部删除"按钮。

（3）单击"确定"按钮关闭对话框。

7. 合并计算

除了分类汇总，利用合并计算功能也可以对数据进行分类、汇总。并将汇总结果单独显示在指定的单元格区域。

（1）打开一个要合并计算的工作表，选中要放置合并计算结果的单元格，然后在"数据"菜单选项卡中单击"合并计算"按钮 ，弹出"合并计算"对话框。

（2）在"函数"下拉列表框中选择汇总方式；在"引用位置"文本框中填充数据表中要参与合并计算的单元格区域；如果选择的单元格区域包含标签，则应在"标签位置"区域选择标签的位置，如图 3-6-34 所示。

图 3-6-34 "合并计算"对话框

（3）单击"确定"按钮关闭对话框，即可在指定区域显示合并计算的结果，如图 3-6-35 所示。

	C	D	E	F	G			K
2	性别	所属部门	医疗种类	医疗费用	报销金额	**合并计算的结果**		
3	女	财务部	药品费	￥250.00	￥200.00			
4	男	市场部	住院费	￥900.00	￥675.00		医疗费用	报销金额
5	女	采购部	输液费	￥200.00	￥160.00	药品费	960	768
6	女	市场部	体检费	￥110.00	￥88.00	住院费	2500	1875
7	男	技术部	药品费	￥330.00	￥264.00	输液费	200	160
8	女	财务部	手术费	￥1,700.00	￥1,190.00	体检费	110	88
9	男	生产部	药品费	￥380.00	￥304.00	手术费	1700	1190
10	女	技术部	理疗费	￥150.00	￥120.00	理疗费	150	120
11	男	生产部	针灸费	￥420.00	￥336.00	针灸费	420	336
12	男	采购部	住院费	￥1,600.00	￥1,200.00			

图 3-6-35 合并计算的结果

3.6.4 数据透视表

数据透视表是一种以不同角度查看数据列表的动态工作表，可以对明细数据进行全面分析。它结合了分类汇总和合并计算的优点，可以便捷地调整分类汇总的依据，灵活地以多种不同的方式来展示数据的特征。

1. 检查数据源

数据源是指为数据透视表提供数据的 WPS 数据表或数据库记录，至少应有两行。在创建数据透视表之前，检查数据源是否合乎规范是成功创建透视表的前提。规范的数据源应具有以下几个特征。

❖数据源的首行各列都有标题。WPS 将把数据源中的列标题作为"字段"名使用。

❖数据区域内不包含任何空行或空列。

❖每列仅包含一种类型的数据。

❖数据区域不包含分类汇总和总计。

2. 创建数据透视表

检查数据源之后,就可以基于数据源创建数据透视表了。

(1)选中要创建数据透视表的单元格区域,即数据源。

(2)在"数据"菜单选项卡中单击"数据透视表"按钮 ，弹出"创建数据透视表"任务窗格。

(3)选择创建数据透视表的数据源。默认为选中的单元格区域,用户也可以自定义新的单元格区域、使用外部数据源或选择多重合并计算区域。

(4)选择放置数据透视表的位置。

①新工作表:将数据透视表插入一张新的工作表中。

②现有工作表:将数据透视表插入当前工作表中的指定区域。

(5)单击"确定"按钮,即可创建空白的透视表,工作表右侧显示"数据透视表"任务窗格,菜单功能区显示"分析"选项卡,如图 3-6-36 所示。

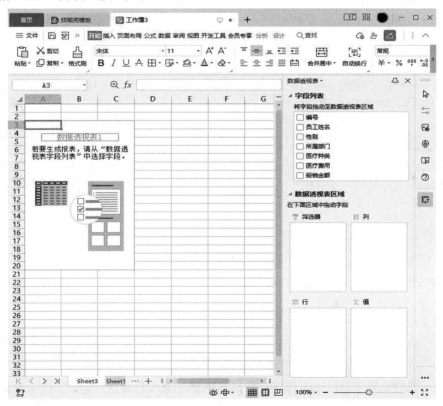

图 3-6-36 创建空白数据透视表

如果在新工作表中创建数据透视表,则默认起始位置为 A3 单元格;如果在当前工作表中创建数据透视表,则起始位置为指定的单元格或区域。

(6)在"数据透视表"任务窗格的"字段列表"区域选中需要的字段,拖放到"数据透视表区域"区域,即可自动生成数据透视表。

例如,将"所属部门"拖放到"筛选器"区域,"医疗种类"拖放到"列"区域,"员工姓名"拖放到"行"区域,"医疗费用"拖放到"值"区域,生成的数据透视表如图 3-6-37 所示。利用数据透视表可以很方便地查看各个员工的具体医疗费用及汇总数据。

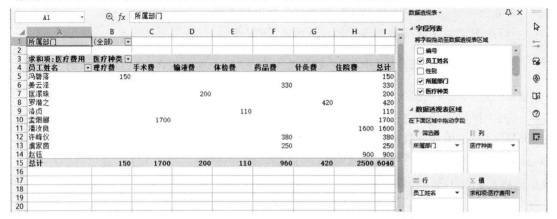

图 3-6-37　创建的数据透视表

3.数据透视表的组成

创建数据透视表之后,如果要对它进行查看或编辑,需要先了解其构成和相关的术语。数据透视表由字段、项和数据区域组成。

(1)字段

字段是从数据表中的字段衍生而来的数据的分类,例如图 3-6-38 中所示的"所属部门""医疗费用""员工姓名""医疗种类"等。

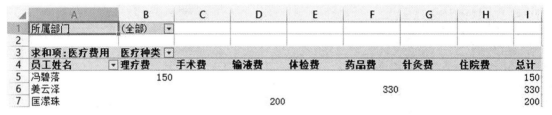

图 3-6-38　字段示例

字段包括页字段、行字段、列字段和数据字段。

❖页字段:用于对整个数据透视表进行筛选的字段,以显示单个项或所有项的数据。如图 3-6-38 中所示的"所属部门"。

❖行字段:指定为行方向的字段。如图 3-6-38 中所示的"员工姓名"。

❖列字段:指定为列方向的字段。如图 3-6-38 中所示的"理疗费"。

❖数据字段:提供要汇总的数据值的字段。如图 3-6-38 中所示的"求和项:医疗费用"。数据字段通常包含数字,用 Sum 函数汇总这些数据。也可包含文本,使用 Count 函数进行计数汇总。

(2)项

项是字段的子分类或成员。例如,图 3-6-38 中所示的"冯碧落""姜云泽"和"匡潆珠",以及其后的数据都是项。

（3）数据区域

数据区域是指包含行和列字段汇总数据的数据透视表部分。例如，图 3-6-38 中所示 C5：I7 为数据区域。

4.选择数据透视表元素

对于数据透视表，可以选择其中的数据，也可以仅选中其中的标签。

（1）单击数据透视表的任一单元格，在"分析"菜单选项卡中单击"选择"下拉按钮 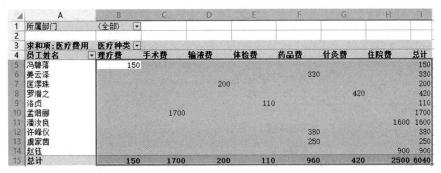，在下拉菜单中选择"整个数据透视表"命令，可选中整个数据透视表。

此时，"选择"下拉菜单中的其他菜单项变为可用状态。

（2）在"选择"下拉菜单中选择"标签"命令，即可选中数据透视表中的所有标签。

（3）在"选择"下拉菜单中选择"值"命令，即可选中数据透视表中的所有值，如图 3-6-39 所示。

图 3-6-39　选中数据透视表中的值

5.在数据透视表中筛选数据

利用数据透视表不仅可以很方便地按指定方式查看数据，还能查询满足特定条件的数据。

（1）单击筛选器所在的单元格（例如 B1）右侧的下拉按钮，弹出如图 3-6-40 所示的下拉菜单。

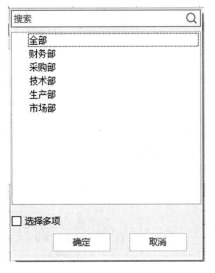

图 3-6-40　筛选器下拉菜单

(2)单击选择要筛选的数据,如果要筛选多项,先选中"选择多项"复选框,然后在分类列表中选择要筛选的数据。单击"确定"按钮,数据透视表即可仅显示满足条件的数据。

例如,筛选财务部和生产部的医疗费用结果如图 3-6-41 所示。

	A	B	C	D	E
1	所属部门	(多项)			
2					
3	求和项:医疗费用	医疗种类			
4	员工姓名	手术费	药品费	针灸费	总计
5	罗潜之			420	420
6	孟烟丽	1700			1700
7	许峰仪		380		380
8	虞家茵		250		250
9	总计	1700	630	420	2750

图 3-6-41　筛选结果

(3)如果要对列数据进行筛选,应单击列标签右侧的下拉按钮,在如图 3-6-42 所示的下拉菜单中选择筛选数据,并设置筛选结果的排序方式。

图 3-6-42　列标签下拉菜单

除了可以严格匹配进行筛选,还可以对行列标签和单元格值指定范围进行筛选。单击"标签筛选"命令,弹出如图 3-6-43 所示的级联菜单。单击"值筛选"命令,弹出如图 3-6-44 所示的级联菜单。

图 3-6-43 "标签筛选"级联菜单   图 3-6-44 "值筛选"级联菜单

（4）设置完成后，单击"确定"按钮，即可在数据透视表中显示筛选结果。例如，仅查看手术费的数据透视表如图 3-6-45 所示。

图 3-6-45 仅查看手术费的数据透视表

（5）使用筛选列数据的方法可以对行数据进行筛选。例如，筛选员工姓名中包含"落"字的数据行的结果。

6.编辑数据透视表

创建数据透视表之后，可以根据需要修改行（列）标签和值字段名称、排序筛选结果，以及设置透视表选项。

（1）修改数据透视表的行（列）标签和值字段名称

数据透视表的行、列标签默认为数据源中的标题字段，值字段通常显示为"求和项：标题"字段，可以根据查看习惯修改标签名称。

双击行、列标签所在的单元格，当单元格变为可编辑状态时，输入新的标签名称，然后按Enter 键。

双击值字段名称打开如图 3-6-46 所示的"值字段设置"对话框，在"自定义名称"文本框中输入字段名称。

在该对话框中还可以修改值字段的汇总方式，默认为"求和"。设置完成后，单击"确定"按钮关闭对话框。效果如图 3-6-47 所示。

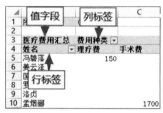

图 3-6-46 "值字段设置"对话框　　　　图 3-6-47　修改行、列标签和值字段效果

（2）排序行、列数据

选中行标签或列标签，单击标签右侧的下拉按钮，在弹出的下拉菜单中单击"其他排序选项"命令，弹出如图 3-6-48 所示的"排序"对话框。在这里可以按某个字段值升序或降序排列数据；如果希望拖动项目按任意顺序排列，应选择"手动（可以拖动项目以重新编排）"单选按钮。

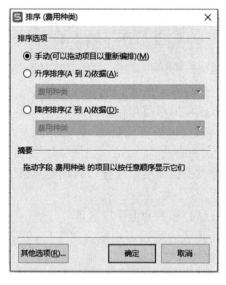

图 3-6-48　"排序"对话框

选中数据区域的任一单元格后右击，在弹出的快捷菜单中单击"排序"命令，在弹出的级联菜单中选中"其他排序选项"选项，可以打开"按值排序"对话框。在这里可以设置排序选项和方向，"摘要"区域显示对应的排序说明。

（3）设置数据透视表选项

在数据透视表的任意位置右击，在弹出的快捷菜单中选择"数据透视表选项"命令，打开如图 3-6-49 所示的“数据透视表选项”对话框。

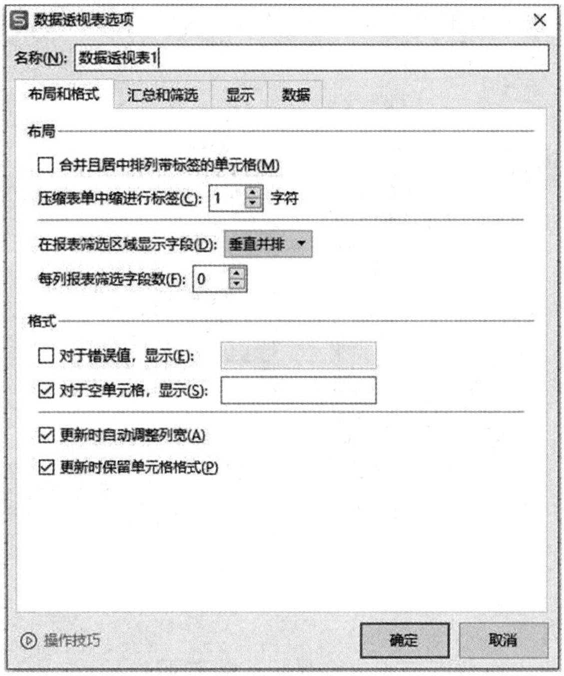

图 3-6-49　“数据透视表选项”对话框

在该对话框中可以设置数据透视表的名称、布局和格式、汇总和筛选方式、显示内容，以及是否保存、启用源数据和明细数据。

7. 查看明细数据

对于创建的数据透视表，可以根据查看需要，只显示需要的数据，隐藏暂时不需要的数据。执行以下操作之一显示或隐藏明细数据。

❖单击数据项左侧的折叠按钮⊟，可以隐藏对应数据项的明细数据。此时折叠按钮变为展开按钮⊞，如图 3-6-50 所示。再次单击该按钮，则显示明细数据。

❖将鼠标指针停放在任意数据项的上方，将显示该项的详细内容，如图 3-6-51 所示。

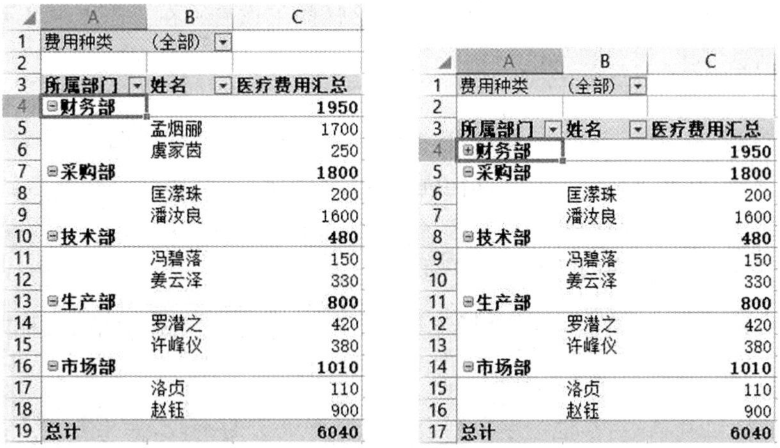

	A	B	C
1	费用种类	(全部)	
2			
3	所属部门	姓名	医疗费用汇总
4	⊟财务部		1950
5		孟烟丽	1700
6		虞家茵	250
7	⊟采购部		1800
8		匡潆珠	200
9		潘汝良	1600
10	⊟技术部		480
11		冯碧落	150
12		姜云泽	330
13	⊟生产部		800
14		罗潜之	420
15		许峰仪	380
16	⊟市场部		1010
17		洛贞	110
18		赵钰	900
19	总计		6040

	A	B	C
1	费用种类	(全部)	
2			
3	所属部门	姓名	医疗费用汇总
4	⊞财务部		1950
5	⊟采购部		1800
6		匡潆珠	200
7		潘汝良	1600
8	⊟技术部		480
9		冯碧落	150
10		姜云泽	330
11	⊟生产部		800
12		罗潜之	420
13		许峰仪	380
14	⊟市场部		1010
15		洛贞	110
16		赵钰	900
17	总计		6040

图 3-6-50　明细数据隐藏前、后的效果

❖在数据透视表中双击要显示明细的数据项,弹出如图 3-6-52 所示的"显示明细数据"对话框,选择要显示的明细数据所在的字段,单击"确定"按钮,即可显示指定字段的明细数据。

图 3-6-51 查看明细数据   图 3-6-52 "显示明细数据"对话框

8.显示报表筛选页

在 WPS 中,除了可以在数据透视表中显示或隐藏明细数据,还可以分页显示指定的筛选数据。

(1)选中数据透视表中的任意一个单元格,在"分析"菜单选项卡中单击"选项"下拉按钮,在弹出的下拉菜单中选择"显示报表筛选页"命令,打开"显示报表筛选页"对话框。

(2)在"显示所有报表筛选页"列表框中选择要显示的筛选页使用的字段,单击"确定"按钮,数据透视表所在的工作表左侧将增加多个工作表。

工作表的具体数目取决于筛选字段包含的项数,名称为筛选字段值,例如"手术费""药品费"等。

(3)切换到其中一个工作表(例如名为"理疗费"的工作表),在工作表中显示筛选字段为指定值的数据透视表,如图 3-6-53 所示。

9.使用切片器筛选数据

在数据透视表中查看数据时,如果数据较多,可能要频繁地切换筛选,效率非常低。利用功能强大的可视化筛选工具——切片器,这类问题能轻松解决。

图 3-6-53 "理疗费"工作表

(1)选中数据透视表中的任意一个单元格。

(2)在"分析"菜单选项卡中单击"插入切片器"按钮,弹出如图 3-6-54 所示的"插入切片器"对话框。

(3)在"插入切片器"对话框的字段列表中选择要筛选的字段,如果要插入多个切片器,可以同时选中多个字段。单击"确定"按钮,即可插入如图 3-6-55 所示的切片器。

图 3-6-54 "插入切片器"对话框   图 3-6-55 插入的切片器

(4)在切片器中单击要筛选的数据字段,数据透视表即显示指定的筛选结果,如图 3-6-56 所示。

▲	A	B	C	D	E
1	费用种类	(全部) ▼		所属部门	🏷
2					
3	所属部门 ⊤.	姓名 ▼	医疗费用汇总	财务部	
4	⊟财务部		1950	采购部	
5		孟烟郦	1700	技术部	
6		虞家茵	250	生产部	
7	总计		1950	市场部	
8					
9					
10					
11					
12					
13					
14					

图 3-6-56 使用切片器筛选

如果插入了多个切片器,单击其中一个切片器中的按钮,另一个切片器将实时显示对应的数据。例如,在"所属部门"切片器中单击"市场部"按钮,"医疗费用"切片器中高亮显示符合条件的数据,其他数据则灰显,如图 3-6-57 所示。

图 3-6-57 利用多个切片器筛选数据

（5）选中切片器，菜单功能区自动切换到如图 3-6-58 所示的"选项"菜单选项卡，可以设置切片器的题注、尺寸、排列方式、显示的按钮列数以及按钮的尺寸。

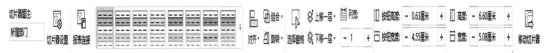

图 3-6-58 "选项"菜单选项卡

（6）单击"切片器设置"按钮，在如图 3-6-59 所示的"切片器设置"对话框中可以修改切片器的名称、页眉、项目排序和筛选方式。

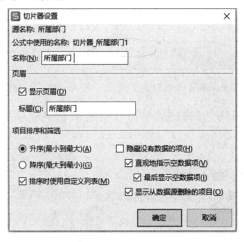

图 3-6-59 "切片器设置"对话框

（7）如果要取消筛选数据，应单击切片器右上角的"清除筛选器"按钮 。

（8）如果要删除切片器，可在切片器上右击，在弹出的快捷菜单中选择相应的删除命令。

10. 删除数据透视表

使用数据透视表查看、分析数据时，可以根据需要删除数据透视表中的某些字段。如果不再使用数据透视表，可以删除整个数据透视表。

（1）打开数据透视表。右击数据透视表中的任一单元格，在弹出的快捷菜单中选择"显示字段列表"命令，打开"数据透视表"任务窗格。

（2）执行以下操作之一删除指定的字段。

❖ 在透视表字段列表中取消选中要删除的字段复选框，如图 3-6-60 所示。

❖ 在"数据透视表区域"选中要删除的字段标签，右击，在弹出的快捷菜单中选择"删除字段"命令。

（3）如果要删除整个透视表，可选中数据透视表中的任一单元格，在"分析"菜单选项卡中单击"删除数据透视表"按钮 。

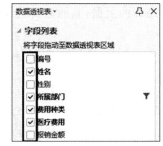

图 3-6-60 取消选中字段

3.6.5 数据透视图

数据透视图是一种交互式的图表,以图表的形式表示数据透视表中的数据。它不仅具有数据透视表方便和灵活的特点,而且与其他图表一样,能以一种更加可视化和易于理解的方式直观地反映数据以及数据之间的关系。

1. 创建数据透视图

(1)在工作表中单击任意一个单元格,在"插入"菜单选项卡中单击"数据透视图"按钮

,弹出"创建数据透视图"对话框。

(2)选择要分析的数据。创建数据透视图有两种方法:一种是直接利用数据源(例如单元格区域、外部数据源和多重合并计算区域)创建;另一种是在数据透视表的基础上创建。

如果要直接利用数据源创建数据透视图,应选中需要的数据源类型,然后指定单元格区域或外部数据源。如果要基于当前工作簿中的一个数据透视表创建数据透视图,则选择"使用另一个数据透视表"单选按钮,然后在下方的列表框中单击数据透视表名称。

(3)选择放置透视图的位置。

(4)单击"确定"按钮,即可创建一个空白数据透视表和数据透视图,工作表右侧显示"数据透视图"任务窗格,且菜单功能区自动切换到"图表工具"选项卡,如图 3-6-61 所示。

图 3-6-61 创建空白数据透视表和数据透视图

(5)设置数据透视图的显示字段。在"字段列表"中将需要的字段分别拖放到"数据透视图区域"的各个区域中。在各个区域间拖动字段时,数据透视表和数据透视图将随之进行相应的变化。

例如,将字段"所属部门"拖至"筛选器"区域,将字段"员工姓名"拖至"轴(类别)"区域,然后将"医疗费用"和"报销金额"字段拖至"值"区域,在工作表中可以看到创建的数据透视表和数据透视图,如图 3-6-62 所示。

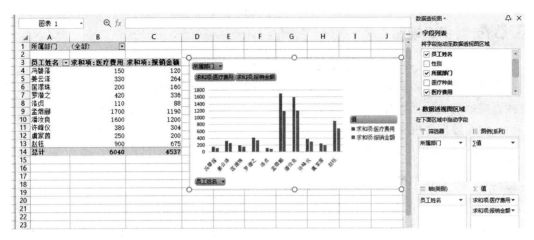

图 3-6-62　数据透视表和数据透视图

（6）WPS 默认生成柱形透视图，如果要更改图表的类型，则在"图表工具"菜单选项卡中单击"更改类型"按钮 ，在"更改图表类型"对话框中选择图表类型。

（7）插入数据透视图之后，可以像普通图表一样设置图表的布局和样式，如图 3-6-63 所示。

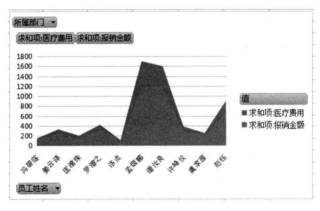

图 3-6-63　格式化数据透视图的效果

2. 在数据透视图中筛选数据

数据透视图与普通图表最大的区别：数据透视图可以通过单击图表上的字段名称下拉按钮，筛选需要在图表上显示的数据项。

（1）在数据透视图上单击要筛选的字段名称，在下拉菜单中选择要筛选的内容。如果要同时筛选多个字段，应选中"选择多项"复选框，再选择要筛选的字段。

（2）单击"确定"按钮，筛选的字段名称右侧显示筛选图表，数据透视图中仅显示指定内容的相关信息，数据透视表也随之更新，如图 3-6-64 所示。

（3）如果要取消筛选，应单击要清除筛选的字段右侧的下拉按钮，在弹出的下拉菜单中单击"全部"命令，然后单击"确定"按钮关闭对话框。

（4）如果要对图表中的标签进行筛选，应单击标签字段右侧的下拉按钮，在弹出的下拉列表中选择"标签筛选"命令，然后在如图 3-6-65 所示的级联菜单中选择筛选条件，并设置筛选条件。

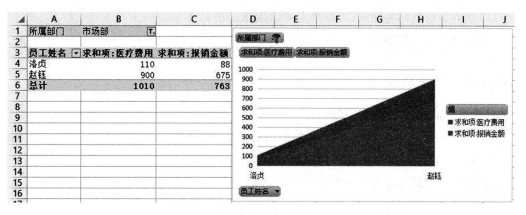

图 3-6-64　筛选结果

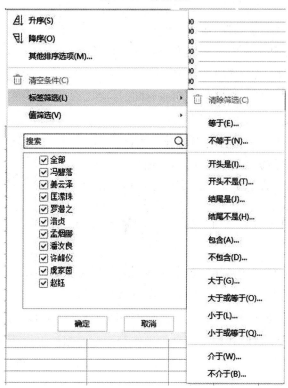

图 3-6-65　选择筛选条件

例如,选择"包含"命令,将弹出如图 3-6-66 所示的对话框。如果要使用模糊筛选,可以使用通配符,"?"代表单个字符,"＊"代表任意多个字符。设置完成后,单击"确定"按钮,即可在透视图和透视表中显示对应的筛选结果。

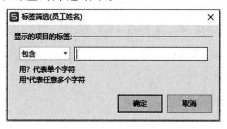

图 3-6-66　"标签筛选"对话框

(5)如果要取消标签筛选,可以单击要清除筛选的标签右侧的下拉按钮,在弹出的下拉菜单中选择"清空条件"命令。

3.6.6 数据有效性

1.设置有效性条件

在 WPS 表格中,可以设置单元格数据的有效性,限制输入数据的类型及范围,以避免在参与运算的单元格中输入错误的数据。

(1)选中要设置有效性条件的单元格或区域。

(2)在"数据"菜单选项卡中单击"有效性"下拉按钮 ,在弹出的下拉菜单中选择"有效性"命令,打开"数据有效性"对话框。

(3)在"允许"下拉列表框中指定允许输入的数据类型,如图 3-6-67 所示。

❖"整数"和"小数":只允许输入数字。

❖"日期"和"时间":只允许输入日期或时间。

❖"序列":仅能输入指定的数据序列项。

选择"序列"选项后,对话框底部将显示"来源"文本框,用于输入或选择有效数据序列的引用。如果工作表中存在要引用的序列,单击"来源"文本框右侧的 按钮,可以缩小对话框,以免对话框阻挡视线。单击 按钮可恢复对话框。

图 3-6-67 有效性条件列表

在"来源"文本框中输入序列时,各个序列项必须用英文逗号隔开。

❖"文本长度":限制在单元格中输入的字符个数。

(4)如果允许的数据类型为整数、小数、日期、时间或文本长度,还应在"数据"下拉列表框中选择数据之间的操作符,并根据选定的操作符指定数据的上限或下限。

(5)如果允许单元格中出现空值,或者在设置上下限时使用的单元格引用或公式引用基于初始值为空值的单元格,应选中"忽略空值"复选框。

(6)如果希望从定义好的序列列表中选择数据填充单元格,应选中"提供下拉箭头"复选框。

(7)设置完成后,单击"确定"按钮关闭对话框。

此时,在设置允许值为序列的单元格右侧会显示下拉按钮,单击该按钮,可以在弹出的序列项列表中选择需要填充的数据,如图 3-6-68 所示。如果在限定数据范围为 0~100 的单元格中输入不在该范围内的数据,会弹出如图 3-6-69 所示的错误提示,提示用户修改或删除错误值。

图 3-6-68　选择序列值　　　　　　　　　　图 3-6-69　错误提示

2. 设置有效性提示信息

在单元格中输入数据时，如果能显示数据有效性的提示信息，就可以帮助用户输入正确的数据。

（1）选中要设置有效性条件的单元格或区域。

（2）在"数据"菜单选项卡中单击"有效性"下拉按钮 　，在弹出的下拉菜单中选择"有效性"命令，打开"数据有效性"对话框。然后切换到"输入信息"选项卡，如图 3-6-70 所示。

图 3-6-70　"输入信息"选项卡

（3）单击"确定"按钮完成设置。选中指定的单元格时，会弹出如图 3-6-71 所示的提示信息，提示用户输入正确的数据。

3. 定制出错警告

默认情况下，在设置了数据有效性的单元格中输入错误的数据时，弹出的错误提示只是告知用户输入的数据不符合限制条件,用户有可能并不知道具体的错误原因。WPS 允许用户定制出错警告内容,并控制用户响应。

(1)选中要定制出错警告的单元格或区域,然后在"数据有效性"对话框中切换到如图 3-6-72 所示的"出错警告"选项卡。

图 3-6-71 选中单元格时显示提示信息　　　　图 3-6-72 "出错警告"选项卡

(2)选中"输入无效数据时显示出错警告"复选框。

(3)在"样式"下拉列表框中选择出错警告的信息类型。

❖停止:默认的信息类型,在输入值无效时显示提示信息,且在错误被更正或取消之前禁止用户继续输入数据。

❖警告:在输入值无效时询问用户是否确认输入有效并继续其他操作。

❖信息:在输入值无效时显示提示信息,用户可保留已经输入的数据。

(4)单击"确定"按钮关闭对话框。在指定单元格中输入无效数据时,将弹出指定类型的错误提示。例如,警告样式的错误提示如图 3-6-73 所示,按 Enter 键确认输入。

图 3-6-73 输入数据错误时警告

3.7 创建图表展示数据

3.7.1 创建图表

图表能将工作表数据之间的复杂关系用图形表示出来,与表格数据相比,能更加直观、形象地反映数据的趋势和对比关系,它是表格数据分析中常用的工具之一。

1. 插入图表

(1)选择要创建为图表的单元格区域,在"插入"菜单选项卡中单击"全部图表"按钮

![全部图表]图标,弹出"插入图表"对话框。

在左侧窗格中可以看到 WPS 提供了丰富的图表类型,在右上窗格中可以看到每种图表类型还包含一种或多种子类型。

选择合适的图表类型能恰当地表现数据,更清晰地反映数据的差异和变化。各种图表的适用情况简要介绍如下。

❖柱形图:簇状柱形图常用于显示一段时间内数据的变化,或者描述各项数据之间的差异;堆积柱形图用于显示各项数据与整体的关系。

❖折线图:等间隔显示数据的变化趋势。

❖饼图:以圆心角不同的扇形显示某一数据系列中每一项数值与总和的比例关系。

❖条形图:显示特定时间内各项数据的变化情况,或者比较各项数据之间的差别。

❖面积图:强调幅度随时间的变化量。

❖XY 散点图:多用于科学数据,显示和比较数值。

❖股价图:描述股票价格走势,也可以用于科学数据。

❖雷达图:用于比较若干数据系列的总和值。

❖组合图:用不同类型的图表显示不同的数据系列。

(2)选择需要的图表类型后,单击"插入"按钮,即可插入图表,如图 3-7-1 所示。在编辑图表之前,读者有必要对图表的结构、相关术语和类型有一个大致的了解。

❖图表区:图表边框包围的整个图表区域。

❖绘图区:以坐标轴为界,包含全部数据系列在内的区域。

❖网格线:坐标轴刻度线的延伸线,以方便用户查看数据。主要网格线标示坐标轴上的主要间距,次要网格线可以标示主要间距之间的间隔。

❖数据标志:代表一个单元格值的条形、面积、圆点、扇面或其他符号,例如图 3-7-1 中各种颜色的条形。相同样式的数据标志形成一个数据系列。

将鼠标指针停在某个数据标志上,会显示该数据标志所属的数据系列、代表的数据点及对应的值,如图 3-7-2 所示。

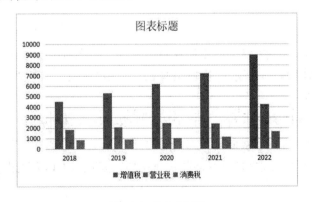

图 3-7-1　插入的图表

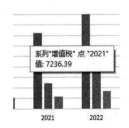

图 3-7-2　显示数据标志的值及有关信息

❖数据系列：对应数据表中一行或一列的单元格值。每个数据系列具有唯一的颜色或图案，使用图例标示。例如，图 3-7-1 中的图表有 3 个数据系列，分别代表不同的税收。

❖分类名称：通常是行或列标题。

❖图例：用于标识数据系列的颜色、图案和名称。

❖数据系列名称：通常为行或列标题，显示在图例中。

（3）创建的图表与图形对象类似，选中图表，图表边框上会出现 8 个控制点。将鼠标指针移至控制点上，指针显示为双向箭头时，按下鼠标左键拖动，可调整图表的大小；将指针移到图表区或图表边框上，指针显示为四向箭头时，按下鼠标左键拖动，可以移动图表。

2.调整图表布局

创建图表后，可以根据需要调整图表元素的位置，或在图表中添加、删除图表元素。WPS 内置了一些图表布局，可以直接套用。切换到"图表工具"菜单选项卡，单击"快速布局"下拉按钮 ⊞，在弹出的布局列表中单击一种布局方式，即可修改图表的布局，如图 3-7-3 所示。

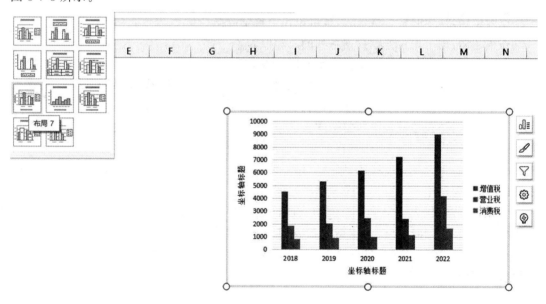

图 3-7-3　套用内置布局的效果

如果内置的布局没有理想的样式，还可以手动添加或删除图表元素，移动图表元素的位置。选中图表后，图表右侧显示如图 3-7-4 所示的快速工具栏。利用"图表元素"按钮可以很便捷地在图表中添加或删除元素。

单击"图表元素"按钮，在弹出的图表元素列表中选中要在图表中显示的元素，将指针移到右侧的级联按钮上，可进一步设置图表元素的选项，如图 3-7-5 所示。如果要在图表中删除某些元素，则取消选中该元素左侧的复选框。切换到"快速布局"选项卡，可以套用内置的布局样式。

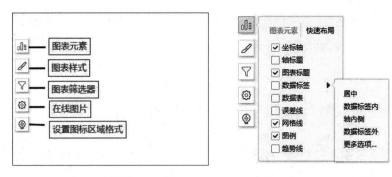

图 3-7-4　图表的快速工具栏　　　　　　图 3-7-5　添加图表元素

如果用户习惯使用菜单命令,在"图表元素"菜单选项卡中单击"添加元素"下拉按钮,在如图 3-7-6 所示的菜单中也可以添加或删除图表元素。例如,在图表中添加数据标签的效果如图 3-7-7 所示。

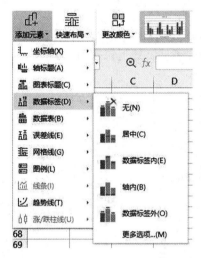

图 3-7-6　"添加元素"下拉菜单

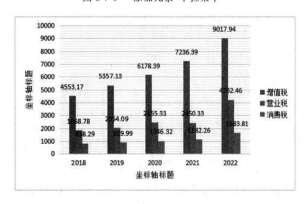

图 3-7-7　添加数据标签的效果

3. 设置图表格式

创建图表后,通常会对图表的外观进行美化。WPS 内置了一些颜色方案和图表样式,可以很方便地设置图表格式。

(1)单击"更改颜色"下拉按钮 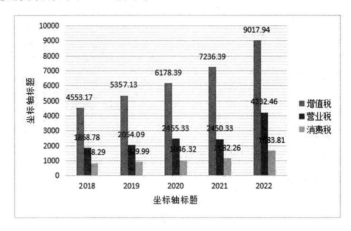，在弹出的颜色列表中单击一种颜色方案，图表中的数据系列颜色随之更改，如图 3-7-8 所示。

图 3-7-8　更改图表的颜色方案

(2)单击"图表样式"下拉列表框上的下拉按钮，在弹出的图表样式中单击需要的样式，即可套用样式格式化图表。

利用图表右侧的"图表样式"按钮，也可以很方便地更改颜色方案，套用内置样式，如图 3-7-9 所示。如果希望设置独特的图表样式，可以自定义各类图表元素的格式。

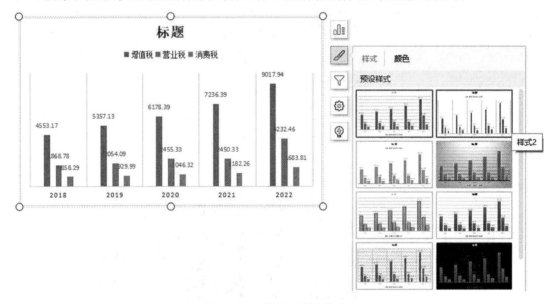

图 3-7-9　套用内置的图表样式

①在图表右侧的快速工具栏底部单击"设置图表区域格式"按钮 ⚙，工作表编辑窗口右侧显示"属性"任务窗格，默认显示图表区的格式选项，如图 3-7-10 所示。

②单击"图表选项"右侧的下拉按钮，在弹出的下拉菜单中选择要设置格式的图表元素，如图 3-7-11 所示。

图 3-7-10　"属性"任务窗格　　　　　　　　图 3-7-11　选择图表元素

　　③在"填充与线条"选项卡中设置图表元素的填充和轮廓样式；在"效果"选项卡中设置图表元素的外观特效；在"大小与属性"选项卡中可设置图表元素的大小、对齐等属性。

　　④切换到"文本选项"选项卡，在如图 3-7-12 所示的文本选项中可以设置图表元素中的文本格式。

图 3-7-12　"文本选项"选项卡

3.7.2　图表数据展示

1.编辑图表数据

创建图表后，可以随时根据需要在图表中添加、更改和删除数据。

(1)选中图表,在"图表工具"菜单选项卡中单击"选择数据"按钮 ,弹出如图 3-7-13 所示的"编辑数据源"对话框。

图 3-7-13 "编辑数据源"对话框

(2)如果要修改图表的数据区域,可单击"图表数据区域"文本框右侧的 ▣ 按钮,在工作表中重新选择要包含在图表中的数据。

(3)默认情况下,每列数据显示为一个数据系列,如果希望将每行数据显示为一个数据系列,应在"系列生成方向"下拉列表框中选择"每行数据作为一个系列"选项。

选中图表后,直接在"图表工具"菜单选项卡中单击"切换行列"按钮 ,也可切换图表行列的显示方式。

(4)如果要修改数据系列的名称和对应的值,可在"系列"列表框右侧单击"编辑"按钮 ▣ ,在如图 3-7-14 所示的"编辑数据系列"对话框中进行更改。设置完成后,单击"确定"按钮关闭对话框。

(5)如果要在图表中添加数据系列,应单击"添加"按钮 ➕ 进行相应操作。

图 3-7-14 "编辑数据系列"对话框

(6)如果要删除图表中的某些数据序列,应在"系列"列表框中选中要删除的数据序列,然后单击"删除"按钮 🗑 。图表中对应的数据系列随之消失。

(7)如果希望图表中仅显示指定分类的数据,应在"类别"列表框中取消选中不要显示的类别复选框,然后单击"确定"按钮。

(8)如果要修改类别轴的显示标签,应单击"类别"列表框右侧的"编辑"按钮 ▣ ,在如图

3-7-15 所示的"轴标签"对话框中修改标签名称。设置完成后,单击"确定"按钮关闭对话框。

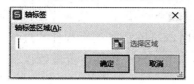

图 3-7-15 "轴标签"对话框

2. 筛选图表数据

创建图表不仅可以直观地对比查看各个数据项,还能在图表中仅显示满足特定条件的数据。

(1)选中图表,在右侧的快速工具栏中单击"图表筛选器"按钮 ▽ ,在弹出的列表中选择要显示的数据系列和类别名称,如图 3-7-16 所示。

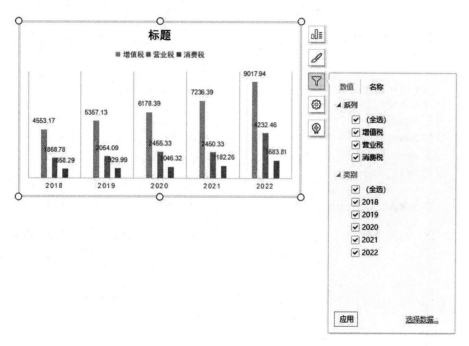

图 3-7-16 在图表中筛选数值

(2)设置完成后,单击"应用"按钮,即可在图表中显示指定的数据。

3. 添加趋势线

在 WPS 表格中,趋势线是通过联结某一特定数据序列中各个数据点而形成的线,用于预测未来的数据变化。

(1)在图表中单击要添加趋势线的数据系列。

(2)切换到"图表工具"菜单选项卡,单击"添加元素"下拉按钮,在弹出的下拉菜单中选择"趋势线"命令,弹出如图 3-7-17 所示的级联菜单。

(3)在级联菜单中选择趋势线类型。

WPS 提供了 4 种类型的趋势线,计算方法各不相同,用户可以根据需要选择不同的类型。

❖线性:适合增长或降低的速率比较稳定的数据情况。

❖指数:适合增长或降低速度持续增加,且增加幅度越来越大的数据情况。

❖线性预测:与"线性"相同,不同的是会自动向前推进2个周期进行预测。

❖移动平均:在已知的样本中选定一定样本量做数据平均,平滑处理数据中的微小波动,以更清晰地显示趋势。

如果需要更多的选择,可单击"更多选项"命令,打开趋势线属性任务窗格。切换到"趋势线"选项卡,可以看到更多的趋势线选项,如图3-7-18所示。

❖对数:适合增长或降低幅度一开始比较快,逐渐趋于平缓的数据。

❖多项式:适合增长或降低幅度波动较多的数据。

❖幂:适合增长或降低速度持续增加,且增加幅度比较恒定的数据情况。

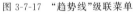
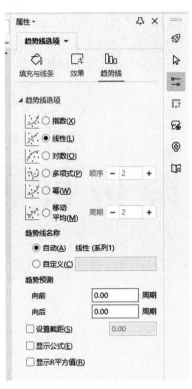

图 3-7-17 "趋势线"级联菜单　　　　图 3-7-18 "趋势线选项"任务窗格

(4)如果要自定义趋势线名称,应选择"自定义"单选按钮,然后在右侧的文本框中输入一个有意义的名称,以便区分不同数据系列的趋势线。

(5)如果要对数据序列进行预测,应在"趋势预测"区域设置前推或后推的周期。

(6)如果要评估预测的精度,则选中"显示 R 平方值"复选框。效果如图 3-7-19 所示。

R 平方值表示趋势预测采用的公式与数据的配合程度。R 平方值越接近 1,说明趋势线越精确;R 平方值越接近 0,说明回归公式越不适合数据。

(7)如果默认样式的趋势线不够醒目,应切换到"填充与线条"选项卡修改趋势线的外观样式。添加趋势线之后,如果要修改趋势线,可双击趋势线打开对应的属性任务窗格进行修改。如果要删除趋势线,选中后按 Delete 键即可。

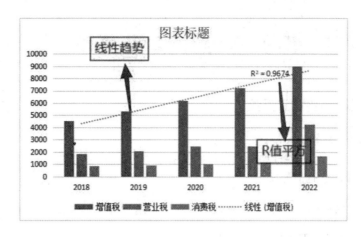

图 3-7-19　添加趋势线

4. 添加误差线

在统计分析科学数据时,常会用到误差线。误差线显示潜在的误差或相对于系列中每个数据的不确定程度。

(1)单击要添加误差线的数据系列,切换到"图表工具"菜单选项卡,单击"添加元素"下拉按钮,在弹出的下拉菜单中选择"误差线"命令,弹出级联菜单。

(2)单击需要的误差线类型,即可在指定的数据系列上显示误差线。

(3)如果要进一步设置误差线的选项,可双击误差线打开如图 3-7-20 所示的"属性"任务窗格,设置误差线的方向、末端样式和误差量。

图 3-7-20　误差线的"属性"任务窗格

(4)切换到"填充与线条"选项卡,更改误差线的外观样式。如果要删除误差线,选中误差线后,按 Delete 键即可。

3.8 页面设置及打印

3.8.1 保护工作簿和工作表

1. 保护工作簿的结构

如果工作簿中包含重要的数据,可以通过密码对工作簿的结构进行保护,限制他人在工作簿中删除、移动或添加工作表。

(1)打开需要保护的工作簿,在"审阅"菜单选项卡中单击"保护工作簿"按钮 ,弹出如图 3-8-1 所示的"保护工作簿"对话框。

(2)在文本框中输入密码后,单击"确定"按钮,弹出如图 3-8-2 所示的"确认密码"对话框。

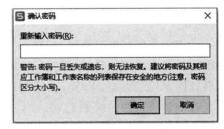

图 3-8-1 "保护工作簿"对话框   图 3-8-2 "确认密码"对话框

(3)单击"确定"按钮关闭对话框。此时,不能在该工作簿中添加、删除、复制或移动工作表。

(4)如果要取消保护工作簿,应在"审阅"菜单选项卡中单击"撤销工作簿保护"按钮,在弹出的"撤销工作簿保护"对话框中输入设置的密码,单击"确定"按钮即可。

2. 保护工作表

若仅对工作簿的结构进行保护,他人仍然可以修改其中工作表中的数据。如果希望工作表中的数据不被随意引用或篡改,限制他人查看工作表中隐藏的行或列,可以对工作表或其中的部分区域进行保护。

(1)在需要进行保护的工作表名称标签上右击,在弹出的快捷菜单中选择"保护工作表"命令;或在"审阅"菜单选项卡中单击"保护工作表"按钮,打开如图 3-8-3 所示的"保护工作表"对话框。

(2)根据需要设置工作表的保护密码。

(3)在"允许此工作表的所有用户进行"列表框中指定其他用户可对当前工作表进行的操作。

(4)单击"确定"按钮关闭对话框。如果设置了保护密码,将弹出"确认密码"对话框,再次输入密码,然后单击"确定"按钮完成设置。

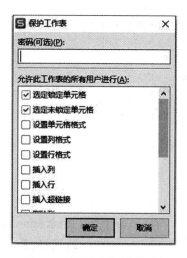

图 3-8-3　"保护工作表"对话框

　　此时修改工作表中的数据，将弹出如图 3-8-4 所示的警告对话框，提示用户当前工作表处于受保护状态。

　　如果要取消对工作表的保护，可右击工作表标签，在弹出的快捷菜单中选择"撤销工作表保护"命令。如果设置了保护密码，则应在弹出的"撤销工作表保护"对话框中输入密码，然后单击"确定"按钮关闭对话框。

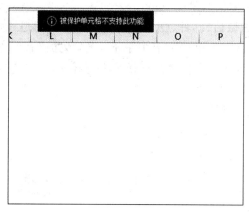

图 3-8-4　警告对话框

3.8.2　审阅工作簿

　　收到他人分享的工作簿后，如果有编辑权限，可以对文档进行修订或添加批注。

1. 共享工作簿

　　在输入庞杂的数据时，可能需要多人协作才能完成。此时，就需要将文档存放在一个共享文件夹中，方便其他用户输入数据，且输入的数据互不影响。

　　（1）打开要共享的工作簿，在"审阅"菜单选项卡中单击"共享工作簿"按钮 📖，弹出如图 3-8-5 所示的"共享工作簿"对话框。

　　（2）选中"允许多用户同时编辑，同时允许工作簿合并"复选框，然后单击"确定"按钮关闭对话框。此时,在工作簿的文档标签上可以看到"(共享)"字样,如图 3-8-6 所示。

图 3-8-5 "共享工作簿"对话框   图 3-8-6 共享的工作簿文档标签

(3)如果要取消共享工作簿,应在"审阅"菜单选项卡中单击"共享工作簿"按钮,在弹出的"共享工作簿"对话框中取消选中"允许多用户同时编辑,同时允许工作簿合并"复选框,单击"确定"按钮。

取消共享工作簿将删除其中的修订记录,正在编辑该工作簿的用户也不能保存所做的更改。单击"是"按钮即可取消共享。

如果要将工作簿通过微信、邮件、QQ 等社交平台分享,或上传到 WPS 云盘、团队文件夹与他人共享,可以在"文件"菜单选项卡中单击"分享文档"命令,在如图 3-8-7 所示的"正在与他人分享文档"对话框中将文档链接发送给指定好友,并指定好友的编辑权限。

图 3-8-7 "正在与他人分享文档"对话框

2. 修订工作表

如果工作表中的数据有误或不完整,可以通过添加修订,记录修改过程,以方便他人或自己以后查阅。

(1)在"审阅"菜单选项卡中单击"修订"下拉按钮 ![修订图标],在弹出的下拉菜单中单击"突出显示修订"命令,打开相应的对话框。

（2）选中"编辑时跟踪修订信息，同时共享工作簿"复选框，对话框中的其他选项变为可选状态，如图 3-8-8 所示。

（3）设置突出显示的修订选项，单击"确定"按钮关闭对话框。在工作表中修改数据后，对应的单元格左上角显示一个三角形，将鼠标指针移到该单元格上时，可以显示详细的修订信息，如图 3-8-9 所示。

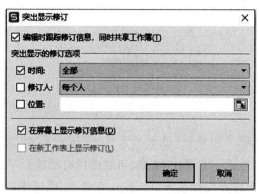

图 3-8-8 "突出显示修订"对话框

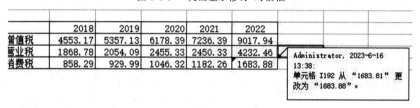

图 3-8-9 显示修订信息

3. 添加批注

为一些包括特殊数据或公式的单元格添加批注，可以帮助用户记忆、理解相应单元格的信息。

（1）选中要添加批注的单元格，在"审阅"菜单选项卡中单击"新建批注"按钮，选中单元格右上角会出现一个红色的三角形，通过连接线显示一个黄色的批注框，第一行显示编辑者的名称，如图 3-8-10 所示。

（2）在批注框中输入批注内容，然后单击其他的任一单元格，隐藏批注，如图 3-8-11 所示。

（3）按照上面的操作步骤，添加其他批注。

（4）如果要修改批注内容，在"审阅"菜单选项卡中单击"编辑批注"按钮，即可展开批注框进行操作。更改完成后，单击其他单元格。

（5）将鼠标指针移到添加了批注的单元格上，即可查看批注，如图 3-8-12 所示。在"审阅"菜单选项卡中单击"上一条"按钮或"下一条"按钮，可在当前工作表所有的批注之间进行导航。

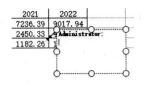

图 3-8-10　添加批注　　　　　　　　图 3-8-11　添加了批注的单元格

图 3-8-12　查看批注

（6）在"审阅"菜单选项卡中单击"显示所有批注"按钮 　显示所有批注 ，即可显示工作表中的全部批注。再次单击"显示所有批注"按钮，可隐藏所有批注。

如果希望某个批注在鼠标指针移开后仍然一直显示，可选中批注所在的单元格，在"审阅"菜单选项卡中单击"显示/隐藏批注"按钮 　显示/隐藏批注 。再次单击该按钮可取消显示。

（7）如果不再需要某个批注，可以将其删除。方法为：选中要删除的批注所在的单元格，然后单击"批注"功能组中的"删除"命令按钮。

3.8.3　打印预览和输出

通常要将制作好的工作表打印出来进行分发。在打印之前，应先设置工作表的页面属性和打印区域，并预览打印效果是否符合预期。

利用打印预览视图可以很方便地查看工作表的打印效果，并预览修改页面属性的实时效果。在"文件"菜单选项卡中单击"打印"命令，在弹出的级联菜单中选择"打印预览"命令，即可切换到打印预览视图，如图 3-8-13 所示。

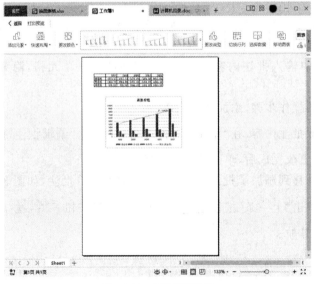

图 3-8-13　打印预览视图

1.设置页面属性

如果要使用指定的纸型、纸张方向、页边距打印工作表,可以修改页面设置。

(1)在打印预览视图中,单击"纵向"按钮 $\square$纵向 或"横向"按钮 $\square$横向 ,即可修改纸张方向。

(2)单击"页面设置"按钮 $\square$页面设置 弹出"页面设置"对话框,在"纸张大小"下拉列表框中可以选择一种内置的纸张规格,如图 3-8-14 所示。

(3)如果要设置打印质量,应在"打印质量"下拉列表框中指定打印分辨率。

(4)在"起始页码"文本框中输入页码指定从哪一页开始打印。默认为"自动"。

图 3-8-14　选择纸张大小

(5)切换到"页边距"选项卡,在如图 3-8-15 所示的页边距选项中分别设置上、下、左、右边距值。

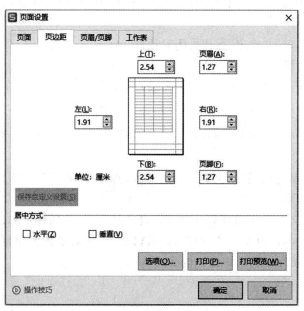

图 3-8-15　"页边距"选项卡

（6）如果要在工作表中设置页眉和页脚，应分别在"页眉"和"页脚"数值框中设置页眉和页脚距页面顶端和底端的高度。

如果直接单击打印预览视图菜单功能区的"页边距"按钮 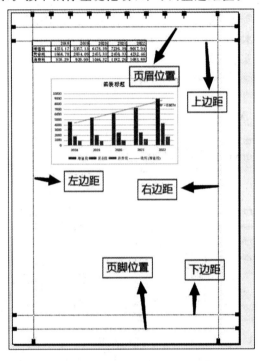，则各个方向的边距以及页眉、页脚的位置以水平和垂直的虚线显示，在某一条虚线上按下鼠标左键时显示边距名称和距离，如图 3-8-16 所示。按下鼠标左键拖动，即可调整边距值。

图 3-8-16　以可视化方式调整边距值

（7）在"居中方式"区域指定要打印的内容在页面中的居中对齐方式，可同时选中两个复选框。

（8）设置完成后，单击"确定"按钮关闭对话框。

2. 添加页眉和页脚

页眉是显示在每一个打印页顶部的工作表附加信息，例如单位名称和微标；页脚是显示在每一个打印页底部的附加信息，例如页码和版权声明等。

（1）在打印预览视图的菜单功能区单击"页眉页脚"按钮 ，打开"页眉/页脚"选项卡。

（2）如果要应用 WPS 预置的页眉和页脚样式，直接在"页眉"和"页脚"下拉列表框中选择即可，如图 3-8-17 所示。

（3）如果要自定义个性化的页眉，可单击"自定义页眉"按钮弹出如图 3-8-18 所示的"页眉"对话框，分别将光标定位在"左""中""右"编辑框中，然后单击编辑框顶部的命令按钮插入相应的代码，或直接在编辑框中输入内容。

图 3-8-17　使用预置的页眉/页脚样式

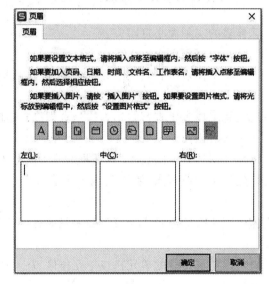

图 3-8-18　"页眉"对话框

例如,单击"日期"按钮后,即可在当前编辑框中插入当前日期的域代码"&[日期]"。

(4)设置完成后,单击"确定"按钮关闭对话框,在"页眉"下拉列表框中自动选中自定义的页眉,页眉预览区显示页眉的效果。

(5)如果要自定义页脚,应单击"自定义页脚"按钮,分别在"左""中""右"编辑框中输入或插入需要的内容。

(6)设置完成后,单击"确定"按钮返回到"页面设置"对话框。此时"页脚"下拉列表框中自动选中自定义的页脚,页脚预览区显示页脚的效果。

(7)设置页眉、页脚的属性。

❖奇偶页不同:选中该项后,可以分别设置奇数页和偶数页的页眉、页脚。

❖首页不同:选中该项后,可以设置首页的页眉、页脚与其他页不同。

(8)设置完毕,单击"确定"按钮关闭对话框。

3.设置缩放打印

在打印工作表时,还可以将工作表内容进行缩放。

(1)在打印预览视图中,单击"缩放比例"的下拉按钮,在如图3-8-19所示的"缩放比例"下拉列表框中选择工作表的缩放比例。

(2)如果希望工作表的宽度或高度能自动调整,以便全部数据行或数据列在一个页面上显示,应在打印预览视图中单击"页面缩放"下拉按钮,弹出如图3-8-20所示的下拉菜单。

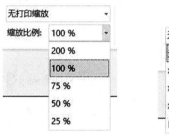
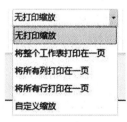

图 3-8-19 设置比例缩放   图 3-8-20 设置显示比例

❖无打印缩放:按照工作表的实际大小打印。

❖将整个工作表打印在一页:将工作表缩小在一个页面上打印。

❖将所有列打印在一页:将工作表所有列缩小为一个页面宽,可能会将一页不能显示的行拆分到其他页。

❖将所有行打印在一页:将工作表所有行缩小为一个页面高,可能会将一页不能显示的列拆分到其他页。

❖自定义缩放:单击该命令,打开"页面设置"对话框。在"缩放"区域,可以指定将工作表按比例缩放,或调整为指定的页宽或页高,如图3-8-21所示。

4.设置打印区域

默认情况下,打印工作表时会打印整张工作表。如果只要打印工作表的一部分数据,就需要设置打印区域。

(1)在工作表编辑窗口中选定要打印的单元格或单元格区域。

如果要设置多个打印区域,可以选中一个区域后,按下 Ctrl 键选中其他区域。

(2)在"页面布局"菜单选项卡中单击"打印区域"下拉按钮![打印区域],在弹出的下拉菜单中选择"设置打印区域"命令。

(3)如果要取消打印选中的区域,可以单击"打印区域"按钮,在弹出的下拉菜单中选择"取消打印区域"命令。

如果在打印工作表时,不希望其中的图形图表也一起输出,可以执行以下操作后再打印。

(1)选中不需要打印的图形,右击,在弹出的快捷菜单中选择"设置对象格式"命令,打开对应的属性任务窗格。如果选择的是图表,则在快捷菜单中选择"设置图表区域格式"命令,打开对应的属性任务窗格。

图 3-8-21　缩放页面

（2）切换到"大小与属性"选项卡，在"属性"区域取消选中"打印对象"复选框，如图 3-8-22 所示。此时，执行打印操作，该图形不会被打印输出。

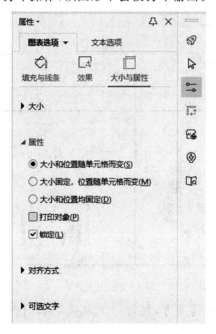

图 3-8-22　取消选中"打印对象"复选框

5. 自定义分页位置

如果表格中的数据不能在一页中完全显示，则必须进行分页打印。WPS 默认对表格进行自动分页，将第一页不能显示的数据分割到后续的页面中进行显示。自动分页的效果通常不能完整地显示数据行的所有记录，需要重新定义分页位置。

（1）选中要放置分页符的单元格，在"页面布局"菜单选项卡中单击"分页符"下拉按钮。

(2)在弹出的下拉菜单中选择"插入分页符"命令,即可在指定的单元格左上角显示两条互相垂直的黑线,即水平分页符和垂直分页符,如图 3-8-23 所示。

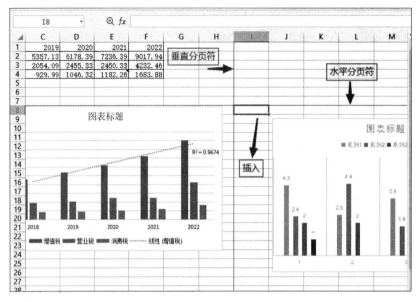

图 3-8-23　插入分页符的效果

(3)在"视图"菜单选项卡中单击"分页预览"按钮,可以看到以蓝色粗实线表示的分页符将工作表分成了四个页面,如图 3-8-24 所示。

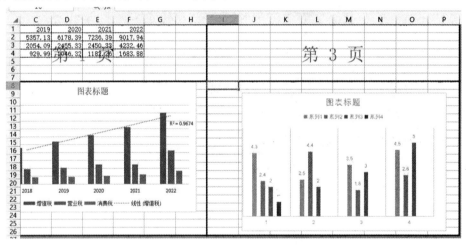

图 3-8-24　分页预览

(4)将鼠标指针移到分页符上方,当指针变为双向箭头◄─►或 时,按下鼠标左键拖动,可以改变分页符的位置。

(5)在"视图"菜单选项卡中单击"普通"按钮,返回普通视图。

(6)如果要删除分页符,应选中分页符所在的单元格,在"页面布局"菜单选项卡中单击"分页符"按钮,然后在弹出的下拉菜单中选择"删除分页符"命令。如果要删除当前工作表中的所有分页符,则选择"重置所有分页符"命令。

6. 打印标题

对工作表进行分页以后，默认情况下只有第一页显示标题行，后续页不显示，查看后续页面的数据项很不方便。此时，可以设置打印标题。

(1)在"页面布局"菜单选项卡中单击"打印标题"按钮，弹出"页面设置"对话框，并自动切换到"工作表"选项卡。

(2)在"打印标题"区域，单击"顶端标题行"文本框或"左端标题列"文本框右侧的按钮，在工作表中选择标题行或标题列，如图 3-8-25 所示。

(3)设置完成后，单击"确定"按钮关闭对话框。此时切换到打印预览视图，单击"下一页"按钮 ＞ 下一页，可以看到后续页面都显示有设置的标题。

图 3-8-25　设置要打印的标题

7. 添加背景图片

WPS 工作表默认的背景颜色为白色，根据设计需要可以使用图片作为工作表的背景。

(1)在"页面布局"菜单选项卡中单击"背景图片"按钮 ，在"工作表背景"对话框中选择图片的来源。

(2)选中需要的图片后，单击"打开"按钮，即可将指定的图片设置为工作表的背景。

如果要删除背景图片，应在"页面布局"菜单选项卡中单击"删除背景"按钮 。

8. 输出文件

设置好文件的页面属性后，就可以打印输出文件了。

(1)在"文件"菜单选项卡中单击"打印"命令，在级联菜单中选择"打印预览"命令进入打印预览视图。

利用如图 3-8-26 所示的工具按钮，可以快捷地进行各项设置。

(2)在"份数"数值框中设置打印的份数。

(3)如果打印多份，可以在"顺序"下拉列表框中指定是逐份打印，还是逐页打印。

(4)在"方式"下拉列表框中可以指定打印的方式，可以单面打印，也可以手动双面打印。

(5)单击"直接打印"按钮打印输出。

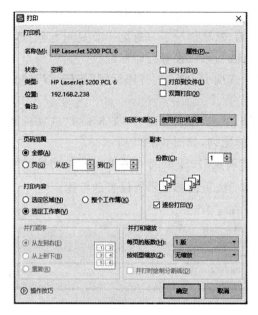

图 3-8-26　打印预览工具按钮

课后习题

1. WPS 表格的主要功能是(　　)。

A. 表格处理,文字处理,文件管理　　　　B. 表格处理,网络通信,图表处理

C. 表格处理,数据库管理,图表处理　　　D. 表格处理,数据库管理,网络通信

2. 在 WPS 表格的"文件"菜单选项卡中选择"打开"命令,(　　)。

A. 打开的是工作簿　　　　　　　　　　B. 打开的是数据库文件

C. 打开的是工作表　　　　　　　　　　D. 打开的是图表

3. 在 WPS 中,如果要保存工作簿,可按组合键(　　)。

A. Ctrl＋A　　　　　B. Ctrl＋S　　　　C. Shift＋A　　　　D. Shift＋S

4. 在编辑栏中显示的是(　　)。

A. 删除的数据　　　　　　　　　　　　B. 当前单元格的数据

C. 被复制的数据　　　　　　　　　　　D. 没有显示

5. 在 WPS 表格中,若要在一个单元格输入两行数据,最优的操作方法是(　　)。

A. 将单元格设置为"自动换行",并适当调整列宽

B. 输入第一行数据后,直接按 Enter 键换行

C. 输入第一行数据后,按 Shift＋Enter 组合键换行

D. 输入第一行数据后,按 Alt＋Enter 组合键换行

6. 如果要在工作表中选择一整列,可以(　　)。

A. 单击行标题　　　　　　　　　　　　B. 单击列标题

C. 单击"全选"按钮　　　　　　　　　D. 单击单元格

7. 在 WPS 表格中,希望将工作表"员工档案"从工作簿 A 移动到工作簿 B 中,最快捷的操作方法是(　　　)。

A. 在工作簿 A 中选择工作表"员工档案"中的所有数据,通过"剪切"→"粘贴"功能移动到工作簿 B 中名为"员工档案"的工作表内。

B. 将两个工作簿并排显示,然后从工作簿 A 中拖动工作表"员工档案"到工作簿 B 中。

C. 在"员工档案"工作表表名上单击右键,通过"移动或复制"命令将其移动到工作簿 B 中。

D. 先将工作簿 A 中的"员工档案"作为当前活动工作表,然后在工作簿 B 中通过"插入"→"对象"功能插入该工作簿。

8. 下列关于行高和列宽的说法,正确的是(　　　)。

A. 单位都是厘米　　　　　　　　　B. 单位都是毫米

C. 都是相对的数值,不是确切值　　　D. 以上说法都不正确

9. 使用"单元格格式"对话框的(　　　)选项卡可以改变单元格的底纹。

A. 对齐　　　　　B. 字体　　　　　C. 数字　　　　　D. 图案

10. 在 WPS 表格中,将鼠标指针移到单元格右下角的填充手柄上时,指针的形状为(　　　)。

A. 双箭头　　　　B. 白十字　　　　C. 黑十字　　　　D. 黑矩形

11. 在工作表中输入数据时,单元格中的内容还会在(　　　)显示。

A. 编辑栏　　　　B. 标题栏　　　　C. 工具栏　　　　D. 菜单栏

12. 小顾老师正在 WPS 表格中参考工作簿"期中成绩.xlsx"编辑制作学生期末成绩单,她希望期末各科成绩列的列宽与参考表中的"数学成绩"列宽相同。最优的操作方法是(　　　)。

A. 查看参考表中的"数学成绩"列宽值,通过"开始/格式/列宽"功能将期末各科成绩列的列宽设为相同值

B. 选择参考表中的"数学成绩"列宽值,通过"复制/粘贴/保存原列宽"功能将参考列宽复制到期末各科成绩列

C. 选择参考表中"数学成绩"列的任一单元格,通过"复制/粘贴/格式"功能将参考列宽复制到期末各科成绩列

D. 选择参考表中"数学成绩"列的任一单元格,通过"复制/选择性粘贴列宽"功能将参考列宽复制到期末各科成绩列

13. 下列关于单元格中的公式的说法,不正确的是(　　　)。

A. 只能显示公式的值,不能显示公式

B. 能自动计算公式的值

C. 公式的计算结果随引用单元格值的变化而变化

D. 公式中可以引用其他工作簿中的单元格

14. 在 WPS 表格中,分类汇总的默认汇总方式是(　　　)。

A. 求和　　　　　B. 求平均　　　　C. 求最大值　　　　D. 求最小值

15. 如果要直观地表达数据中的发展趋势,应使用(　　　)。

A.散点图　　　　　B.折线图　　　　　C.柱形图　　　　　D.饼图

16.如果想插入一条水平分页符,活动单元格应选择(　　　)。

A.任意一个单元格　　　　　　　B.第一行的单元格,A1单元格除外

C.第一列的单元格,A1单元格除外　　D.A1单元格

17.有关打印工作表,以下说法错误的是(　　　)。

A.可以打印行号列标　　　　　　B.可以打印图表

C.可以打印网格线　　　　　　　D.可以打印工作表背景图片

第4章

WPS演示软件的使用

学习目标

1. 熟悉 WPS 演示文稿的窗口组成。
2. 掌握插入、删除和保存幻灯片。
3. 掌握多媒体对象的插入,设置动画效果,添加切换效果。
4. 熟练掌握自定义演示文稿放映,学会打包、打印演示文稿。

思维导图

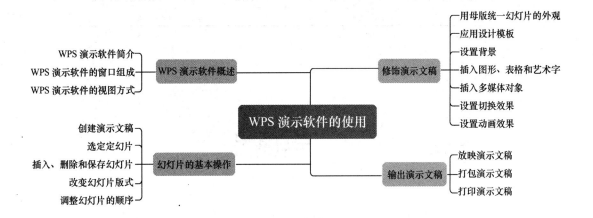

4.1 WPS 演示软件概述

4.1.1 WPS 演示软件简介

　　演示文稿简称 PPT,是指利用演示应用程序制作的文档。WPS 演示文稿的文件后缀名默认为 dps;PowerPoint 文件的后缀名默认为 ppt 或 pptx。演示文稿包含的一页一页画面称为幻灯片,每张幻灯片都是相互独立又相互联系的。也就是说,演示文稿包含幻灯片,幻灯片的集合组成演示文稿。

一个完整的演示文稿应包含封面、目录、内容页和封底,结构复杂的演示文稿可能会包含前言,每一节还有过渡页。内容页可以是文字、图形图表、表格、视频等内容的组合。

不同用途的演示文稿制作的重点也不一样。例如辅助演讲类的文稿主要内容是文字和图片;自动展示类的文稿通常图文并茂,包含大量的动画演示、音频和视频。

4.1.2 WPS 演示软件的窗口组成

与 WPS 文字处理软件相同,WPS 演示软件的菜单功能区以功能组的形式管理相应的命令按钮。大多数功能组右下角都有一个称为功能扩展按钮的图标,将鼠标指针指向该按钮时,可以预览到对应的对话框或窗口;单击该按钮,可打开相应的对话框或者窗格。

WPS 演示软件默认以普通视图显示,左侧是幻灯片窗格,显示当前演示文稿中的幻灯片缩略图,橙色边框包围的缩略图为当前幻灯片。右侧的编辑窗格显示当前幻灯片,如图 4-1-1 所示。

"备注"窗格用于编辑或显示当前幻灯片的备注内容。单击状态栏上的"隐藏或显示备注面板"按钮 ≚,可切换"备注"窗格的显示状态。

状态栏位于应用程序窗口底部,左侧显示当前幻灯片的位置信息;中间为"隐藏或显示备注面板"按钮;右侧为视图方式、"显示比例"滑块及"缩放级别"按钮。

图 4-1-1　WPS 演示软件的窗口组成

4.1.3 WPS 演示软件的视图方式

WPS 演示软件能够以多种不同的视图显示演示文稿的内容,在一种视图中对演示文稿的修改和加工会自动反映在该演示文稿的其他视图中,从而使演示文稿更易于编辑和浏览。

在"视图"菜单选项卡的"演示文稿视图"区域可以看到四种查看演示文稿的视图方式,如图 4-1-2 所示。在状态栏上也可以看到对应的视图按钮。

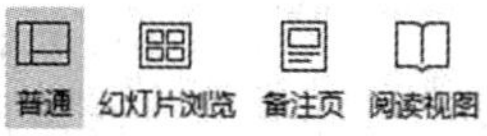

图 4-1-2　演示文稿视图

1. 普通视图

普通视图是 WPS 的默认视图,在普通视图中可以对整个演示文稿的大纲和单张幻灯片的内容进行编排与格式化。根据左侧窗格显示内容的不同,普通视图还可以分为幻灯片视图和大纲视图两种方式。

2. 幻灯片浏览视图

在幻灯片浏览视图中按次序排列缩略图,可以很方便地预览演示文稿中的所有幻灯片及相对位置。

使用这种视图不仅可以了解整个演示文稿的外观,还可以在其中轻松地按顺序组织幻灯片,尤其是在复制、移动、隐藏、删除幻灯片,以及设置幻灯片的切换效果和放映方式时很方便。

3. 备注页视图

如果需要在演示文稿中记录一些不便于显示在幻灯片中的信息,可以使用备注页视图建立、修改和编辑备注,输入的备注内容还可以打印出来作为演讲稿。在备注页视图中,文档编辑窗口分为上、下两部分:上面是幻灯片缩略图,下面是备注文本。

4. 阅读视图

阅读视图是一种全窗口查看模式,类似于放映幻灯片,不仅可以预览各张幻灯片的外观,还能查看动画和切换效果。

默认情况下,在幻灯片上单击可切换幻灯片,或插入当前幻灯片的下一个动画。在幻灯片上右击,在弹出的快捷菜单中选择"结束放映"命令,即可退出阅读视图。

4.2　幻灯片的基本操作

4.2.1　创建演示文稿

在 WPS 中,可以用多种方式创建演示文稿,帮助不同层次的用户快速开始演示文稿的创作。

(1)启动 WPS 后,在首页左侧窗格中单击"新建"命令,系统将打开一个标签名称为"新建"的界面选项卡,在左侧窗格中单击"新建演示"按钮。

(2)如果要新建一个空白的演示文稿,在"新建"的界面选项卡中单击"新建空白文档"按钮，即可创建一个文档标签为"演示文稿 1"的空白文档预置的联机模板创建格式化的演示文稿。可进行以下操作:将鼠标指针移到"新建"选项卡的模板列表中的模板图标上,单击"立即下载"按钮,即可开始下载模板,并基于模板新建一个演示文稿。

4.2.2　选定幻灯片

要编辑演示文稿,首先应选取幻灯片。在普通视图、大纲视图和幻灯片浏览视图中都可以很方便地选择幻灯片。

在普通视图或幻灯片浏览视图中单击幻灯片缩略图,即可选中指定的幻灯片,选中的幻灯片缩略图四周显示橙色边框。

在"大纲"窗格中,单击幻灯片编号右侧的图标选择幻灯片,先选中一张幻灯片,然后按住 Shift 键单击另一张幻灯片,可以选中两张幻灯片之间(包含这两张)的所有幻灯片。如果按住 Ctrl 键单击,则可选中不连续的多张幻灯片。

4.2.3 插入、删除和保存幻灯片

新建的空白演示文稿默认只有一张幻灯片,而要演示的内容通常不可能在一张幻灯片上完全展示,这就需要在演示文稿中添加幻灯片。通常在普通视图中插入幻灯片。

(1)切换到普通视图,将鼠标指针移到左侧窗格中的幻灯片缩略图上,缩略图底部显示"从当前开始"按钮和"新建幻灯片"按钮。

(2)单击"新建幻灯片"按钮,或单击左侧窗格底部的"新建幻灯片"按钮 **+** ,将展开"新建幻灯片"面板,显示各类幻灯片的推荐版式。

(3)单击需要的版式,即可下载并创建一张新幻灯片,窗口右侧自动展开"稻壳智能特性"任务窗格,用于修改幻灯片的配色、样式和演示动画。

(4)在要插入幻灯片的位置右击,在弹出的快捷菜单中选择"新建幻灯片"命令,可以在指定位置新建一个不包含内容和布局的空白幻灯片。

此外,使用菜单命令也可以新建幻灯片。在左侧窗格中单击要插入幻灯片的位置,在"开始"菜单选项卡中单击"新建幻灯片"下拉按钮 ,在弹出的"新建幻灯片"面板中选择幻灯片版式,即可在指定位置插入一张幻灯片。

删除幻灯片的操作很简单,选中要删除的幻灯片之后,直接按键盘上的 Delete 键即可;或右击幻灯片,在弹出的快捷菜单中选择"删除幻灯片"命令。删除幻灯片后,其他幻灯片的编号将自动重新排序。

在编辑演示文稿的过程中,随时进行保存是个很好的习惯,以免因为断电等意外导致数据丢失。

在 WPS 中保存演示文稿有以下 3 种常用的方法:

❖ 单击快速访问工具栏上的"保存"按钮 。

❖ 按快捷键 Ctrl+S。

❖ 执行"文件"→"保存"命令。

如果文件已经保存过,执行以上操作时,将用新文件内容覆盖原有的内容;如果是首次保存文件,则弹出"另存为"对话框,从中指定文件的保存路径、名称和类型。设置完成后,单击"保存"按钮关闭对话框。

4.2.4 改变幻灯片版式

新建幻灯片之后,用户还可以根据内容编排的需要修改幻灯片版式。

(1)选中要修改版式的幻灯片,在"开始"菜单选项卡中单击"版式"下拉按钮 ,弹出如图 4-2-1 所示的版式列表。

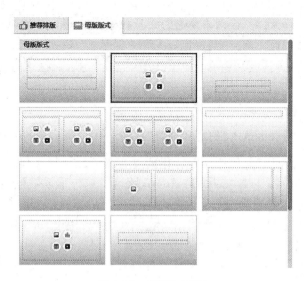

图 4-2-1　母版版式列表

（2）切换到"推荐排版"选项卡，可以看到 WPS 提供了丰富的文字排版和图示排版版式，还能更改配色。

（3）单击需要的版式，即可应用。

4.2.5　调整幻灯片的顺序

默认情况下，幻灯片按编号顺序播放，如果要调整幻灯片的播放顺序，就要移动幻灯片。

（1）选中要移动的幻灯片，在幻灯片上按下左键拖动，指针显示为 ⌖，拖到的目的位置显示一条橙色的细线。

（2）释放鼠标，即可将选中的幻灯片移动指定位置，编号也随之重排。

4.3　修饰演示文稿

4.3.1　用母版统一幻灯片的外观

母版存储演示文稿的配色方案、字体、版式等设计信息，以及所有幻灯片共有的页面元素，例如微标、Logo、页眉/页脚等。修改母版后，所有基于母版的幻灯片自动更新。

设计幻灯片母版通常遵循以下几个原则：

（1）几乎每一张幻灯片都有的元素放在幻灯片母版中。如果有个别页面（如封面页、封底页和过渡页）不需要显示这些元素，可以隐藏母版中的背景图形。

（2）在特定的版式中需要重复出现且无须改变的内容，直接放置在对应的版式页。

（3）在特定的版式中需要重复，但是具体内容又有所区别，可以插入对应类别的占位符。

在"视图"菜单选项卡中，可以看到 WPS 演示提供了三种母版：幻灯片母版、讲义母版和备注母版，如图 4-3-1 所示。

图 4-3-1　母版视图

1. 认识幻灯片母版

在"视图"菜单选项卡中单击"幻灯片母版"按钮 ，进入幻灯片母版视图，菜单功能区自动切换到"幻灯片母版"菜单选项卡，如图 4-3-2 所示。

图 4-3-2　幻灯片母版视图

母版视图左侧窗格显示母版和版式列表，最顶端为幻灯片母版，控制演示文稿中除标题幻灯片以外的所有幻灯片的默认外观，例如文字的格式、位置、项目符号、配色方案以及图形项目。

右侧窗格显示母版或版式幻灯片。在幻灯片母版中可以看到 5 个占位符：标题区、正文区、日期区、页脚区、编号区。修改它们可以影响所有基于该母版的幻灯片。

❖标题区：用于格式化所有幻灯片的标题。

❖正文区：用于格式化所有幻灯片的主体文字、项目符号和编号等。

❖日期区：用于在幻灯片上添加、定位和格式化日期。

❖页脚区：用于在幻灯片上添加、定位和格式化页脚内容。

❖编号区：用于在幻灯片上添加、定位和格式化页面编号，例如页码。

幻灯片母版下方是标题幻灯片，通常是演示文稿中的封面幻灯片。标题幻灯片下方是幻灯片版式列表，包含在特定的版式中需要重复出现且无须改变的内容。对于在特定的版式中需要重复，但是具体内容又有所区别，可以插入对应类别的占位符。

最好在创建幻灯片之前编辑幻灯片母版和版式。这样，添加到演示文稿中的所有幻灯片都会基于指定版式。如果在创建各张幻灯片之后编辑幻灯片母版或版式，则需要在普通视图中将更改的布局重新应用到演示文稿中的现有幻灯片。

2. 设计母版主题

主题是一组预定义的字体、配色方案、效果和背景样式。使用主题可以快速格式化演示文稿的总体设计。

(1)打开一个演示文稿。可以是空白演示文稿，也可以是基于主题创建的演示文稿。

（2）单击"视图"菜单选项卡中的"幻灯片母版"按钮 ，切换到"幻灯片母版"视图。

（3）如果要应用 WPS 内置的主题，应在"幻灯片母版"菜单选项卡中单击"主题"下拉按钮 。应用主题后，整个演示文稿的总体设计，包括字体、配色和效果都随之变化。

（4）如果要自定义文稿的总体设计，应分别单击"颜色"按钮、"字体"按钮和"效果"按钮，设置主题颜色、主题字体和主题效果。

（5）单击"背景"按钮 ，在编辑窗口右侧的"对象属性"任务窗格中设置母版的背景样式。与其他主题元素一样，设置幻灯片母版的背景样式后，所有幻灯片都自动应用指定的背景样式。通常情况下，标题幻灯片的背景与内容幻灯片的背景会有所不同，所以需要单独修改标题幻灯片的背景。

（6）选中幻灯片母版下方的标题幻灯片，在"幻灯片母版"菜单选项卡中单击"背景"按钮，打开"对象属性"任务窗格，修改标题幻灯片的背景。

3.设计母版文本格式

母版的文本包括标题文本和正文文本。

（1）选中标题文本，利用弹出的浮动工具栏，可以很方便地设置标题文本的字体、字号、字形、颜色和对齐方式等属性。幻灯片母版默认将正文区的文本显示为五级项目列表，用户可以根据需要设置各级文本的样式，修改文本的缩进格式和显示外观。

（2）在正文区选中要定义格式的文本，在弹出的浮动工具栏中设置文本的字体、字号、字形、颜色和对齐方式。

（3）如果希望将某个级别的文本显示为普通的文本段落，应先选中文本，在"开始"菜单选项卡中单击"项目符号"下拉按钮 ，在弹出的下拉菜单中选择"无"。

（4）按照上一步的方法修改其他级别的文本格式。

4.设计母版版式

幻灯片母版中默认设置了多种常见版式，用户还可以根据版面设计需要，添加自定义版式。在版式中插入页面元素，将自动调整为母版中指定的大小、位置和样式。

（1）在幻灯片母版视图的左侧窗格中定位要插入版式幻灯片的位置，然后在"幻灯片母版"菜单选项卡中单击"插入版式"按钮 ，即可在指定位置添加一个只有标题占位符的幻灯片。WPS 演示软件中并不能直接插入新的占位符，如果要添加内容占位符，可复制其他版式中已有的占位符。

（2）在左侧窗格中定位到包含需要的占位符的版式，复制其中的占位符，然后粘贴到新建的版式中。

（3）拖动占位符边框上的圆形控制手柄，可以调整占位符的大小；将鼠标指针移到占位符的边框上，当指针显示为四向箭头时，按下鼠标左键并拖动，可以移动占位符；选中占位符，按 Delete 键可将其删除。

（4）重复步骤（2）和步骤（3），在新版式中添加其他占位符，并调整占位符的布局位置。

（5）选中占位符，在"绘图工具"菜单选项卡中可以设置它的外观样式。选中要设置格式的文本，利用浮动工具栏设置文本的格式。默认情况下，版式幻灯片"继承"幻灯片母版中的日期区、页脚区和编号区。

(6)如果不希望在当前版式中显示日期区、页脚区和编号区的内容,则选中占位符后按 Delete 键,其他版式幻灯片不受影响。格式化"幻灯片编号"占位符时,应选中占位符中的 "＜♯＞"设置格式,千万不能将其删除,然后用文本框输入"＜♯＞";也不能用格式刷将其格式化为普通文本,否则会失去占位符的功能。

(7)设置完毕,在"幻灯片母版"菜单选项卡中单击"关闭"按钮 ，退出幻灯片母版视图。此时,在"开始"菜单选项卡中单击"版式"下拉按钮,在弹出的母版版式列表中可以看到自定义的版式。在版式列表中单击自定义版式,当前的幻灯片版式即可更改为指定的版式。

更改幻灯片母版,会影响所有应用母版的幻灯片,如果要使个别幻灯片的外观与母版不同,可以直接修改幻灯片。但是已经改动过的幻灯片,在母版中的改动对之就不再起作用。因此对于演示文稿,应该先改动母版来满足大多数的要求,再修改个别的幻灯片。

如果已经改动了幻灯片的外观,又希望恢复为母版的样式,可以在"开始"菜单选项卡中单击"重置"按钮 。

5.添加页眉和页脚

页眉和页脚也是幻灯片的重要组成部分,常用于显示统一的信息,例如公司微标、演讲主题或页码。

(1)切换到"幻灯片母版"视图,在母版列表中选中顶部的幻灯片母版。

(2)拖动母版底部的"日期"、"页脚"或"编号"占位符,可以移动占位符的位置。

(3)设置页眉、页脚元素的显示外观。选中占位符中的占位文本,在弹出的快速格式工具栏中设置文本格式;使用"绘图工具格式"菜单选项卡可以格式化占位符的外观。

在幻灯片母版中修改占位符或文本格式后,其他版式将自动更新。幻灯片默认从 1 开始编号,可以指定编号起始值。

(4)在"设计"菜单选项卡中单击"页面设置"按钮 ，在弹出的"页面设置"对话框中设置幻灯片编号的起始值,如图 4-3-3 所示设置页眉、页脚的位置和格式后,就可以插入页眉、页脚内容了。

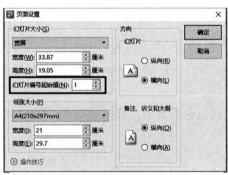

图 4-3-3　修改幻灯片编号起始值

(5)在"幻灯片母版"菜单选项卡中单击"关闭"按钮,返回普通视图。在"插入"菜单选项卡中单击"页眉和页脚"按钮,打开"页眉和页脚"对话框。

日期和时间、幻灯片编号、页脚分别对应于"预览"框中的三个实线方框。选中相应复选框,"预览"框中对应的方框线加粗显示。

预览框中页眉、页脚的位置由对应的母版决定,只能在母版中修改。

(6)如果希望插入的日期和时间自动更新,应选中"日期和时间"复选框,并选择"自动更新"单选按钮。

(7)如果要显示页脚内容,应选中"页脚"复选框,然后在下方的文本框中输入页脚内容。

(8)通常标题幻灯片中不显示编号和页脚,因此选中"标题幻灯片不显示"复选框。

(9)如果希望仅当前幻灯片显示设置的页脚内容,则单击"应用"按钮;如果要将页脚设置应用到所有幻灯片,则单击"全部应用"按钮。

6.备注母版和讲义母版

备注母版用于格式化备注页面,统一备注的文本格式。讲义可以帮助演讲者或观众了解演示文稿的总体概要。使用讲义母版,可以格式化讲义的页面布局和背景样式。

(1)单击"视图"菜单选项卡"母版视图"功能组中的"备注母版"按钮 📇备注母版,切换到备注母版视图。单击"讲义母版"按钮 🖿讲义母版,则进入讲义母版视图。

(2)在对应的母版菜单选项卡中,设置母版的页面方向、幻灯片大小和主题;设置页眉、日期、幻灯片图像、正文、页脚和页码等各个占位符在备注或讲义页中的可见性。

(3)在备注母版中选中要编辑的文本占位符,设置文本格式。对于讲义,可以设置每页包含的幻灯片数量。

(4)分别选中页眉区、日期区、页脚区和编号区,设置页眉和页脚的位置、格式,然后单击"关闭"按钮关闭母版视图。

(5)在"插入"菜单选项卡中单击"页眉和页脚"按钮,打开"页眉和页脚"对话框,然后切换到如图 4-3-4 所示的"备注和讲义"选项卡,设置页眉和页脚的内容。

图 4-3-4 "备注和讲义"选项卡

(6)设置完成后,单击"全部应用"按钮,关闭对话框。

4.3.2 应用设计模板

对于初学者来说,在创建演示文稿时,如果没有特殊的构想,要创作出专业水平的演示文稿,使用设计模板是一个很好的开始。使用模板可使用户集中精力创建文稿的内容,而不用考虑文稿的配色、布局等整体风格。

1. 套用设计模板

设计模板决定了幻灯片的主要版式、文本格式、颜色配置和背景样式。

（1）打开演示文稿，切换到"设计"菜单选项卡。

（2）单击功能区最左侧的"智能美化"按钮 ，当前演示文稿将随机地应用一种模板。此时，在演示文稿中新建幻灯片，新幻灯片也将自动套用指定的模板。

（3）如果要应用 WPS 内置的或在线的设计模板，应在"设计"菜单选项卡的"设计方案"下拉列表框中选择需要的模板。单击"更多设计"按钮 ，可打开在线设计方案库，在海量模板中搜索合适的模板。

（4）单击模板图标，右侧显示出对应的设计方案，显示该模板中的所有版式页面。

（5）如果仅在当前演示文稿中套用模板的风格，应单击"预览换肤效果"按钮，单击"应用美化"按钮；如果要在当前演示文稿中插入模板的所有页面，应选中需要的版式页面，勾选"模板详情"，"应用美化"按钮显示为"应用并插入"，单击该按钮插入并应用模板风格的幻灯片效果。

（6）如果要套用已保存的模板或主题，应在"设计"菜单选项卡中单击"导入模板"按钮，弹出"应用设计模板"对话框。

（7）在模板列表中选中需要的模板，单击"打开"按钮，选中的模板即可应用到当前演示文稿中的所有幻灯片。

（8）如果要取消当前套用的模板，应在"设计"菜单选项卡中单击"本文模板"按钮 ，在如图 4-3-5 所示的对话框中单击"套用空白模板"图标按钮，然后单击"应用当前页"按钮或"应用全部页"按钮。

图 4-3-5 "本文模板"对话框

2. 更改幻灯片的尺寸

使用不同的放映设备展示幻灯片，对幻灯片的尺寸要求也会有所不同。在 WPS 演示软件中可以很方便地修改幻灯片的尺寸，但最好在制作幻灯片内容之前，就根据放映设备确定幻灯片的大小，以免后期修改影响版面布局。

（1）在"设计"菜单选项卡中单击"幻灯片大小"下拉按钮 ，在如图 4-3-6 所示的下拉菜单中，根据放映设备的尺寸选择幻灯片的长宽比例。

（2）如果没有合适的尺寸，可以单击"自定义大小"命令，或在"设计"菜单选项卡中单击"页面设置"按钮 ，弹出如图 4-3-7 所示的"页面设置"对话框。

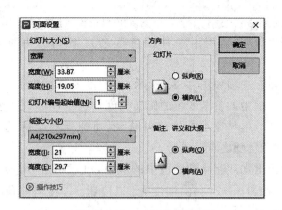

图 4-3-6 "幻灯片大小"下拉菜单   图 4-3-7 "页面设置"对话框

(3)在"幻灯片大小"下拉列表框中可以选择预设大小,如果选择"自定义"选项,可以在"宽度"和"高度"数值框中自定义幻灯片大小。

在"页面设置"对话框中,"纸张大小"下拉列表框用于设置打印幻灯片的纸张大小,并非幻灯片的尺寸。

(4)修改幻灯片尺寸后,单击"确定"按钮,弹出"页面缩放选项"对话框。

(5)根据需要选择幻灯片缩放的方式,通常选择"确保适合"图标按钮。

3. 保存模板并应用

如果希望当前的演示文稿套用一个已有的文稿背景样式、配色方案和版式,可以将演示文稿另存为模板,然后应用于其他演示文稿。

(1)打开要保存为模板的演示文稿,单击"文件"菜单选项卡上的"另存为"命令,打开"另存为"对话框。

(2)设置保存路径和文件名称后,在"文件类型"下拉列表框中选择一种模板类型,然后单击"保存"按钮关闭对话框。

(3)切换到应用模板的演示文稿,在"设计"菜单选项卡中单击"导入模板"按钮,在弹出的"应用设计模板"对话框中可以看到保存的模板文件。

(4)选中保存的模板,单击"打开"按钮,即可将模板应用于当前演示文稿。

4.3.3 设置背景

套用模板后,还可以修改演示文稿的背景样式和配色方案。

(1)如果要修改文档的背景样式,应单击"背景"下拉按钮 ![背景],在背景颜色列表中单击需要的颜色。

(2)如果要对背景样式进行自定义设置,应在"背景"下拉菜单中选择"背景"命令,打开"对象属性"任务窗格进行设置。

在"对象属性"任务窗格中可以看到,幻灯片的背景样式可以是纯色、渐变色、纹理、图案和图片。在一张幻灯片或者母版上只能使用一种背景类型。

设置的背景默认仅应用于当前幻灯片,单击"全部应用"按钮,可以将其应用于当前演示文稿中的全部幻灯片和母版。单击"重置背景"按钮,取消背景设置。

❖纯色填充：使用一种单一的颜色作为幻灯片背景颜色。

❖渐变填充：使用由一种颜色逐渐过渡到另一种颜色的渐变色作为幻灯片背景颜色。

渐变填充选项如图 4-3-8 所示。在"渐变样式"列表中可以选择颜色过渡的方式。在"角度"微调框中调整渐变色的旋转角度。选中色标，在"色标颜色"下拉列表框中选择填充颜色。在色标上按下鼠标左键并拖动，可以调整色标的位置，渐变色也随之自动更新。

如果要增加或删除渐变色中的颜色，可以单击"增加渐变光圈"按钮 或"删除渐变光圈"按钮 ，在当前色标相邻的位置添加一个色标或删除当前选中的色标。

❖图片或纹理填充：将图片或内置的纹理作为背景进行填充。

如果要将一幅图片作为纹理填充幻灯片背景，图片的上边界和下边界、左边界和右边界应能平滑衔接，才能有理想的填充效果。

❖图案填充：使用指定背景色和前景色的图案填充幻灯片背景。

图案背景与纹理背景都是通过平铺一种图案来填充背景。不同的是，纹理可以是任意选择的图片，而图案只能是可以改变前景色和背景色的系统预置样式。

图 4-3-8　渐变填充选项

（3）如果要修改整个文档的配色方案，可单击"配色方案"下拉按钮 ，在颜色组合列表中单击需要的主题颜色。

选中的配色方案默认应用于当前演示文稿中的所有幻灯片，以及后续新建的幻灯片。

4.3.4 插入图形、表格和艺术字

1. 插入智能图形

WPS 中的智能图形与 Office 中的 SmartArt 图形相同，用于直观地表达和交流信息。WPS 内置了丰富的智能图形，可以帮助用户轻松创建具有设计师水准的列表、流程图、组织结构图等图示。

（1）在"插入"菜单选项卡中单击"智能图形"按钮，打开"智能图形"对话框。

（2）在上侧窗格中选择图形类型，然后在中间窗格中选择需要的图形，右侧窗格中将显示选中图形的简要说明。

（3）单击"确定"按钮，即可在幻灯片中插入指定类型的智能图形。例如，插入的"蛇形图片重点列表"，如图 4-3-9 所示。

（4）单击智能图形中的文本占位符，可以直接输入文本，如图 4-3-10 所示。

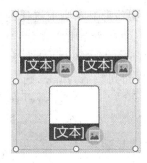
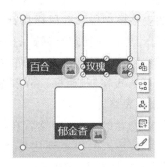

图 4-3-9　蛇形图片重点列表　　　　图 4-3-10　在智能图形中输入文本

（5）单击智能图形中的图片占位符，在打开的"插入图片"对话框中选择需要的图片，单击"打开"按钮，图片将以占位符指定的大小和样式显示，如图 4-3-11 所示。

（6）智能图形默认的项目个数通常与实际需要不符，因此，需要在图形中添加或删除项目。如果要添加项目，应在要添加项目的邻近位置选中一个项目，在"设计"菜单选项卡中单击"添加项目"下拉按钮 ，弹出如图 4-3-12 所示的下拉菜单。选择要添加的项目相对于当前选中项目的位置，即可在图形中添加项目。

例如，选中"郁金香"图片占位符后，在后面添加项目的效果如图 4-3-13 所示。

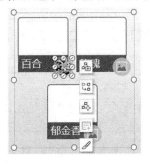

图 4-3-11　在智能图形中插入图片　　　图 4-3-12　"添加项目"下拉菜单　　　图 4-3-13　添加项目的效果

（7）如果要在智能图形中删除某个项目，可选中项目包含的文本占位符，然后按 Delete 键。如果选中项目中的图片占位符，则按 Delete 键并不能删除选中的项目。

（8）如果要调整项目的排列顺序，应在选中项目后，单击"前移"按钮 或"后移"按钮 。

（9）对于有层次结构的智能图形，如果要调整项目的层级，可以选中项目后，在"设计"菜单选项卡中单击"降级"按钮 或"升级"按钮 。

（10）单击智能图形的边框选中图形，单击"更改颜色"下拉按钮，在弹出的配色方案中单击需要的颜色方案，即可应用到智能图形。

表格按行、列排布文本或者数据，是一种常用于比较多组相关值、罗列项目相关数据的信息组织形式。

2. 插入表格

与 WPS 文字处理软件相同，在 WPS 演示文稿中，可以使用表格模型和"插入表格"对话框插入表格。

（1）切换到"普通"视图，单击"插入"菜单选项卡中的"表格"下拉按钮 。

（2）在弹出的表格模型中移动鼠标指针，表格模型顶部显示当前选择的行数和列数。单击即可在当前幻灯片中插入指定行列数的表格，且表格默认套用样式。

（3）如果习惯使用对话框创建表格，可以在下拉列表框中单击"插入表格"命令，弹出如图 4-3-14 所示的"插入表格"对话框。分别输入行数和列数后，单击"确定"按钮，即可插入一个自动套用样式的表格。

（4）单击要输入内容的单元格，然后在插入点输入文本。在单元格中输入数据时，输入的内容到达单元格边界时自动换行。如果内容行数超过单元格高度，则自动向下扩充。

图 4-3-14 "插入表格"对话框

（5）单击其他单元格，输入内容。默认情况下，按 Tab 键可以将插入点快速移到右侧相邻的单元格中；按 Shift＋Tab 键可以选中左侧相邻单元格中所有的内容。如果插入点位于最后一行最右侧的单元格内容末尾，按 Tab 键将在表格的底部增加一个新行。

（6）输入完成后，单击表格之外的任意位置退出表格编辑状态。

（7）单击表格中的任意一个单元格，利用如图 4-3-15 所示的"表格样式"菜单选项卡可以设置表格样式。相关操作与在 WPS 文字处理软件中设置表格样式的方法相同，不再赘述。

图 4-3-15 "表格样式"菜单选项卡

3. 插入艺术字

在幻灯片中使用艺术字可以为幻灯片增添色彩。插入艺术字后，用户可以对艺术字进行编辑。

（1）WPS 为用户提供了多种预设的艺术字样式。在"插入"选项卡中单击"艺术字"下拉按钮  ，从列表中选择合适的艺术字样式。

（2）在幻灯片中插入一个艺术字文本框。

（3）在文本框中输入文本内容即可。

（4）在幻灯片中插入艺术字后，用户可以对艺术字进行编辑，例如更改艺术字样式、填充颜色、轮廓颜色、效果等。

4.3.5 插入多媒体对象

如果幻灯片中需要讲解的内容比较多，不便于在幻灯片中完整展示，就可以使用音频、视频或 Flash 动画，这样不仅能简化页面，增强视觉效果，还能使讲解内容更直观易懂。

1. 插入音频

在文字内容较多的幻灯片中，为避免枯燥乏味，可以在幻灯片中添加背景音乐，或为演示文本添加配音讲解。

（1）打开要插入音频的幻灯片，在"插入"菜单选项卡中单击"音频"下拉按钮 。

（2）选择要插入音频的方式。

在 WPS 中,不仅可以直接在幻灯片中嵌入音频,还能链接到音频。这两种方式的不同之处在于,将演示文稿复制到其他计算机上放映时,嵌入音频能正常播放,链接的音频必须将音频文件一同复制,并存放到相同的路径下才能播放。

单击"嵌入音频"或"链接到音频"命令,打开"插入音频"对话框,在本地计算机或 WPS 云盘中选择音频文件。

单击"嵌入背景音乐"或"链接背景音乐"命令,打开"从当前页插入背景音乐"对话框,在本地计算机或 WPS 云盘中选择音频文件。

如果是稻壳会员,还可以直接在音频中心单击音频名称右侧的"立即使用"按钮,将指定的音乐插入当前幻灯片中。

(3)单击"插入音频"或"从当前页插入背景音乐"对话框中的"打开"按钮,即可在幻灯片中显示音频图标 和播放控件。

(4)将鼠标指针移到音频图标变形框顶点位置的变形手柄上,指针变为双向箭头时,按下鼠标左键并拖动,可以调整图标的大小;指针变为四向箭头时,按下鼠标左键并拖动,可以移动图标的位置。如果不希望在幻灯片中显示音频图标,可以将音频图标拖放到幻灯片之外。此时,单击音频图标或播放控件上的"播放/暂停"按钮 ,可以试听音频效果。利用播放控件还可以前进、后退、调整播放音量。

(5)音频图标实质上是一张图片,可利用"图片工具"菜单选项卡更改音频图标、设置音频图标的样式和颜色效果,以贴合幻灯片风格。选中音频图标,在"图片工具"菜单选项卡中单击"更改图片"按钮 ,在弹出的"更改图片"对话框中更换音频图标。

(6)利用"图片轮廓"和"图片效果"按钮修改音频图标的视觉样式。

2. 插入视频

随着网络技术的飞速发展,视频凭借其直观的演示效果越来越多地应用于辅助展示和演讲。在 WPS 中,可以很轻松地在幻灯片中插入视频,并对视频进行一些简单的编辑操作。

(1)选中要插入视频的幻灯片,在"插入"菜单选项卡中单击"视频"下拉按钮 ,弹出如图 4-3-16 所示的下拉菜单。

(2)在"视频"下拉菜单中选择插入视频的方式。

❖嵌入视频:在本地计算机上查找视频,并将其嵌入幻灯片中。

❖链接到视频:将本地计算机上的视频以链接的形式插入幻灯片中。

图 4-3-16 "视频"下拉菜单

❖开场动画视频:选择"视频模板"里的素材,插入幻灯片中。

(3)选中需要的视频文件后,单击"打开"按钮,即可在幻灯片中显示插入的视频和播放控件。

(4)将鼠标指针移到视频顶点位置的变形手柄上,指针变为双向箭头时按下鼠标左键并拖动,调整视频文件的显示尺寸;指针变为四向箭头时,按下鼠标左键并拖动调整视频的位置。

视频图标的大小范围是观看视频文件的屏幕大小。因此,调整视频尺寸时,应尽量保持视频的长宽比一致,以免影像失真。此时,单击播放控件上的"播放/暂停"按钮,可以预览视频。利用播放控件还可以前进、后退、调整播放音量。

4.3.6 设置切换效果

设置幻灯片的切换动画可以很好地将主题或画风不同的幻灯片进行衔接、转场,增强演示文稿的视觉效果。

1. 添加切换效果

切换效果是添加在相邻两张幻灯片之间的特殊效果,即在放映幻灯片时,以动画形式退出上一张幻灯片,切入当前幻灯片。

(1)切换到普通视图或幻灯片浏览视图。在幻灯片浏览视图中,可以查看多张幻灯片,十分方便地在整个演示文稿的范围内编辑幻灯片的切换效果。

(2)选择要添加切换效果的幻灯片。如果要选择多张幻灯片,可按住 Shift 键或 Ctrl 键单击需要的幻灯片。

(3)在"切换"菜单选项卡中的"切换效果"下拉列表框中选择需要的效果,如图 4-3-17 所示。

图 4-3-17　切换效果列表

(4)设置切换效果后,在普通视图的幻灯片编辑窗口中可以看到切换效果;在幻灯片浏览视图中,每张幻灯片的下方左侧为幻灯片编号,右侧显示效果图标。

(5)在普通视图的"切换"菜单选项卡中单击"预览效果"按钮 ，或单击状态栏上的"从当前幻灯片开始播放"按钮 ，可以预览从前一张幻灯片切换到该幻灯片的切换效果以及该幻灯片的动画效果。

2. 设置切换选项

添加切换效果之后,用户可以修改切换效果的选项,如进入的方向和形态,以及切换速度、声音效果和换片方式等。

(1)选中要设置切换参数的幻灯片。

(2)在右侧功能栏单击"切换效果"按钮,幻灯片编辑窗口右侧显示"幻灯片切换"窗格。

(3)在"效果选项"下拉列表框中选择效果的方向或形态。

(4)在"速度"数值框中输入切换效果持续的时间。

(5)在"声音"下拉列表框中选择切换时的声音效果。除了内置的音效,还可以从本地计算机上选择声音效果。

(6)在"换片方式"区域选择切换幻灯片的方式。默认为单击鼠标时切换,也可以指定每隔特定时间后,自动切换到下一张幻灯片。

(7)如果要将切换效果和计时设置应用于演示文稿中所有的幻灯片,应单击"应用于所有幻灯片"按钮,否则仅应用于当前选中的幻灯片。如果希望将切换效果应用于与当前选中的幻灯片版式相同的所有幻灯片,则单击"应用于母版"按钮。

(8)单击"播放"按钮,在当前编辑窗口中预览切换效果;单击"幻灯片播放"按钮。可进入全屏放映模式预览切换效果。

4.3.7 设置动画效果

设置幻灯片动画,是指为幻灯片中的页面元素(例如文本、图片、图表、动作按钮、多媒体等)添加出现或消失的动画效果,并指定动画开始播放的方式和持续的时间。如果在母版中设置动画方案,整个演示文稿将有统一的动画效果。

1. 添加动画效果

WPS 演示软件在"动画"菜单选项卡中内置了丰富的动画方案。使用内置的动画方案可以将一组预定义的动画效果应用于所选幻灯片对象。

(1)在普通视图中,选中要添加动画效果的页面对象。

(2)切换到"动画"菜单选项卡,在"动画"下拉列表框中可以看到如图 4-3-18 所示的内置的动画方案列表。

图 4-3-18 内置的动画方案列表

从图 4-3-18 可以看到,WPS 预置了五大类动画效果:进入、强调、退出、动作路径以及绘制自定义路径。前三类用于设置页面对象在不同阶段的动画效果;"动作路径"通常用于设置页面对象按指定的路径运动;"绘制自定义路径"则用于自定义页面对象的运动轨迹。

(3)单击需要的动画方案,幻灯片编辑窗口播放动画效果,播放完成后,应用动画效果的页面对象左上方显示淡蓝色的效果标号,如图 4-3-19 所示。

此时，单击"动画"菜单选项卡中的"预览效果"按钮，可以在幻灯片编辑窗口再次预览动画效果。

(4)重复步骤(1)～步骤(3)，为幻灯片中的其他页面对象添加动画效果。

(5)如果要为同一个页面对象添加多种动画效果，可在"动画"菜单选项卡中单击"动画窗格"按钮 ，打开如图 4-3-20 所示的"动画窗格"窗格，在动画列表中选择需要的效果。

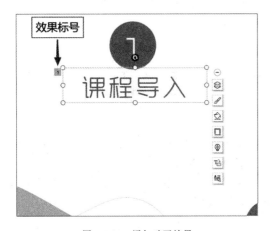

图 4-3-19　添加动画效果　　　　　　图 4-3-20　"动画窗格"窗格

如果利用"动画"菜单选项卡中的"动画"下拉列表框中的效果为同一个页面对象多次添加动画效果，后添加的动画将替换之前添加的动画。

(6)如果要删除幻灯片中的某个动画效果，可在幻灯片中单击动画对应的效果标号，然后按 Delete 键。

(7)如果要删除当前幻灯片中的所有动画，可在"动画"菜单选项卡中单击"删除动画"按钮 ，在弹出的删除提示对话框中单击"是"按钮。

除了丰富的内置动画，使用 WPS 还能轻松地为页面对象添加创意十足的智能动画，即使不懂动画制作的人，或是办公新手，也能制作出酷炫的动感效果。

(8)选中要添加动画的页面对象。

(9)在"动画"菜单选项卡中单击"智能动画"按钮 ，弹出智能动画列表。将鼠标指针移到一种效果上，即可预览动画的效果。

(10)单击需要的效果，即可将其应用于选中的页面对象。

2. 设置效果选项

添加幻灯片动画之后,还可以修改动画使用的开始时间、方向和速度等选项,以满足设计需要。

(1)在幻灯片中单击要修改动画的页面对象,或直接单击动画对应的效果标号。当前选中的效果标号显示颜色变浅。

(2)在"动画"菜单选项卡中单击"动画窗格"按钮,打开"动画窗格"窗格。在动画列表框中,最左侧的数字表明动画的次序;序号右侧的鼠标图标 或时钟图标 表示动画的计时方式为"单击时"或"之后"。动画计时方式右侧为动画类型标记,绿色五角星 表示"进入动画",黄色五角星 表示"强调动画"(在触发器中显示为黄色五角星),红色五角星 表示"退出动画"。动画类型标记右侧为应用动画的对象。将鼠标指针移到某一个动画上,可以查看该动画的详细信息。

如果一个占位符中有多个段落或层级文本,会默认折叠显示。单击效果列表窗格中的"展开内容"按钮 ,可查看、设置单个段落或层次文本的效果。单击"隐藏内容"按钮 可恢复到整个占位符模式。

(3)在"开始"下拉列表框中选择动画的开始方式,如图 4-3-21 所示。

默认为单击鼠标时开始播放。"与上一动画同时"是指与上一动画同时播放;"在上一动画之后"是指在上一动画播放完成之后开始播放。对于包含多个段落的占位符,该选项设置将作用于占位符中所有的子段落。

(4)设置动画的属性。如果选中的动画有"方向"属性,应在"方向"下拉列表框中选择动画的方向,如图 4-3-22 所示。

(5)设置动画的播放速度。在"速度"下拉列表框中选择动画的播放速度,如图 4-3-23 所示。

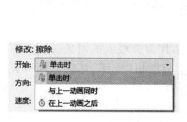  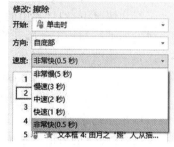

图 4-3-21 设置动画播放的方式　　图 4-3-22 设置动画方向　　图 4-3-23 设置动画速度

(6)在"动画窗格"窗格的效果列表框中,单击要修改选项设置的效果右侧的下拉按钮,弹出下拉菜单。

(7)在下拉菜单中选择"效果选项"命令,打开对应的"效果"选项卡,如图 4-3-24 所示。

(8)在"效果"选项卡的"设置"区域,设置效果的方向;在"增强"区域设置动画播放时的声音效果、动画播放后的颜色变化效果和可见性。如果动画应用的对象是文本,还可以设置动画文本的发送单位。

(9)切换到"计时"选项卡,设置动画播放的开始、延迟、速度和重复方式,如图 4-3-25 所示。

图 4-3-24　"效果"选项卡　　　　　　图 4-3-25　"计时"选项卡

（10）如果选中的对象包含多级段落，则切换到"正文文本动画"选项卡，设置多级段落的组合方式，如图 4-3-26 所示。

（11）设置完毕，单击"确定"按钮关闭对话框。

（12）如果要调整同一张幻灯片上的动画顺序，应选中动画效果，单击"向前移动"按钮 ↑ 或"向后移动"按钮 ↓ 。

在"自定义动画"窗格的效果列表框中按住 Ctrl 或 Shift 键单击，可以选中多个动画效果。

（13）设置完成后，单击"播放"按钮 ⊙播放 ，可在幻灯片编辑窗口中预览当前幻灯片的动画效果；单击"幻灯片播放"按钮 幻灯片播放 ，可进入全屏放映模式，播放当前幻灯片的动画效果。

3.利用触发器控制动画

默认情况下，幻灯片中的动画效果在单击或到达排练计时开始播放，且只播放一次。使用触发器可控制指定动画开始播放的方式，并能重复播放动画。触发器的功能相当于按钮，可以是一张图片、一个形状、一段文字或一个文本框等页面元素。

（1）选中一个已添加动画效果的页面对象对应的效果标号，作为被触发的对象。

（2）在"动画"菜单选项卡中单击"动画窗格"按钮，打开"动画窗格"窗格，然后在动画列表框中单击选定动画右侧的下拉按钮，在弹出的下拉菜单中选择"计时"命令。

（3）在弹出的对话框中单击"触发器"按钮，展开对应的选项，如图 4-3-27 所示。

图 4-3-26　"正文文本动画"选项卡　　　图 4-3-27　显示触发器选项

（4）选择"单击下列对象时启动效果"单选按钮，然后在右侧的下拉列表框中选择触发动画效果的对象。

（5）设置完毕后，单击"确定"按钮关闭对话框。

4. 使用高级日程表

在 WPS 中，利用高级日程表可以很直观地修改动画的开始时间、持续时间，从而控制动画的播放流程。

（1）在"动画"菜单选项卡中单击"动画窗格"按钮，打开"动画窗格"窗格。

（2）在动画列表框中，单击任意一个动画右侧的下拉按钮，在弹出的下拉菜单中选择"显示高级日程表"命令。

此时，选中的动画对象右侧显示一个灰色的方块，称为时间方块，利用该方块可以精细地设置每项效果的开始和结束时间；效果列表框右下角显示时间尺，如图 4-3-28 所示。各个动画对象的时间方块与时间尺组成高级日程表。

显示高级日程表之后，将鼠标指针移到效果列表框中的任一个动画对象上，可查看对应的时间方块。

（3）将鼠标指针移到时间方块的右边线上，指针显示为 ⊞，按下鼠标左键并拖动，可以修改动画效果的结束时间，如图 4-3-29 所示。

图 4-3-28　显示高级日程表

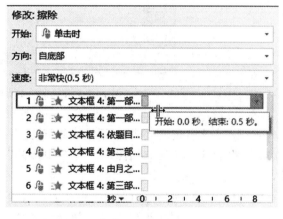

图 4-3-29　修改动画效果的结束时间

如果时间方块太小或太大，不便于查看，可以单击时间尺左侧的"秒"下拉按钮，在弹出的下拉菜单中放大或缩小时间尺的标度。

（4）将鼠标指针移到时间方块的中间或左边线上，指针显示为 ⊞，按下鼠标左键并拖动，可以在保持动画持续时间不变的同时，改变动画的开始时间。

4.4　输出演示文稿

4.4.1　放映演示文稿

1. 自定义演示

在放映演示文稿时，可能只需要放映演示文稿中的部分幻灯片，此时可通过设置幻灯片的自定义演示来实现。下面将自定义"工作总结汇报.pptx"演示文稿的放映顺序,其具体操作步骤如下。

(1)打开素材文件"工作总结汇报.pptx"演示文稿,单击"幻灯片放映"选项卡中的"自定义放映"按钮 。

(2)打开"自定义放映"对话框,单击"新建"按钮,新建一个放映项目。

(3)打开"定义自定义放映"对话框,在"在演示文稿中的幻灯片"列表框中同时选择第3~8张幻灯片,单击"添加"按钮,将幻灯片添加到"在自定义放映中的幻灯片"列表框中,如图4-4-1所示。

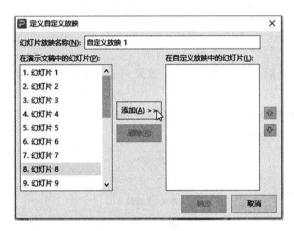

图 4-4-1 "定义自定义放映"对话框

(4)单击"定义自定义放映"对话框中的"确定"按钮,确认自定义放映的幻灯片。

(5)返回"自定义放映"对话框,在"自定义放映"列表框中已显示出新创建的自定义放映名称,单击"关闭"按钮。

在"自定义放映"对话框中选择自定义的放映项目,单击"编辑"按钮,即可打开"定义自定义放映"对话框,在其中可对幻灯片的播放顺序和内容,以及幻灯片放映名称进行重新调整。

2.设置放映方式

设置幻灯片放映方式主要包括放映类型、放映幻灯片的数量、换片方式和是否循环放映等。

(1)单击"幻灯片放映"选项卡中的"放映设置"下拉按钮 。

(2)单击"放映设置"选项,打开"设置放映方式"对话框,在"放映选项"栏中单击选中"循环放映,按 ESC 键终止"复选框;在"放映幻灯片"栏中单击选中"自定义放映"单选项;在"换片方式"栏中单击选中"手动"单选项;单击"确定"按钮,如图4-4-2所示。

(3)返回 WPS 演示工作界面,单击"幻灯片放映"选项卡中的"从头开始"按钮 ,开始放映幻灯片。

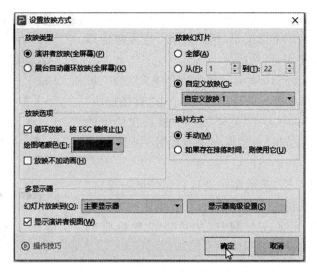

图 4-4-2　"设置放映方式"对话框

4.4.2 打包演示文稿

如果要查看演示文稿的计算机上没有安装 PowerPoint，或缺少演示文稿中使用的某些字体，可以将演示文档和与之链接的文件一起打包成文件夹或压缩文件。

（1）打开要打包的演示文稿，在"文件"菜单选项卡上单击"文件打包"命令，然后在级联菜单中选择打包演示文稿的方式。

（2）如果选择"将演示文档打包成文件夹"命令，则弹出如图 4-4-3 所示的"演示文件打包"对话框。

图 4-4-3　"演示文件打包"对话框

输入文件夹名称与文件夹位置，如果要同时生成一个压缩包，应选中"同时打包成一个压缩文件"复选框，然后单击"确定"按钮。

打包完成后，弹出"已完成打包"对话框。单击"打开文件夹"按钮，可查看打包文件。

（3）如果选择"将演示文档打包成压缩文件"命令，将弹出"演示文件打包"对话框。设置文件名称和路径后，单击" 确定"按钮即可。

4.4.3 打印演示文稿

打印演示文稿主要指打印演示文档的讲义、备注和大纲，以辅助演示者把握演示内容的提纲和要点，它不仅言简意赅，还图文并茂。

（1）在"文件"菜单选项卡中单击"打印"命令，然后在级联菜单中选择"打印预览"命令，切换到打印预览视图。

（2）单击"打印内容"下拉按钮，在弹出的下拉菜单中选择要打印的内容，如图4-4-4所示。

（3）默认情况下，会打印演示文稿中的所有幻灯片、讲义、备注或大纲。如果要指定打印范围，应单击"直接打印"下拉按钮，在下拉菜单中选择"打印"命令，然后在弹出的"打印"对话框的"打印范围"选项区域进行设置，如图4-4-5所示。

（4）在"纸张类型"下拉列表框中选择打印的纸张规格。

（5）单击"横向"按钮或"纵向"按钮，设置纸张的方向。

在打印讲义、备注页或大纲时，才可以设置纸张的方向。

图4-4-4　"幻灯片"下拉菜单

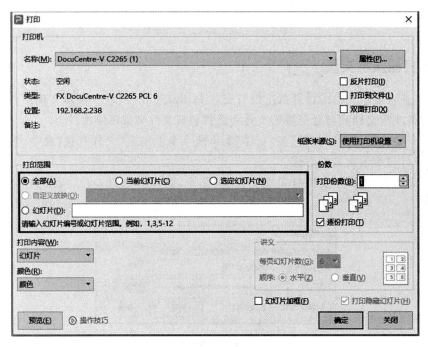

图4-4-5　设置打印范围

（6）如果演示文稿中有隐藏的幻灯片，默认情况下会打印隐藏幻灯片的讲义、备注或大纲。如果不希望打印，则取消选中"打印隐藏幻灯片"按钮。

（7）如果希望打印幻灯片、讲义或备注时，幻灯片四周显示黑色线条边框，单击"幻灯片加框"按钮。在打印幻灯片和讲义时，建议选中"幻灯片加框"按钮，这样可以区分各张幻灯片。

（8）如果要在打印文件中添加页眉和页脚，可以单击"页眉和页脚"按钮.在如图4-4-6所示的"页眉和页脚"对话框中设置幻灯片、备注和讲义的页眉、页脚。设置完成后，单击"应用"或"全部应用"按钮关闭对话框。

图 4-4-6 "页眉和页脚"对话框

页眉和页脚分别显示在每一页打印页面顶部和底部的文档附加信息。应提醒读者注意的是,打印的内容不同,页脚的显示位置也不相同。

例如,打印幻灯片时,插入的页脚默认显示在幻灯片底部中间,并可以设置将页脚应用于当前幻灯片还是全部幻灯片。

如果打印讲义,则设置的页脚默认显示在页面左下角,且自动应用于所有打印页面。

(9)WPS默认以彩色模式显示幻灯片,用户可以根据打印需要切换为纯黑白模式。单击"颜色"下拉按钮,在弹出的下拉菜单中选择幻灯片的颜色效果。

如果演示文稿设置有背景,打印时最好选择"纯黑白"模式,以免影响打印效果。当然,如果要彩色打印的话,就另当别论了。

(10)在打印每页排列4张、6张或9张幻灯片的讲义时,应单击"打印顺序"下拉按钮,选择打印顺序。

(11)在"份数"数值框中输入要打印的份数。如果要打印多份,在"顺序"下拉列表框中可以选择是逐份打印还是逐页打印。

(12)在"方式"下拉列表框中设置是否双面打印。

(13)设置完成后,单击"直接打印"按钮开始打印输出。

课后习题

1.WPS演示软件是一种主要用于(　　)的工具。

A.画图 　　　　 B.文字处理 　　　　 C.制作幻灯片 　　　　 D.绘制表格

2.在(　　)视图中,可以用鼠标拖动调整幻灯片的位置。

A.阅读 　　　　 B.备注页 　　　　 C.幻灯片浏览 　　　　 D.幻灯片放映

3.关于备注页视图,下列叙述中正确的是(　　)。

A.在备注页视图中可以看到其他幻灯片的缩略图

B.备注信息在演讲时用作提示,因此在播放时以小字号显示

C.单击状态栏上的"隐藏或显示备注面板"按钮,可切换到备注页视图

D.备注信息在播放时不显示

4.在( )视图中,编辑窗口显示为上下两部分,上部分是幻灯片,下部分是文本框,用于记录讲演时所需的一些提示要点。

A.备注页 B.幻灯片浏览 C.普通 D.阅读

5.下列有关插入幻灯片的说法错误的是( )。

A.在"插入"菜单选项卡中单击"新建幻灯片"下拉按钮,在弹出的"新建"面板中选择版式

B.可以从其他演示文稿复制,粘贴在当前演示文稿中,从而插入新幻灯片

C.在幻灯片浏览视图下右击,在弹出的快捷菜单中选择"新建幻灯片"命令

D.在幻灯片浏览视图下单击要插入新幻灯片的位置,按 Enter 键

6.从当前幻灯片开始放映的快捷键是( )。

A.Shift+F5 B.Shift+F4 C.Shift+F3 D.Shift+F2

7.使用"在展台浏览(全屏幕)"模式放映幻灯片时,( )。

A.不能用鼠标控制,可以用 Esc 键退出 B.自动循环播放,可以看到菜单

C.不能用鼠标、键盘控制,无法退出 D.右击无效,但双击可以退出

8.制作演示文稿之后,当不知道用来进行演示的计算机是否安装了 WPS 演示或 PowerPoint 时,将演示文稿( )比较安全。

A.另存为自动放映文件 B.设置为"在展台浏览"

C.输出为视频 D.输出为 PDF 文档

9.关于在 WPS 中打印幻灯片,以下说法不正确的是( )。

A.可以打印备注 B.可以在每页纸上打印多张幻灯片

C.可以打印大纲 D.可以添加页脚

10.下列幻灯片元素中,不能打印输出的是( )。

A.幻灯片图片 B.幻灯片动画

C.母版设置的企业 Logo D.幻灯片

第5章

计算机网络基础

思维导图

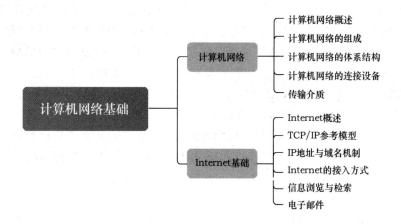

5.1　计算机网络

5.1.1　计算机网络概述

当今,人们生活在一个以网络为核心的信息时代,其特征是数字化、网络化和信息化。世界经济正在从工业经济转变到知识经济。知识经济最重要的特点之一是信息化和全球化。若要实现信息化和全球化,就必须依赖完善的网络体系,即电信网络、有线电视网络和计算机网络。在这三类网络中,起核心作用的是计算机网络。计算机网络的建立和使用是计算机科学与通信技术发展相结合的产物,它是信息高速公路的重要组成部分,是一门涉及多种学科和技术领域的综合技术。计算机网络使人们不受时间和地域的限制,实现资源共享。

1. 计算机网络的定义

计算机网络虽然发展速度很快,但到目前对计算机网络并没有一个精确、统一的定义。

美国著名的网络专家 Tanenbaum 给出了简单的定义:网络是一些互相连接、自治的计算机集合。在这个定义里,互连是指计算机间能够相互交换信息,而自治则指不受其他计算机控制,具有自我运行、计算能力的计算机。这一定义将一些早期带有多个终端的大型机排除在外。

另一位网络专家 Landwebber 则指明一个计算机网络应当由以下三个部分组成。

(1)若干主机,它们向网络提供服务。

(2)一个通信子网,它由一些专用的结点交换机和连接这些结点的通信链路所组成。

(3)一系列的协议,这些协议在主机之间或主机与子网的通信中使用。

这些定义从不同的角度对计算机网络进行了描述。综合起来,可以将计算机网络理解为将地理上分散的多台主机通过通信设备、传输介质互相连接起来,并配以相应的网络协议、网络软件,以达到主机间能够相互交换信息、实现资源共享的系统。

2. 计算机网络的产生与发展

计算机网络的发展几乎与计算机的发展一同起步。自 1946 年第一台电子计算机 ENIAC 诞生以来,计算机与通信的结合不断发展,计算机网络技术就是这种结合的结果。20 世纪 50 年代初美国赛其(SAGE,半自动化地面防空)系统的建成可以被看作计算机技术与通信技术的首次结合。此后,计算机通信技术逐渐从军事应用扩展到民间应用。

作为计算机网络发展过程中的一个里程碑的事件是 ARPANET 的诞生。ARPANET 是美国国防部高级研究计划局(ARPA)于 1968 年提出的概念,到 1971 年 2 月,ARPANET 已建成 15 个结点,并进入工作阶段。在随后的几年间,其地理范围从美国本土扩展至欧洲。

计算机网络出现的时间不长,但发展的速度很快,经历了具有通信功能的单机系统、具有通信功能的计算机网络和体系结构标准化的计算机网络等发展阶段,现在正向高速光纤网络技术、综合服务数字网(ISDN)技术、无线数字网技术和智能网技术等方面发展。

3. 计算机网络的功能

计算机网络的功能主要体现在资源共享、信息交换和分布式处理三个方面。

(1)资源共享

资源指的是网络中所有的硬件、软件和数据。共享指的是网络中的用户都能够部分或全部地使用这些资源。

通常,在网络范围内的各种输入/输出设备、大容量的存储设备、高性能的计算机等都是可以共享的硬件资源,对于一些价格高又不经常使用的设备,可通过网络共享提高设备的利用率,节约不必要的开支,降低使用成本。

软件共享是网络用户对网络系统中的各种软件资源的共享,如主计算机中的各种应用软件、工具软件、语言处理程序等。数据共享是网络用户对网络系统中的各种数据资源的共享。网络上的数据库和各种信息资源是共享的一个主要内容。因为任何用户都不可能把需要的各种信息收集齐全,而且也没有必要,计算机网络提供了这样的便利,全世界的信息资源可通过 Internet 实现共享。

（2）信息交换

信息交换功能是计算机网络最基本的功能之一,主要完成网络中各个结点之间的通信。任何人都需要与他人交换信息,计算机网络提供了快捷、方便的途径。人们可以在网上传送电子邮件、发布新闻消息、进行电子商务、接受远程教育和远程医疗等服务。

（3）分布式处理

分布式处理是指网络系统中若干计算机可以互相协作共同完成一个大型任务。或者说,一个程序可以分布在几台计算机上并行处理。这样,就可以将一项复杂的任务划分成许多部分,由网络中各个计算机分别完成有关的部分,这样处理能均衡各个计算机的负载,充分利用网络资源,增强处理问题的实时性,提高系统的可靠性。对于解决复杂问题来讲,多台计算机联合使用并构成高性能的计算机体系,这种协同工作、并行处理要比单独购置高性能的大型计算机便宜得多。

4. 计算机网络的分类

从不同的角度对计算机网络进行分类,常见的分类方法如下。

（1）按照网络的覆盖范围分类

①局域网（Local Area Network,LAN）。一般用微型计算机通过高速通信线路相连,覆盖范围在 1km 以内,通常用于连接一栋或几栋大楼,在局域网内数据传输速率高、传输可靠、误码率低;结构简单,容易实现。

②城域网（Metropolitan Area Network,MAN）。城域网是在一个城市范围内建立的计算机通信网。通常使用与局域网相似的技术,传输媒介主要采用光缆。所有连网设备均通过专用连接装置与媒介相连,但对媒介访问控制在实现方法上与 LAN 不同。

当前,城域网的一个重要用途是用作骨干网,通过它将位于同一城市内不同地点的主机、数据库及 LAN 等互相连接起来。

③广域网（Wide Area Network,WAN）,又称为远程网。当人们提到计算机网络时,通常指的是广域网。广域网一般是在不同城市之间的城域网网络互联。地理范围从几十千米到几千千米,它的通信传输装置和媒体一般由专门的部门提供。广域网的通信子网主要使用分组交换技术,它可以使用公用分组交换网、卫星通信网和无线分组交换网。由于广域网常常借用传统的公共传输网（如电话网）进行通信,这就使广域网的数据传输率比局域网慢,传输误码率也较高。随着新的光纤标准和能够提供更宽带宽、更高传输速率的全球光纤通信网络的引入,广域网的速度也将大大提高。

④因特网（Internet）。在互联网应用如此发达的今天,Internet 已是人们每天都要打交道的一种网络,无论从地理范围,还是从网络规模来说,Internet 都是最大的一种网络。从地理范围来说,Internet 可以是全球计算机的互联,这种网络的最大特点就是不定性,整个网络的计算机每时每刻随着人们的网络接入在不断地变化。Internet 的优点就是信息量大、传播广。因为这种网络的复杂性,所以 Internet 实现的技术也是非常复杂的。

（2）按照网络的拓扑结构分类

网络中各个结点的物理连接方式称为网络的拓扑结构。网络的拓扑结构有许多种,常用的拓扑结构有总线型拓扑结构、星状拓扑结构、环状拓扑结构和树状拓扑结构。除此之外,还有一些比较复杂的拓扑结构,包括网状拓扑结构、混合型拓扑结构,但这些网络拓扑结构的数据通信可靠性要求高。

①总线型拓扑结构。总线型拓扑结构是以一根电缆作为传输介质(称为总线)将各个结点相互连接在一起,各个结点相互共享这条总线进行数据的传输与交换。为防止信号反射,一般在总线两端连有终结器匹配线路阻抗,如图 5-1-1 所示。

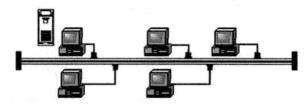

图 5-1-1　总线型拓扑结构

总线型拓扑结构的优点是信道利用率较高,结构简单,价格相对便宜,新结点的增加简单,易于扩充。其缺点是:同一时刻只能有两个网络结点相互通信,网络延伸距离有限,网络容纳结点数有限。在总线上只要有一个结点出现连接问题,就会影响整个网络的正常运行。目前,在局域网中多采用此种结构。

总线型拓扑结构相对来说容易实现,只需敷设主干电缆,比其他拓扑结构使用的电缆要少;配置简单,很容易增加或删除结点,但当可接受的分支点达到极限时,就必须重新敷设主干电缆。相对来说,总线型拓扑网络维护比较困难,因为在排除介质故障时,要将错误隔离到某个网段,所以受故障影响的设备范围大。

②星状拓扑结构。星状拓扑结构以一台计算机为中心,各种类型的入网机器均与该中央结点的物理链路直接相连。也就是说,网络上各结点之间的相互通信必须通过中央结点,如图 5-1-2 所示。

星状拓扑结构的特点是通信协议简单,任何一个连接只涉及中央结点和一个站点;对外围站点要求不高,站点故障容易检测和隔离,单个站点的故障只影响一个设备,不会影响整个网络。

星状拓扑结构的缺点是整个网络过分依赖中央结点,若中央结点发生故障,则整个网络无法工作;每个站点直接和中央结点相连,需要大量的电缆,费用较大。

大多数星状拓扑结构的网络使用廉价的双绞线电缆,并且为了诊断和测试,所有的线头都放置在一个位置。Windows 系统的对等网常采用星状拓扑结构。学校教学用的计算机网络通常为星状拓扑结构。

③环状拓扑结构。环状拓扑结构,也称为分散型结构,是将各台连网的计算机用通信线路连接成一个闭合的环,如图 5-1-3 所示。

在环状拓扑结构的网络中,信息按固定方向流动,或顺时针方向,或逆时针方向。

环状拓扑结构的优点是一次通信信息在网络中传输的最大传输延迟是固定的;每个网上结点只与其他两个结点由物理链路直接互连。因此,传输控制机制较为简单,实时性强。其缺点是:一个结点出现故障可能会终止整个网络运行,因此可靠性较差。为了克服可靠性差的问题,有的网络采用具有自愈功能的结构,一旦一个结点不工作,自动切换到另一个环路工作。此时,网络需对全网进行拓扑和访问控制机制的调整,因此较为复杂。

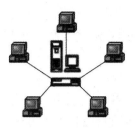
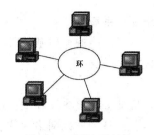

图 5-1-2　星状拓扑结构　　　　图 5-1-3　环状拓扑结构

环状拓扑结构是一个点到点的环状结构。每台设备都直接连到环上,或通过一个接口设备和分支电缆连到环上。

在初始安装时,环状拓扑网络比较简单,但随着网上结点的增加,重新配置的难度也增加,对环的最大长度和环上设备总数也有限制。在环状拓扑网络中可以很容易找到电缆的故障点。环状拓扑网络受故障影响的设备范围大,在单环系统上出现的任何错误,都会影响网上的所有设备。

④树状拓扑结构。树状拓扑结构实际上是星状拓扑结构的一种变形,它将原来用单独链路直接连接的结点通过多级处理主机进行分级连接,网络中的各结点按层次进行连接。不同层次的结点承担不同级别的职能。层次越高的结点,功能就越强,对其可靠性要求就越高。树状拓扑结构如图 5-1-4 所示。

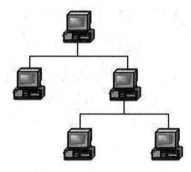

图 5-1-4　树状拓扑结构

这种结构与星状拓扑结构相比降低了通信线路的成本,但增加了网络复杂性。网络中除最低层结点及其连线外,任一结点或连线的故障均影响其所在支路网络的正常工作。

Internet 是当今世界上规模最大、用户最多、影响最广泛的计算机互联网络。Internet 上连有大大小小成千上万个不同拓扑结构的局域网、城域网和广域网。因此,Internet 本身只是一种虚拟拓扑结构,无固定形式。

每种网络拓扑结构各有优点和缺点,在实际建网过程中,到底应该选用哪一种网络拓扑结构要依据实际情况来定,主要考虑以下因素:安装的相对难易程度、重新配置的难易程度、维护的相对难易程度、通信介质发生故障时受影响设备的情况。

5.1.2　计算机网络的组成

计算机网络系统是由网络操作系统和用以组成计算机网络的多台计算机,以及各种通信设备构成的。它包括计算机网络硬件系统和计算机网络软件系统两大类。

1. 计算机网络硬件系统

硬件系统是计算机网络的物质基础,构成计算机网络,首先要实现物理上的连接,这些物理设备主要有以下几类。

(1)计算机

网络中的计算机又分为服务器和工作站两类。

①服务器。服务器是计算机网络的核心,负责网络资源管理和用户服务,并使网上的各工作站能共享软件资源和昂贵的外设(如大容量硬盘、光盘、高级打印机等)。通常用小型计算机、专用个人计算机或高档微型计算机作为网络的服务器。一个计算机网络系统至少要有一台服务器,也可以有多台。

服务器的主要功能是为网络工作站上的用户提供共享资源、管理网络文件系统、提供网络打印服务、处理网络通信、响应工作站上的网络请求等。常用的网络服务器有文件服务器、通信服务器、域名服务器、数据库服务器、打印服务器等。

②工作站。工作站是网络上的个人计算机,通过网络接口卡和通信电缆连接到文件服务器上。它保持原有计算机的功能,作为独立的个人计算机为用户服务,同时又可以按照被授予的一定权限访问服务器。各工作站之间可以相互通信,也可以共享网络资源。有的网络工作站本身不具备计算功能,只提供操作网络的界面。

工作站能够访问文件服务器,与文件服务器之间进行信息交换,网络系统的信息处理是在工作站上完成的。工作站的功能是向各种服务器发出服务请求和从网络上接收传送给用户的数据。

(2)网络适配器

网络适配器是计算机与通信介质的接口,是构成网络的基本部件。文件服务器和每个工作站至少要安装一块网卡,通过网卡与公共通信电缆相连接。

网卡的主要功能是实现网络数据格式与计算机数据格式的转换、网络数据的接收与发送等。

(3)传输介质

传输介质是计算机之间传输数据信号的重要媒介,它提供了数据信号传输的物理通道。传输介质主要分为两大类:有线传输介质和无线传输介质。有线传输介质包括双绞线、同轴电缆或光缆等。无线传输介质包括无线电、红外线、微波、激光、卫星通信等。

(4)其他网络互连设备

其他网络互连设备主要有中继、网桥、路由器、交换机等。

2. 计算机网络软件系统

单纯的物理设备并不能使计算机网络完好地运行起来,还必须配以相应的软件。常用的网络软件包括网络操作系统、网络协议软件、网络管理软件、网络应用软件等。

(1)网络操作系统

网络操作系统是运行在网络硬件基础之上,为网络用户提供共享资源管理服务、基本通信服务、网络系统安全服务及其他网络服务的软件系统。网络操作系统是网络的核心,而其他应用软件系统需要网络操作系统的支持才能运行。

在网络系统中,每个用户都可享用系统中的各种资源,所以网络操作系统必须对用户进行控制,否则就会造成系统混乱,以及信息数据的破坏和丢失。为了协调系统资源,网络操作系统需要通过软件工具对网络资源进行全面管理,进行合理的调度和分配。同时,为了控制用户对资源的访问,必须为用户设置适当的访问权限,采取一系列的安全保密措施。

（2）网络协议软件

网络协议是在计算机网络中两台或两台以上计算机之间进行信息交换的规则,它包括一套完整的语句和语法规则。一般来说,网络协议可以理解为不同的计算机相互通信的"语言",即两台计算机要进行信息交换,必须事先约定好一个共同遵守的规则。网络协议软件就是为不同计算机之间提供相应规则的软件。

（3）网络管理软件

网络管理软件用于对网络资源进行分配、管理和维护。例如,通过网络管理软件,可以对服务器、路由器和交换机等设备进行远程配置与维护。

（4）网络应用软件

网络应用软件是提供网络应用性服务的软件。例如,提供网页浏览的浏览器软件,以及提供文件下载、网络电话、视频点播等应用服务的软件。

此外,从网络逻辑功能角度来看,可以将计算机网络分成通信子网和资源子网两部分,其结构形式如图 5-1-5 所示。

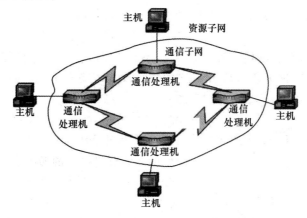

图 5-1-5　通信子网和资源子网

网络系统以通信子网为中心,通信子网处于网络的内层,主要由通信控制处理机和通信线路组成,负责完成网络数据传输、转发等通信处理任务。当前的通信子网一般由路由器、交换机和通信线路组成。

资源子网处于网络的外围,由主机系统、终端、外设、各种软件资源和信息资源组成,负责全网的数据处理业务,向网络用户提供各种网络资源和网络服务。主机系统是资源子网的主要组成部分,它通过高速通信线路与通信子网的通信控制处理机相连接。普通用户终端可通过主机系统连接入网。

随着计算机网络技术的不断发展,在现代网络系统中,直接使用主机系统的用户在减少,资源子网的概念已有所变化。

5.1.3 计算机网络的体系结构

1. 网络协议

在日常生活中,人们相互间可以通过声音、文字和手语等方式进行信息交流。这些交流的基础是建立在一些事先所确定的规则上的。例如,当通过手语进行交流时,是建立在事先规定的各种手势所代表的特定意义的基础上,离开此基础,很难想象两个人如何通过各种手势能相互明白对方的意思。

在计算机网络中,为了使计算机之间能正确传输信息,也必须有一套关于信息传输顺序、信息格式和信息内容的约定。这些规则、标准或约定称为网络协议。

网络协议的内容有很多,可供不同的需要使用。一个网络协议至少要包含以下三个要素。

(1)语法。它用于规定数据与控制信息的结构或格式。例如,采用 ASCII 或 EBCDIC 字符编码。

(2)语义。它用于说明通信双方应当怎么做。例如,报文的一部分为控制信息,另一部分为通信数据。

(3)同步。它用于详细说明事件如何实现。例如,采用同步传输或异步传输方式来实现通信的速度匹配。

协议只确定计算机各种规定的外部特点,不对内部的具体实现做任何规定。计算机网络软、硬件厂商在生产网络产品时,必须按照协议规定的规则生产产品,但生产商选择什么电子元器件或使用何种语言是不受约束的。

2. 协议的分层

前面说到了通信双方必须遵守相同的协议才能进行数据的交换,但在计算机网络中,要想制定一个完整的协议就能实现双方无障碍的传输是非常困难的。例如,要实现两台主机间的文件传输功能,这一问题实际上是非常复杂的,需要考虑各种各样的问题,如文件格式的转换,在文件很大时如何将文件划分为若干适合网络传输的数据包及每个数据包在传递过程中如何选择路径,主机以何种方式接入网络等。对于这些问题,要想通过一个单独的协议来完成,无论在设计上还是实现上都是很困难的。如何解决这一问题呢?通常可以将这个大问题分为若干个小问题,然后采取"分而治之"的方法,逐步解决这些小问题。当解决了这些小问题后,大问题也随之解决了。

在计算机网络中,也采取这种类似的方法,通过对协议的分层来解决这一问题。如图 5-1-6 所示,我们将协议分为若干个层次,每个层次相对独立并实现某一特定功能,如第 N 层只处理数据包的路由选择。这样就将众多复杂问题划分到若干层次,每个层次只解决其中的一两个问题,那么在该层的设计与实现上就只需针对该层要解决的特定问题,而无须考虑其他过多的细节,相对来说其设计与实现都要容易得多。在图 5-1-6 所示的模型中,主机 A 上的第 N 层与主机 B 上的第 N 层之间的约定称为第 N 层协议。第 N 层功能的实现是通过第 $N-1$ 层所提供的服务来完成的,这些服务是通过第 $N/N-1$ 层的接口来获取的。在该模型中要注意第 N 层只关心第 $N-1$ 层为它提供何种服务以及接口是什么,而对于第 $N-1$ 层究竟是通过硬件、软件或是采用何种算法来实现的并不关心也不必知道,只要提供的接口与服务没有改变,第 N 层就不会出现问题。

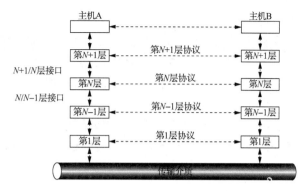

图 5-1-6 协议分层

这种协议分层的方法使各层之间相互独立,结构上被分割开,每层可以采用适合本层的技术来实现,使其更灵活、更易于实现与维护。

3.计算机网络的体系结构

一个功能完备的计算机网络需要制定一整套复杂的协议集,网络协议按上述层次结构进行组织。计算机网络的各个层和在各层上使用的全部协议统称为计算机网络的体系结构。网络体系结构对计算机网络应该实现的功能进行了精确的定义,而这些功能是用什么硬件与软件去完成则是具体的实现问题。计算机网络的体系结构是抽象的,而实现是具体的。

协议到底分几层,从不同的观点、不同的角度出发,其结果也不尽一致。国际标准化组织(ISO)提出一种七层结构,即开放系统互连(Open System Interconnect,OSI)参考模型。其中的"开放"是指只要遵循 OSI 标准,一个系统就可以与位于世界上任何地方、同样遵循同一标准的其他任何系统进行通信。

4. OSI 参考模型

OSI 参考模型将数据从一个站点到达另一个站点的工作按层分割成七个不同的任务,每一层是一个模块,用于执行某种主要功能,并具有自己的一套通信指令格式(协议)。用于相同层的两个功能之间通信的协议称为对等协议。OSI 参考模型的结构如图 5-1-7 所示。

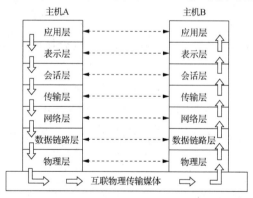

图 5-1-7　OSI 参考模型的结构

模型中的低三层归于通信子网范畴,高三层归于资源子网范畴,传输层起着衔接高三层和低三层的作用。图中双向箭头线表示概念上的通信线路,空心箭头表示实际通信线路。下面简要介绍 OSI 参考模型各层的功能。

(1)物理层

物理层是整个 OSI 参考模型的最低层,其任务就是提供网络的物理连接。所以,物理层是建立在物理介质上(而不是逻辑上的协议和会话),它提供的是机械和电气接口,主要包括电缆、物理端口和附属设备,如双绞线、同轴电缆、接线设备(如网卡等)、RJ-45 接口、串口和并口等在网络中都是工作在这个层次的。

物理层提供的服务包括物理连接、物理服务数据单元顺序化(接收物理实体收到的比特顺序,与发送物理实体所发送的比特顺序相同)和数据电路标识。物理层的数据传输单元是比特。

(2)数据链路层

数据链路层是建立在物理传输能力基础上,以帧为单位传输数据,它的主要任务就是进行数据封装和数据连接的建立。封装的数据信息中,地址段含有发送结点和接收结点的地址,控制段用来表示数据连接帧的类型,数据段包含实际要传输的数据,差错控制段用来检测传输中帧出现的错误。

数据链路层可使用的协议有 SLIP、PPP、X.25、帧中继等。常见的集线器和低档的交换机网络设备,以及调制解调器(modem)之类的拨号设备都是工作在这个层次上的。工作在这个层次上的交换机俗称"第二层交换机"。

具体地讲,数据链路层的功能包括数据链路连接的建立与释放、构成数据链路的数据单元、数据链路连接的分裂、定界与同步、顺序和流量控制、差错的检测和恢复等。

(3)网络层

网络层解决的是网络与网络之间的通信问题,即网际的通信问题,而不是同一网段内部的问题。网络层主要是提供路由,即选择到达目标主机的最佳路径,并沿该路径传送数据包。除此之外,网络层还要能够消除网络拥挤,具有流量控制和拥挤控制的能力。网络边界中的路由器就工作在这个层次上,现在较高档的交换机也可直接工作在这个层次上,因此它们也提供了路由功能,俗称"第三层交换机"。

网络层的功能包括建立和拆除网络连接、路径选择和中继、网络连接多路复用、分段和组块、服务选择和传输、流量控制等。

(4)传输层

传输层解决的是数据在网络之间的传输质量问题,它属于较高层次的协议层。传输层用于提高网络层服务质量,提供可靠的端到端的数据传输,如常说的 QoS 就是这一层的主要服务。这一层涉及的主要是网络传输协议,它提供的是一套网络数据传输标准,如 TCP。

传输层的功能包括映像传输地址到网络地址、多路复用与分割、传输连接的建立与释放、分段与重新组装、组块与分块。传输层向高层屏蔽了下层数据通信的细节,是计算机通信体系结构中关键的一层。

(5)会话层

会话层利用传输层来提供会话服务,会话可能是一个用户通过网络登录到一台主机,或一个正在建立的用于传输文件的会话。

会话层的功能主要包括会话连接到传输连接的映射、数据传送、会话连接的恢复和释放、会话管理、令牌管理和活动管理。

（6）表示层

表示层用于数据管理的表示方式，如用于文本文件的 ASCII 和 EBCDIC 字符编码。如果通信双方用不同的数据表示方法，他们就不能互相理解。表示层就是用于屏蔽这种不同之处的。

表示层的功能主要包括数据格式变换、语法表示、数据加密与解密、数据压缩与恢复等。

（7）应用层

应用层是 OSI 参考模型的最高层，它解决的也是最高层次，即程序应用过程中的问题，它直接面对用户的具体应用。应用层包含用户应用程序执行通信任务所需的协议和功能，如电子邮件和文件传输等。在这一层中，TCP/IP 协议族中的 FTP、SMTP、POP 等协议得到了充分应用。

由于 OSI 参考模型结构较为复杂也不实用，并没有成为一种流行于市场的标准。相反，在 Internet 上使用的 TCP/IP 却成为一种事实上的标准。

5.1.4 计算机网络的连接设备

局域网的传输距离是有限的，只能覆盖一小块地理区域，如办公楼群或一个小的地区。如果某个组织的工作超出了这一范围，就必须将多个局域网进行互连，形成一种经济有效的互连网络总体结构。网络互连包括局域网和局域网的互连、局域网和广域网的互连等。在传统的网络结构中主要使用的连接设备有网卡、调制解调器、中继器、集线器、网桥、交换机、路由器、网关等。可以把常用的网络连接设备划分为以下几种类型。

1. 网络传输介质互连设备

（1）网络适配器

网络适配器，又称为网卡、网络接口卡，是连接计算机与网络的硬件设备，如图 5-1-8 所示。网卡插在计算机或服务器主板的扩展槽中，一方面通过总线与计算机相连，另一方面通过电缆接口与网络传输介质相连。在安装网卡后，往往还要进行协议配置。例如，使用 Windows 操作系统的计算机默认为网卡配置 TCP/IP，以便于连接到局域网或通过局域网连接到 Internet。

（a）标准以太网卡　　　　　　　　（b）PCMCIA 网卡

图 5-1-8　标准以太网卡与 PCMCIA 网卡

不同型号和不同厂家的网卡，往往有一定的差别，针对不同的网络类型和场合应正确选择网卡。USB作为一种新型的总线技术,也被应用到网卡中。

（2）调制解调器

随着计算机使用的普及,通过普通电话线通信将计算机连接到Internet就成为一种迫切需要。然而,计算机处理的是数字信号,而一般的电话线仅适用于传输音频范围的模拟信号,这就要求在通信线路与计算机之间接入模拟信号与数字信号相互转换的转换器,调制解调器便应运而生了。因此,调制解调器是一种能将数字信号调制成模拟信号,又能将模拟信号解调成数字信号的装置。调制解调器的名字就是从调制和解调（modulate-demodulate）的功能而来的。如图5-1-9所示为用电话网实现计算机之间通信的示意图。

图5-1-9　用电话网实现计算机之间通信

调制解调器按形式分类有外置式和内置式。按功能分类有普通调制解调器、传真调制解调器和语音调制解调器三种类型。

外置式调制解调器放置于机箱外,通过串行通信口与主机相连。外置式调制解调器需要使用额外的电源与电缆。内置式调制解调器在安装时需要拆开机箱,这种调制解调器要占用主板上的扩展槽,但无须额外的电源与电缆。由于内置式调制解调器直接由主机箱的电源供电,故主机箱的电源设备的质量对内置式调制解调器影响很大。

普通调制解调器只带有调制和解调功能,传真调制解调器除了具有普通调制解调器功能外,还具有收、发传真功能。语音调制解调器是一种带语音功能的调制解调器,具有录音电话的全部功能。

2. 网络物理层互连设备

（1）中继器

中继器是简单的连网设备,它作用于OSI模型中的物理层,用于同种类型的网络在物理层上的连接。信号在传输介质中传播时会衰减,要保证信号能可靠地传输到目的地,使用的传输介质长度必须受到限制。中继器可以最大限度地扩展传输介质的有效长度,从而能够扩展局域网的长度并连接不同类型的介质,并能保证信号可靠地传输到目的地。中继器不仅具有放大信号的作用,而且具有信号再生的作用。中继器通常不包括操作软件,是一个纯物理设备,只是完成从一个网段向另一个网段转发信息的任务。如图5-1-10所示为用中继器连接两段线缆。

（2）集线器

集线器是一种特殊的中继器,与其他中继器的区别在于集线器能够提供多端口服务,也称为多端口中继器。如图5-1-11所示为一款24端口的集线器。作为网络传输介质间的中央结点,集线器克服了介质单一通道的缺陷。以集线器为中心的优点是当网络系统中某条线路或某结点出现故障时,不会影响网上其他结点的正常工作。

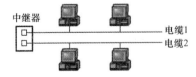

图5-1-10　用中继器连接两段线缆

图5-1-11　24端口的集线器

集线器技术发展迅速,已出现交换技术和网络分段方式,有效地提高了传输带宽。

3. 数据链路层互连设备

(1)网桥

网桥是一个局域网与另一个局域网建立连接的桥梁。网桥是属于数据链路层的一种设备,它的作用是扩展网络和通信手段,在各种传输介质中转发数据信号,扩展网络的距离,同时又有选择地将有地址的信号从一段传输介质发送到另一段传输介质。网桥把两个或多个相同或相似的网络互连起来,提供透明的通信。网络上的设备看不到网桥的存在,设备之间的通信就如同在一个网络中一样方便。如图 5-1-12 所示为两个局域网通过网桥互连局域网的结构。

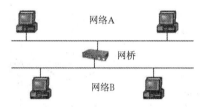

图 5-1-12　两个局域网通过网桥互连局域网的结构

(2)交换机

交换机是一种在通信系统中完成信息交换功能的设备。作为高性能的集线设备,随着价格的不断降低和性能的不断提升,在以太网中,交换机已经逐步取代了集线器而成为常用的网络设备。交换机在同一时刻可以进行多个端口对之间的数据传输。每一个端口都可被视为独立的网段,连接在其上的网络设备独自享有全部的带宽,无须同其他设备竞争使用。

交换机除了能够连接同种类型的网络之外,还可以在不同类型的网络之间起到互连作用。交换机是热门的网络设备,发展势头很猛,产品繁多,而且功能越来越强。交换机取代了集线器和网桥,增强了路由选择功能。

4. 网络层互连设备

路由器是一种典型的网络层设备,用于连接多个逻辑上分开的网络,如图 5-1-13 所示。

图 5-1-13　路由器

当数据从一个子网传输到另一个子网时,可通过路由器来完成,因此路由器具有判断网络地址和选择路径的功能。它能在多网络互联环境中建立灵活的连接,可用完全不同的数据分组和介质访问控制方法连接各种子网,路由器只接收源站或其他路由器的信息。它不关心各子网使用的硬件设备,但要求运行与网络层协议相一致的软件。一般来说,异种网络互联与多个子网互联都应采用路由器来完成。

路由器利用网络层定义的"逻辑"上的网络地址(IP 地址)来区别不同的网络,实现网络的互连和隔离,保持各个网络的独立性。路由器不转发广播消息,而把广播消息限制在各自的网络内部。发送到其他网络的数据应该先被送到路由器,再由路由器转发出去。由于是在网络层的互连,路由器可以方便地连接不同类型的网络,在 Internet 中只要网络层运行的是 IP,通过 IP 路由器就可以互连起来。

5.应用层互连设备

网关是软件和硬件结合的产品,用于连接使用不同通信协议或结构的网络。网关的功能体现在 OSI 参考模型的最高层,它将协议进行转换,将数据重新分组,以便在两个不同类型的网络系统之间进行通信。网关通过使用适当的硬件与软件实现不同网络协议之间的转换功能,硬件提供不同网络的接口,而软件实现不同协议之间的转换。

在 Internet 中两个网络要通过一台称为默认网关的计算机实现互连。这台计算机能根据用户通信目标的 IP 地址,决定是否将用户发出的信息送出本地网络,同时它还将外界发送给属于本网络的信息接收过来。网关是一个网络与另一个网络相连的通道。为了使 TCP/IP 能够寻址,该通道被赋予一个 IP 地址,这个 IP 地址称为网关地址。如图 5-1-14 所示为使用网关无线连接 ISP 服务器。

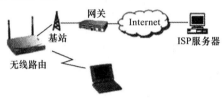

图 5-1-14　使用网关无线连接 ISP 服务器

网关已成为网络上每个用户都能访问大型主机的通用工具。网关可以设在服务器、微型计算机或大型计算机上,也可以使用一台服务器充当网关。由于网关具有强大的功能并且大多数时候与应用有关,它比路由器的价格要贵一些。另外,由于网关的传输更复杂,它传输数据的速度要比网桥或路由器低一些。网络系统中常用的网关有数据库网关、电子邮件网关、局域网网关和 IP 电话网关等。

5.1.5　传输介质

传输介质是网络中收发双方之间的物理通道,它对网络上数据传输的速率和质量产生很大的影响。介质上传输的数据可以是模拟信号也可以是数字信号,通常用带宽或传输速率来描述传输介质的容量。传输速率用每秒传输的二进制位数(bit/s)来衡量,在高速传输的情况下,也可以用兆位每秒(Mbit/s)作为度量单位。传输介质的容量越大,带宽就越高,通信能力就越强,数据传输速率也就越高;反之,传输介质的容量越小,带宽就越低,通信能力就越弱,数据传输速率也就越低。

传输介质分为两类:有线介质和无线介质。网络中使用的有线介质主要有双绞线、同轴电缆、光纤等。网络中使用的无线介质主要是微波和红外线。

1.有线介质

(1)双绞线

双绞线是将两条绝缘铜线相互扭在一起制成的传输线,互相绞合可以抵消外界的电磁干扰,"双绞线"的名字也由此而来。双绞线有两大类:屏蔽双绞线和无屏蔽双绞线。屏蔽双绞线是在双绞线的外面加上一层用金属丝编织成的屏蔽层。屏蔽双绞线的传输效果较无屏蔽双绞线要好,但价格也要贵一些。

计算机网络上使用的主要是无屏蔽双绞线,如图 5-1-15 所示。无屏蔽双绞线分为 5 类

（从 1 类到 5 类），类别越高，传输效果越好，目前常用的是 5 类双绞线。5 类双绞线一共有 4 对 8 根线，各对线之间用颜色进行区别（如橙、橙白为一对，绿、绿白为一对）。

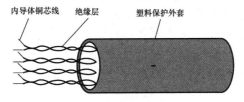

图 5-1-15　无屏蔽双绞线

（2）同轴电缆

同轴电缆的结构如图 5-1-16 所示，由内导体铜芯线、绝缘层、屏蔽层和塑料保护外套所组成。通常按特性阻抗的数值不同将同轴电缆分为 50 Ω 和 75 Ω 两类。75 Ω 的同轴电缆用于模拟传输系统，这种同轴电缆也称为宽带同轴电缆，主要用于有线电视的传输。50 Ω 的同轴电缆为数据通信所用，也称为基带同轴电缆。在计算机网络中主要使用 50 Ω 的同轴电缆，50 Ω 的同轴电缆又可以分为粗缆和细缆两种。同轴电缆主要用于总线型结构。

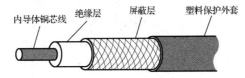

图 5-1-16　同轴电缆

（3）光纤

光纤是由石英玻璃拉成细丝，由纤芯和保护层所构成，如图 5-1-17（a）所示。纤芯用于传输光波，纤芯外的保护层是一层折射率比纤芯低的玻璃封套，如图 5-1-17（b）所示。光纤中光信号的传输则是利用光的全反射性能，使得光波能够传输很远仍损失很少。由于光纤传输的是光信号，因而光纤的传输带宽非常宽，但由于在长距离传输过程中需要若干光纤中继设备（负责信号的放大、再生），而这些光纤中继设备仍使用电子工作方式，因而需要进行光/电、电/光的转换，这成为传输的“瓶颈”。正在研制的“全光网络”将克服这一缺点，能够极大地提高传输带宽。

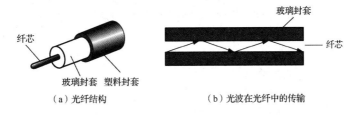

（a）光纤结构　　　　　　　　　（b）光波在光纤中的传输

图 5-1-17　光纤

全光网络是指信号只是在进出网络时才进行电/光和光/电的变换，而在网络中传输和交换的过程中始终以光的形式存在。在整个传输过程中没有电的处理，因此不受原有网络中电子设备响应慢的影响，有效地解决了“电子瓶颈”问题，提高了网络资源的利用率。

光纤可以分为多模光纤和单模光纤两类。多模光纤的纤芯直径较大一些，一般为 62.5 mm，传输时使用较短的波长（0.85 m）传输，损耗较大，传输距离仅为数百米到数千米。单模光纤的纤芯直径较小，一般为 8～10 m，常采用较长的波长（1.3 m）传输，在单模光纤中，由于光波的传输可以像光线一样一直向前传播,而不用多次反射,因而在单模光纤中光波的传输损耗小,传输距离可以达到数十千米。光纤传输中的光源可以使用发光二极管和半导体激光,使用半导体激光在传输的速率和距离等方面都优于发光二极管,但价格较高。单模光纤只能用半导体激光作为光源,多模光纤则两种光源都可以使用。

由于使用光纤的带宽很高,且成本低,传输距离远,抗干扰能力强,不易被窃听,因此目前光纤被广泛地应用于数据传输。

2.无线介质

使用有线介质传输必须要敷设线缆,而对于偏远地区或难以敷设线缆的地方,使用无线介质作为传输介质则是较好的选择,因此使用无线介质也是计算机网络组网的一个重要手段。

利用微波传输主要是使用地面微波接力通信和卫星微波通信两种方式。如图 5-1-18(a)所示,地面微波接力通信是在收发端点间设立若干中继站,通过中继站的转发进行数据的传输,这样做的主要原因是微波在空间中是直线传播的,而地球是一个曲面。如图 5-1-18(b)所示,卫星微波通信则是使用卫星进行中转。根据卫星的位置可以将卫星分为地球同步卫星和近地卫星;地球同步卫星处于地球赤道上空 36 000 km 的高空,其电磁波覆盖范围较广,只需要 3 颗就可以覆盖全球;而近地卫星由于轨道周期较短,不像地球同步卫星那样与地球保持相对静止,为了能够很好地接收信号则需要更多的卫星才能覆盖全球。

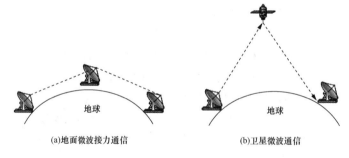

(a)地面微波接力通信　　　(b)卫星微波通信

图 5-1-18　微波通信

在日常生活中所使用的遥控装置都是红外线装置。红外线通信的特点是相对有方向性和成本较低。其主要缺点是不能穿透坚实的物体。许多笔记本式计算机都内置了红外线通信装置。红外线不能穿透坚实的物体也是一个优点,这意味着不会对其他系统产生串扰,因此其数据保密性比较高。红外线的传播距离仅在可视范围内,被广泛应用于短距离通信,因而红外线主要使用在局域网中。

5.2　Internet 基础

5.2.1　Internet 概述

Internet 也称国际互联网、互联网、因特网等,为了统一,最终将 Internet 的中文名称定为“因特网”。Internet 是世界上最大的互联网络,它本身并不属于任何国家,它是一个对全球开放的信息资源网。

1. Internet 的历史

Internet 的前身可以追溯到 1969 年美国国防部高级研究计划局(ARPA)为军事实验而建立的 ARPANET。ARPANET 的最初目的主要是研究如何保证网络传输的高可行性,避免由于一条线路的损坏而导致传输的中断,因而在 ARPANET 的设计建设中采用了许多新的技术,如数据传送使用分组交换而不是传统的电路交换,开发使用 TCP/IP 作为互联的协议等,这些都为以后 Internet 的发展打下了一个良好的基础。ARPANET 最初只连接了 4 个结点,但其发展非常迅速,并且通过卫星与欧洲等地计算机连接起来。

ARPANET 的成功组建使得美国国家科学基金会(NSF)注意到它在大学科研上的巨大影响。1984 年,NSF 将分布于美国不同地点的 5 个超级计算机使用 TCP/IP 连接起来,形成了 NSFNET 的骨干网,其后众多的大学、研究院、图书馆接入 NSFNET。1991 年,在 NSF 的鼓励支持下,美国 IBM、MCI 和 MERIT 这 3 家公司联合组成了一个非营利机构 ANS。ANS 建立了取代 NSFNET 的 ANSNET 骨干网,形成了今天 Internet 的基础。

2. Internet 的基本结构

Internet 是一个公众广域网,它将世界各地成千上万的计算机、通信设备连接在一起。如图 5-2-1 所示为 Internet 的基本组成。Internet 从逻辑上可以分为两部分:一部分是通信子网;另一部分是通信子网的外围。

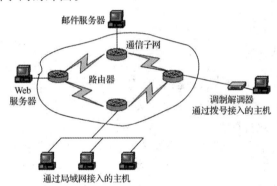

图 5-2-1　Internet 的基本组成

Internet 的通信子网由许多路由器相互连接构成,主要负责数据的传输。在 Internet 上数据的传输采用一种称为包交换的方式,这种方式将要传输的信息在必要时(如传输的数据太大)拆分为若干适合网络传输的数据包,然后将这些数据包递交给路由器。路由器的主要作用就是为接收到的数据包寻找适合的到达目的地的路径并将其转发出去,网络上的各种数据包通过路由器的转发最终到达目的地,这些数据包到达目的地后再将其组装还原。这种包交换的方式实际上采用了"存储-转发"的思想,通过这一方式,使得网络线路资源得到了充分利用。

通信子网的外围就是各种主机。这里的主机是一种泛指,可以是一台存储各种网页的提供网页浏览的 Web 服务器,也可以是一台负责收发电子邮件的 E-mail 服务器,或一台通过拨号上网或通过局域网接入的台式计算机、便携式计算机等。随着 Internet 的发展,接入 Internet 的各种设备越来越多,如手机、Web 电视等都可以实现对 Internet 的访问。

3. Internet 2

1996 年美国率先发起下一代高速互联网及其关键技术研究,并于 1999 年 1 月开始提供服务。目前，Internet 2 的 Abilene 网络规模已覆盖全美，线路的数据传输速率为 622 Mbit/s，最高为 2.5 Gbit/s。

Internet 2 比 Internet 更大、更快、更安全、更及时、更方便。

Internet 2 将逐渐放弃 IPv4，启用 IPv6，可以给家庭中大多数的家电产品分配一个 IP 地址，让数字化生活变成现实。

Internet 2 将比现在的网络传输速度提高 1 000～1 0000 倍。目前 Internet 上的带宽概念，更多是指一种接入方式，它与 Internet 2 高速概念有本质的区别。例如，有 1 000 户的小区，每家都是 10 Mbit/s 带宽接入，但接入小区的总带宽仅有 100 Mbit/s，由于用户共享 100 Mbit/s 宽带，往往会发生拥塞。但 Internet 2 会消除现有 Internet 上存在的各种瓶颈问题和低速度，任何一个端到端的数据传输速率都可能是 10 Mbit/s 或者更高。

目前的 Internet 因为种种原因，存在大量安全隐患，而 Internet 2 在建设之初就充分考虑了安全问题。基于以上原因，Internet 2 在使用上更加安全、及时，更加方便。

Internet 2 与 Internet 的区别不仅存在于技术层面，也存在于应用层面。例如，目前网络上的远程教育、远程医疗，在一定程度上并不是真正的网络教育或远程医疗。由于网络基础条件的原因，大量业务还是采用网上与网下相结合的方式，对于互动性、实时性较强的课堂教学，还一时难以实现。而远程医疗，更多的只是远程会诊，并不能进行远程手术，尤其是精细的手术治疗。但在 Internet 2 上，这些都将成为最普通的应用。

5.2.2 TCP/IP 参考模型

Internet 上所使用的网络协议是 TCP/IP（Transmission Control Protocol/Internet Protocol，传输控制协议/网际协议）。目前，众多的网络产品厂家都支持 TCP/IP，TCP/IP 已成为一个事实上的工业标准。

TCP/IP 通常指的是整个 TCP/IP 协议族，它包含了从网络层到应用层的许多协议，如支持超文本传输的 HTTP、支持文件下载的 FTP 等，其中最重要的两个协议是 TCP 和 IP。对应于 TCP/IP 的网络体系结构就是 TCP/IP 参考模型。如图 5-2-2 给出了 OSI 参考模型与 TCP/IP 参考模型的层次对应关系。

OSI参考模型		TCP/IP参考模型
应用层		应用层
表示层		应用层
会话层		应用层
传输层		传输层
网络层		互联层
数据链路层		网络层
物理层		网络层

图 5-2-2　OSI 参考模型与 TCP/IP 参考模型的层次对应关系

按照层次结构的思想，TCP/IP 按照从上到下的单向依赖关系构成协议栈。如图 5-2-3 给出了 TCP/IP 参考模型与 TCP/IP 协议栈的关系。

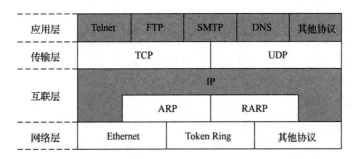

图 5-2-3　TCP/IP 参考模型与 TCP/IP 协议栈的关系

TCP/IP 参考模型分为以下 4 个层次。

1. 网络层

网络层是 TCP/IP 参考模型的最低一层,包括多种逻辑链路控制和媒体访问协议,主要负责通过网络发送和接收 IP 数据报。允许主机连入网络时使用多种现成的与流行的协议,这些系统大到广域网、小到局域网或点对点连接等。这也正体现了 TCP/IP 与网络的物理特性无关的灵活性特点。

2. 互联层

互联层也被称为 IP 层、网际层,是 TCP/IP 参考模型的关键部分。该层负责相同或不同网络中计算机之间的通信,主要处理数据报和路由。

该层包括的协议有 IP、ARP(Address Resolution Protocol,地址转换协议)以及 RARP (Reverse Address Resolution Protocol,反向地址转换协议)。互联层最重要的协议是 IP,它将多个网络连成一个互联网,可以把高层的数据以多个数据报的形式通过互联网分发出去。它把传输层送来的消息组装成 IP 数据报,并把 IP 数据报传递给网络层。IP 制定了统一的 IP 数据报格式,以消除各通信子网的差异,从而为信息发送方和接收方提供透明的传输通道。

IP 数据报在传输的过程中可能出现丢失、出错、延迟等现象,但 IP 并不确保 IP 数据报可靠而及时地从源端传递到目的端,它是一种“尽最大努力交付”,若出现丢失、出错等问题则由其上层 TCP 进行处理。

在 TCP/IP 网络环境下,每个主机都分配了一个 32 位的 IP 地址。这种 IP 地址是在国际范围内标识主机的一种逻辑地址。为了使报文在物理网上传送,必须知道彼此的物理地址。互联层中,ARP 用于将 IP 地址转换成物理地址,RARP 用于将物理地址转换成 IP 地址。

3. 传输层

传输层负责在互联网中源主机与目的主机的应用进程间建立用于会话的端到端连接。该层提供了 TCP 和 UDP(User Datagram Protocol,用户数据报协议)两个协议,都建立在 IP 的基础上。其中,TCP 提供可靠的面向连接服务,它处理了 IP 中没有处理的通信问题,向应用程序提供可靠的通信连接。这种可靠性主要使用确认和重传两种策略来达到。确认是指当接收方收到一个 IP 数据报后,向发送方发出一个确认信息以表明自己已经收到该 IP 数据报。若发送方等待多时仍未收到确认信息,则该 IP 数据报可能已经丢失,此时发送方再发一次该 IP 数据报,如此直到成功。通过这一方式实现了在不可靠的线路上达到可靠的传输。

由于 TCP 使用确认和重传的策略,因而会在时间上出现一些延迟,因此并不适应于一些对时间敏感的网络。例如,网络电话、视频点播这些网络应用要求有较高的实时性,但对可靠性要求并不高,因此 Internet 还提供了另一个传输层协议——UDP。

UDP 与 IP 类似,不保证数据的可靠性传递,因而也不使用重传与确认的策略,这就使得数据能够更及时地被传递,UDP 是一种不可靠的、无连接的协议。前面所说的网络电话、视频点播等这些对时间较敏感而对可靠性要求并不是很高的应用,都是基于 UDP 的;而另外一些网络应用,如 Web 浏览、文件传输、电子邮件则对数据传输的可靠性要求较高,而对时间敏感性并不高的应用,大多基于 TCP。

4. 应用层

TCP/IP 的应用层相当于 OSI 模型的会话层、表示层和应用层。TCP/IP 向用户提供一组常用的应用层协议,为用户解决所需要的各种网络服务,如远程登录协议(Telnet Protocol)、文件传输协议(FTP)、邮件传输协议(SMTP)、域名系统(DNS)、简单网络管理协议(SNMP)、超文本传输协议(HTTP),并且总是不断有新的协议加入。

5.2.3 IP 地址与域名机制

Internet 由许多小网络构成,要传输的数据通过共同的 TCP/IP 进行传输。传输中的一个重要问题就是传输路径的选择(路由选择)。简单地说,需要知道由谁发出的数据及要传送给谁,网际协议地址(IP 地址)就解决了这个问题。

1. IP 地址

打电话需要电话号码才能拨通对方电话,同样,在 Internet 上为了实现不同计算机之间的数据交换,也需要为每台计算机分配一个通信地址,这个地址就是 IP 地址。每个 IP 地址在全球是唯一的,这一地址可用于与该计算机有关的全部通信。

(1)IP 地址组成

IP 地址由网络地址和主机地址两部分组成。网络地址标明该主机在哪个网络,主机地址则指明具体是哪一台主机。

IP 地址的长度为 32 位(4 字节)。Internet 是一个网际网络,每个网络所含的主机数目各不相同。有的网络拥有很多主机,而有的网络主机数目则很少,网络规模大小不一。为了便于对 IP 地址进行管理,充分利用 IP 地址以适应主机数目不同的各种网络,对 IP 地址进行了分类,共分为 A、B、C、D、E 5 类地址。目前,大量使用的地址是 A、B、C 3 类,这 3 类主要根据网络大小进行区别,A 类网络最大,C 类最小。不同类型的 IP 地址,其网络地址和主机地址的长度不同,如图 5-2-4 所示。

A类	0	网络地址(7位)	主机地址(24位)
B类	10	网络地址(14位)	主机地址(16位)
C类	110	网络地址(21位)	主机地址(8位)

图 5-2-4 IP 地址类型格式

A 类地址中表示网络地址的部分有 8 位,其最左边的一位是"0",主机地址有 24 位。第一字节对应的十进制数范围是 0~127。由于地址 0 或 127 有特殊用途,因此有效的地址范围是 1～126,即有 126 个 A 类网络。

B 类地址中表示网络地址的部分有 16 位,最左边的 2 位是"10",第一字节地址范围在 128～191(10000000B～10111111B),主机地址也是 16 位。

C 类地址中表示网络地址的部分为 24 位,最左边的 3 位是"110",第一字节地址范围是 192～223(11000000B～11011111B),主机地址有 8 位。

由于网络地址和主机地址的长度不一样,因此这 3 类 IP 地址的容量不同,它们的容量如表 5-1 所示。

表 5-1 IP 地址容量表

类型	最大网络数	第一个可用网络号	最后一个可用网络号	每个网络中最大主机数
A	126	1	126	16777214
B	16382	128.1	191.254	65534
C	2097150	192.0.1	223.255.254	254

由于用 32 位二进制表示的 IP 地址很难记忆与书写,因此在使用时采用"点分十进制"的表示方法:将 32 位的 IP 地址分为 4 段,每段 8 位,每段用等效的十进制数字表示,并且在这些数字之间加上一个圆点,其形式如下。

×××.×××.×××.×××

例如,有 IP 地址"00111011101011111 1011001010000100",利用上面的方法可记为"59.175.178.132"

点分十进制表示法在书写与记忆上显然要比 32 位二进制容易得多。采用点分十进制编址方式可以很容易通过第一字节值识别 Internet 地址属于哪一类。例如,202.112.0.36 是 C 类地址。

为了确保 IP 地址在 Internet 上的唯一性,IP 地址统一由 Internet 网络信息中心进行分配。网络信息中心只分配地址的网络号,而地址的主机号则由申请该地址的机构进行分配。具体到一个机构如何对主机进行 IP 地址分配,可以采用静态 IP 地址分配和动态 IP 地址分配两种方法。

①静态 IP 地址分配。它是使用手工的方式为每一台主机分配一个该网络的唯一的 IP 地址,通常分配给该主机的 IP 地址不做改变。假设该机构申请到一个 C 类地址,原则上只能分配给 254 台主机。

②动态 IP 地址分配。它需要在网络上设置一台用于 IP 地址分配的 DHCP(Dynamic Host Configuration Protocol,动态主机配置协议)服务器。当主机与网络连接后,网络上的 DHCP 服务器从其 IP 地址集中找到一个未使用的 IP 地址分配给该主机,这一个 IP 地址是根据当时网络所连接的主机而定的,因而可能每次这台主机上网所获得的 IP 地址是不同的。当这台主机不连接网络后,DHCP 服务器再收回该 IP 地址,收回后的 IP 地址还可以分给另外上网的主机。通常拨号上网所采用的 IP 地址分配的方法就是这种方式。动态 IP 地址分配提高了 IP 地址的利用率,它可以分配给更多的主机,但同一时刻与静态 IP 地址分配一样,只能分配给 254 台主机。

注意:

①网络地址以 127 开头的用于循环测试,不可用作其他用途。例如,如果发送信息给 IP 地址为 127.0.0.1 的主机,则此信息将回传给自己的主机。

②当主机地址位为全 0 时,表示该网络的地址;当主机地址位为全 1 时,表示广播地址。例如,发送信息给 IP 地址为 168.95.255.255 的目的主机,表示将信息传送给网络地址为 168.95 的每一台主机。

③当网络地址位和主机地址位为全 1 时,表示将信息传送给网络上的每一台主机。

（2）子网与子网掩码

一个单位分配到的 IP 地址实际上是 IP 地址的网络地址,而后面的主机地址则由本单位进行分配。本单位所有主机使用同一个网络地址。当一个单位的主机很多且分布在很大的地理范围时,往往需要用一些网桥将这些主机互连起来。但网桥的缺点有很多,如容易引起广播风暴,同时当网络出现故障时也不太容易隔离和管理。为了使本单位的主机便于管理,可以将本单位所属主机划分为若干子网,将 IP 地址的主机部分再次划分为子网号与主机号两部分,这样做就可以在本单位的各个子网之间用路由器互连,因而便于管理。需要注意的是,子网的划分纯属于本单位内部的事,在本单位以外是看不到这样的划分的。从外部来看,这个单位仍只有一个网络地址。只有当外面的数据分组进入本单位范围时,本单位的路由器再根据子网地址进行选择,最后送到目的主机。

如何划分子网号与主机的位数,这主要视实际需要多少个子网而定。这样 IP 地址就划分为“网络—子网—主机”3 部分,用 IP 地址的网络部分和主机部分的子网号一起来表示网络标识部分。这样,既可以利用 IP 地址的主机部分来拓展 IP 地址的网络标识,又可以灵活划分网络的大小。

为了进行子网划分,需要引入子网掩码的概念。通过子网掩码来告诉本网是如何进行子网划分的。子网掩码与 IP 地址一样,也是一个 32 位的二进制数码,凡是 IP 地址的网络地址和子网地址部分,用二进制数 1 表示;凡是 IP 地址的主机地址部分,用二进制数 0 表示。由 32 位的 IP 地址与 32 位的子网掩码对应的位进行逻辑“与”运算,得到的就是网络地址。

如图 5-2-5 所示,说明了在划分子网时要用到的子网掩码的意义。图 5-2-5（a）表示将本地控制部分增加一个子网地址;图 5-2-5（b）列出了图 5-2-5（a）所示 IP 地址使用的子网掩码。该子网掩码为 255.255.248.0。

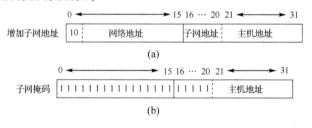

图 5-2-5　子网掩码的意义

多划分一个子网地址是要付出代价的。划分子网比不划分子网时可用的 IP 地址要少一些。例如,本来一个 B 类 IP 地址可容纳 65 534 个主机地址,但划分出 5 位长的子网地址后,最多可有 $2^5-2=30$ 个子网(去掉全 1 和全 0 的子网地址)。每个子网有 11 位的主机地址,即每个子网最多可容纳 $2^{11}-2=2$ 046 个主机 IP 地址。因此,可用的主机 IP 地址总数变为 30×2 046＝61 380 个。

若一个单位不划分子网,则其子网掩码即为默认值,此时子网掩码中“1”的长度就是网络地址的长度。因此,对于 A 类、B 类和 C 类 IP 地址,其对应的子网掩码默认值分别为 255.0.0.0、255.255.0.0 和 255.255.255.0。

2.域名系统

Internet 使用 IP 地址作为网上的通信地址,但对于众多的 IP 地址用户来讲,IP 地址用数字表示是难以记忆的。另外,从 IP 地址上看不出拥有该地址的组织名称或性质,同时也不能根据公司或组织名称、类型猜测其 IP 地址。由于这些缺点,Internet 引入了域名系统(Domain Name System,DNS),域名系统使用域名指代 IP 地址。例如,中国教育科研网的 Web 服务器 IP 地址是 202.112.0.36,域名为 www.edu.cn,当要访问中国教育科研网的 Web 服务器时,只需记住其域名而不必记住其 IP 地址即可,显然域名要容易记得多。

域名采用分层次的方法命名,其方式如下:

如前面的域名 www.edu.cn,顶级域名为 cn,二级域名为 edu,三级域名为 www,其级别按从高到低,从右到左排列。一个完整的域名不超过 255 个字符。在域名系统中既不规定一个域名下需要包含多少个下级域名,也不规定每一级域名代表什么意思。各级域名由其上一级域名管理,最高域名由 Internet 的有关机构管理。这种方法可使每一个名字都是唯一的。

为了保证域名系统的通用性,Internet 规定了一些正式的通用标准,分为区域名和类型名两类。区域名用两个字母表示世界各国或地区。

在国家顶级域名下注册的二级域名均由该国家自行确定。例如,荷兰就不再设二级域名,其所有机构均注册在顶级域名 nl 之下。又如,顶级域名为 jp 的日本,将其教育和企业机构的二级域名定为 ac 和 co(而不用 edu 和 com)。

我国则将二级域名划分为类别域名和行政区域名两大类。其中,类别域名有 6 个,如表 5-2 所示;行政区域有 34 个,适用于我国各省、自治区、直辖市。例如,bj 表示北京市;sh 表示上海市;hb 表示湖北省。

表 5-2   中国互联网二级类别域名

域名	意义	域名	意义	域名	意义
ac	科研机构	edu	教育机构	net	网络机构
com	工商金融	gov	政府部门	org	非营利组织

在我国,在二级域名下可申请注册三级域名。在二级域名 edu 下申请注册三级域名则由中国教育和科研计算机网网络中心负责。在其他二级域名下申请注册三级域名的,则应向中国互联网络信息中心(CNNIC)申请。

通过域名能够很容易记住 Internet 上的许多站点,如央视网是 www.cctv.com,武汉科技大学城市学院是 www.city.wust.edu.cn,但域名并不反映计算机所处的物理位置,网络上的通信仍然是需要 IP 地址的。假如要访问 www.cctv.com,首先就要将该域名指定机器的 IP 地址找到,即进行域名解析。

在 Internet 上,域名解析是通过域名服务器来完成的,Internet 上每一个子域都设有域名服务器,服务器中包含该子域的全体域名和地址信息。Internet 的每台主机上都有地址转换请求程序,负责域名与 IP 地址转换。域名和地址之间的转换工作称为域名解析,整个过程是自动进行的。有了 DNS 系统,凡域名空间中有定义的域名都可以有效地转换成 IP 地址;反之,IP 地址也可以转换成域名。因此,用户可以等价地使用域名或 IP 地址。

5.2.4 Internet 的接入方式

提到接入 Internet，首先涉及一个带宽问题。随着互联网技术的不断发展和完善，接入网的带宽被人们分为窄带和宽带。宽带是指在同一传输介质上，使用特殊的技术或者设备，可以利用不同的频道进行多重（并行）传输，并且速率在 256 Kbit/s 以上。其实，至于到底多少速率以上算作宽带，目前并没有国际标准。有人说大于 56 Kbit/s 就是宽带，有人说 1 Mbit/s 以上才算宽带，这里按照网络多媒体视频数据传输带宽要求来考量为 256 Kbit/s。因此，与传统的互联网接入技术相比，宽带接入技术最大的优势就是其带宽速率远远超过 56 Kbit/s。

常见的 Internet 接入方式有以下几种。

1. PSTN 拨号接入

PSTN（Public Switched Telephone Network，公用电话交换网）技术是利用 PSTN 通过调制解调器拨号实现用户接入的方式。这种接入方式的最高速率为 56 Kbit/s，已经达到香农（Shannon）定理确定的信道容量极限，拨号上网的网速一般为 9.6～56 Kbit/s，这种速率远远不能满足宽带多媒体信息的传输需求。

但是，由于电话网络非常普及，用户终端设备调制解调器很便宜，而且不用申请就可开户，只要有计算机，把电话线接入调制解调器就可以直接上网了。随着宽带的发展和普及，PSTN 接入方式已经被淘汰。

2. ISDN 拨号接入

ISDN（Integrated Service Digital Network，综合业务数字网）接入技术，俗称"一线通"，采用数字传输和数字交换技术，将电话、传真、数据、图像等多种业务综合在一个统一的数字网络中进行传输和处理。用户利用一条 ISDN 用户线路，可以在上网的同时拨打电话、收发传真，就像拥有两条电话线一样。ISDN 的基本速率接口有两条 64 Kbit/s 的数据信道和一条 16 Kbit/s 的控制信道，简称 2B+D。当有电话拨入时，它会自动释放一个 B 信道来进行电话接听。

3. DDN 专线接入

DDN（Digital Data Network，数字数据网）是随着数据通信业务发展而迅速发展起来的一种新型网络。DDN 的主干网传输介质有光纤、数字微波、卫星信道等，用户端使用普通电缆和双绞线。DDN 将数字通信技术、计算机技术、光纤通信技术、数字交叉连接技术有机地结合在一起，提供了高速度、高质量的通信环境，可以向用户提供点对点、点对多点透明传输的数据专线出租线路，为用户传输数据、图像、声音等信息。DDN 的通信速率可根据用户需要在 $N×64$ Kbit/s（$N=1～32$）之间进行选择，当然速率越高租用费用也就越高。

4. ADSL 接入

ADSL（Asymmetric Digital Subscriber Line，非对称数字用户环路）是一种能够通过普通电话线提供宽带数据业务的技术，也是目前极具发展前景的一种接入技术。ADSL 素有"网络快车"之美誉，因其下行速率高、频带宽、性能优、安装方便、不需交纳电话费等特点而深受广大用户喜爱，成为继调制解调器、ISDN 之后的又一种全新的高效接入方式。

5. VDSL 接入

VDSL(Very-high-bit-rate Digital Subscriber Loop,超高速数字用户环路)的最大特点是可以在相对较短的距离(0.3～1.5 km)内以最高 52 Mbit/s 的速率提供对称或者非对称数据传输。VDSL 比 ADSL 速度快,短距离内的最大下载速率可达 55 Mbit/s,上传速率可达 19.2 Mbit/s,甚至更高。VDSL 的设计目的是提供全方位的宽带接入,用于音频、视频和数据的快速传输。由于 VDSL 传输距离短、码间干扰小、对数字信号处理要求大为简化,其设备成本比 ADSL 低。

6. Cable-Modem 接入

Cable-Modem(电缆调制解调器)是通过有线电视(CATV)网络进行高速数据接入的设备,终端用户安装 Cable-Modem 后即可在有线电视网络中进行数据双向传输。它具备较高的上、下行传输速率,用 Cable-Modem 开展宽带多媒体综合业务,可为有线电视用户提供宽带高速 Internet 的接入、视频点播、各种信息资源的浏览、网上多种交易等增值业务。

7. PON

PON(Passive Optical Network,无源光纤网络)技术是一种一点对多点的光纤传输和接入技术,下行采用广播方式,上行采用时分多址方式,可以灵活地组成树状、星状、总线型等拓扑结构,在光分支点不需要节点设备,只需要安装一个简单的光分支器即可。因此,其具有节省光缆资源、带宽资源共享、节省机房投资、设备安全性高、建网速度快、综合建网成本低等优点。

8. LMDS 接入

LMDS(Local Multipoint Distribution Service,区域多点传输服务)是一种无线接入 Internet 的方式。在该方式中,一个基站可以覆盖直径 20 km 的区域,每个基站可以负载 2.4 万个用户,每个终端用户的带宽可达到 25 Mbit/s。但是,它的带宽总容量为 600 Mbit/s,每个基站下的用户必须共享带宽,因此一个基站如果负载用户较多,那么每个用户所分到带宽就很小了,所以这种技术对于较多用户的接入是不合适的。但它的用户端设备可以捆绑在一起,可用于宽带运营商的城域网互连。

9. LAN 接入

LAN(Local Area Network,局域网)接入利用以太网技术,采用光缆和双绞线的方式进行综合布线。LAN 的网速可以达到 100 Mbit/s,甚至更高。以太网技术成熟、成本低、结构简单、稳定性高、可扩充性好,便于网络升级,同时可实现实时监控、智能化物业管理、小区/大楼/家庭保安、家庭自动化(如远程遥控家电、可视门铃等)、远程抄表等,可提供智能化、信息化的办公与家居环境,满足不同层次的人们对信息化的需求。

5.2.5 信息浏览与检索

1. 使用搜索引擎

在当今社会,人们的各项活动:工作、学习、生活等都离不开信息的搜集,在互联网未普及之前,信息搜集的主要途径是各种文献、图书资料,这往往需要大量的时间和精力。随着互联网技术的发展,特别是搜索引擎的出现,信息检索已经成为人们信息搜集的主要手段。

搜索引擎往往依托浏览器,使用搜索引擎查询信息之前,首先要学会浏览器的使用。

(1)浏览器

浏览器也就是网页浏览器(Web Browser),主要是用来检索并展示万维网信息资源的一种应用程序。这些信息资源可以是网页、图片、视频或者其他内容,它们由统一的资源标识符标志。用户往往借助超链接,通过浏览器浏览互相关联的各种信息。

(2)搜索引擎

搜索引擎(Search Engine)是一种根据用户需求与一定算法,运用特定策略从互联网中检索出指定的信息反馈给用户的一门检索技术。在目前的信息检索中,使用搜索引擎是常用的一种方式。

(3)浏览器与搜索引擎

大家往往认为浏览器和搜索引擎是一个东西,直接会把浏览器当搜索引擎来用。当然,也跟大家常用的搜索引擎有关,比如百度浏览器的搜索引擎叫作百度搜索引擎,搜狗浏览器的搜索引擎叫作搜狗搜索引擎,还有360浏览器的搜索引擎就叫作360综合搜索引擎,不知不觉地大家就认为这两个是一样的东西,实际上,这两者之间还是有区别的。

浏览器是一个程序,是用来显示网站(网页)内容的工具,搜索引擎是一个工具,用来查询网站(网页)。从用途上来说,通过浏览器,我们可以连接到Internet,浏览Web并获取信息。而搜索引擎主要是为我们提供一定的算法,帮助用户在网站上收集信息。

浏览器可以没有搜索引擎,我们只需要在浏览器的地址栏中输入网址,浏览器就可以加载目标网站的信息。但是当你不知道网站的具体地址时,搜索引擎就可以来帮助你。

而搜索引擎不能离开浏览器工作,加载搜索引擎实际上就是浏览器自动在地址栏中输入搜索引擎所在的服务器,然后将你要问的问题提交给搜索引擎的服务器,服务器通过各种算法回答你的问题,并将问题答案所在的网址罗列出来,供你选择访问。

2. 认识信息检索

(1)信息检索

"信息检索(Information Retrieval)"起源于图书馆的参考咨询和文摘索引工作,随着20世纪40年代第一台计算机的问世,信息检索迈入了计算机检索阶段。

广义的信息检索是信息按一定的方式进行加工、整理、组织并存储起来,再根据信息用户特定的需要将相关信息准确查找出来的过程,又称信息的存储与检索。它包括"存"和"查"两个阶段。

狭义的信息检索仅指信息查询(Information Search)。即用户根据需要,采用一定的方法,借助检索工具,从信息集合中找出所需要信息的查找过程,主要是指"查"的阶段。

(2)常用信息检索技术

信息检索希望在最短的时间内获得最满意的检索结果,要达到这一目的,我们往往需要借助一些信息检索的技术,随着互联网技术的发展,现阶段常用的信息检索技术有布尔检索、截词检索。

5.2.6　电子邮件

电子邮件是Internet的一个主要应用。通过Internet可以及时发送电子邮件并能够使电子邮件携带图片、声音、动画等内容,弥补了传统邮政系统的不足。

在收发电子邮件时,用户首先需要一个电子邮箱,目前许多网站都免费提供电子邮箱,当用户申请到一个免费邮箱后将会获得一个邮箱地址,其格式如下。

例如,"abcdefg1234@163.com"就是一个邮箱地址,其中"abcdefg1234"是用户名,"@"表示"at","163.com"则是邮件服务器主机的域名。有了用户名、邮箱、账户等就可以进行邮件的收发了。用户在收发电子邮件时是通过用户代理来完成的,传送邮件时一般使用SMTP(Simple Mail Transfer Protocol,邮件传输协议),接收电子邮件一般使用POP(Post Office Protocol,邮局协议)。

课后习题

1. 以下 IP 地址中,属于 B 类地址的是(　　　)。

　A. 112. 213. 12. 23　　　　　　　　B. 210. 123. 23. 12

　C. 23. 123. 213. 23　　　　　　　　D. 156. 123. 32. 12

2. 在使用 IE 浏览器时,可以通过(　　)回到去过的网站。

　A. 使用"地址栏"的列表框　　　　　B. 利用"收藏夹"菜单

　C. 使用"后退"及"前进"按钮　　　　D. 以上情况都可能

3. 如果有一个很喜欢的网站,可以用下列哪种方法,使下一次浏览时可以很快地进入所喜欢的网站(　　　)。

　A. 加入"收藏夹"　　　　　　　　　B. 加入"主页"

　C. 加入链接栏中　　　　　　　　　D. 以上均可

4. 以"+A−B"条件来做搜索,代表的意义是(　　　)。

　A. 搜索的字符串不可包含 A,但必须要有 B

　B. 搜索的字符串必须包含 A,但一定不可包含 B

　C. 搜索到的字符串必须包含 A 和 B

　D. 搜索到的字符串必须包含 A 或 B 其中一项

5. 排列出从 FTP 站下载文件的顺序(　　　)。

　①搜索要下载的文件

　②连接 FTP 服务器

　③开始下载文件

　A. ①②③　　　　　B. ③①②　　　　　C. ②①③　　　　　D. ③②①

6. 若想将自己添加在收藏夹中的 Web 页删除,可通过(　　　)操作来实现。

　A. 选择"收藏夹"→"查看收藏夹"选项

　B. 选择"收藏夹"→"整理收藏夹"选项

　C. 单击工具栏中的"刷新"按钮

　D. 单击工具栏中的"停止"按钮

7. 域名为"BBS. szptt. net. cn"的站名是一种(　　　)。

　A. 文件传输站点　　　　　　　　　B. 新闻讨论组站点

C. 电子公告牌站点　　　　　　　　　D. 电子邮件中对方的地址

8. 若 URL 的第一项是 FTP,则说明正在查找的资源类型的定义为（　　）。

A. WWW 的页面　　　　　　　　　　B. 一个新闻讨论组

C. 其他计算机的注册地址　　　　　　D. 远程 FTP 主机上一个文件或目录

9. "http://www.peopledaily.com.cn/channel/main/welcome.htm" 是一个典型的 URL,其中的 "http" 表示（　　）。

A. 服务器标志　　B. 主机域名　　　　C. 子目录　　　　D. 文档名字

10. 一个完整的 Internet 电子邮件地址为 "bill@public.bta.net.cn",其中 "bill" 表示（　　）。

A. 用户名　　　　B. 主机名　　　　　C. 域名　　　　　D. 网络地址

第6章

计算机前沿

1. 了解人工智能的内涵与商业价值。

2. 掌握大数据、云计算、深度学习和物联网技术。

3. 了解流媒体的基本概念、技术原理和应用。

思维导图

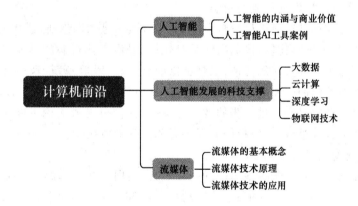

6.1 人工智能

6.1.1 人工智能的内涵与商业价值

1. 什么是人工智能

人工智能（Artificial Intelligence），英文缩写为 AI。它是计算机科学的一个分支，是研究、开发用于模拟、延伸和扩展人的智能的理论、方法、技术及应用系统的一门新的技术科学。

人工智能企图了解智能的实质，并生产出一种新的能以人类智能相似的方式做出反应的智能机器,该领域的研究包括机器人、语言识别、图像识别、自然语言处理和专家系统等。人工智能从诞生以来,理论和技术日益成熟,目前应用领域也不断扩大,可以设想,未来人工智能带来的科技产品,将会是人类智慧的"容器"。

2. 人类智能和人工智能学习区别

从学习的主体来讲可分为动物学习、人类学习和机器学习。人类学习中学习者主动地获取知识并通过把新获得的知识和已有的认知结构联系起来,积极地建构其知识体系,学习包括获得、转化和评价等过程。人类学习是有目的的,期望获得。即人类学习是一种有目的的、自觉的、积极主动的过程。人有主观能动性,可以积极主动地构建自己的知识结构。这是人类学习与动物学习区别的主要标志。人类学习是由学习、实践、再学习、再实践四个基本训练的过程组成的,这四个过程可分为动机阶段、了解阶段、获得阶段、保持阶段、回忆阶段、概括阶段、操作阶段、反馈阶段等八个阶段。机器学习是模拟人的思维模式,分为数据收集、数据预处理、模型构建、模型调优、模型验证和模型使用六个过程,这六个过程实际上可分为训练、测试和应用等三个阶段。机器学习主要分为监督学习、强化学习和无监督学习三大类。由此可见,人类学习与机器学习的目标都是一样的,都是为了正确的预测。有了正确的预测,就能做出正确的行动,就能得到想要的结果。不同的是,一个使用人脑神经网络实现,另一个使用计算机算法实现。即机器学习的本质就是建立相应的模型,并获取到适当的参数,使之能对未来的样本做出正确的预测。

3. 人工智能的商业价值

(1)人工智能对医疗保健行业的影响

人工智能在医疗保健行业中最具潜力的三个领域:一是辅助诊断,包括根据病人健康数据基准,或与同类病人进行比较,检测出细微变化;二是潜在流行病的早期确认和疾病发生率追踪有助于预防和控制疾病的传播;三是影像诊断,如放射学、病理学。

人工智能在医疗保健行业中需要克服的障碍是敏感医疗信息的隐私和保护问题。由于人体生物学十分复杂并且需要进一步的技术开发,因此部分先进应用可能仍需一段时间后才能发挥自身潜力并被病人、医疗服务提供者和监管者所接受。

(2)人工智能对交通行业的影响

人工智能在交通行业中最具潜力的三个领域:一是用于共享出行的自动驾驶汽车车队;二是驾驶者辅助系统等半自动功能;三是发动机监测和预测性自动保养。人工智能在交通行业中的优势:一是消费者将获益,主要表现为自动驾驶和"随需应变"的灵活性;二是时间将被节省。

(3)人工智能对金融服务行业的影响

人工智能在金融服务行业中最具潜力的三个领域:一是个人财务规划;二是诈骗探测和反洗钱;三是流程自动化,包括支撑部门和面向客户的部门。人工智能在金融服务行业中的优势:一是消费者将获得更综合全面、更定制化的解决方案,例如健康、财富和养老;二是让投资获得更多收益,例如将剩余资金投入到投资计划中;三是根据消费者需求的变化而调整,例如收入变化或有了孩子。

(4)人工智能对零售行业的影响

人工智能在零售行业中最具潜力的三个领域:一是个性化设计与生产;二是预测客户需求,例如零售商开始使用深度学习提前预测客户订单;三是库存和交付管理。人工智能在零售行业中的优势：一是消费者将获益，按需定制成为常态，在消费者需要时按其希望的方式为消费者提供想要的产品。二是时间将被节省，减少搜索货柜、目录和网站找到自己想要的产品的时间。

（5）人工智能对科技、通信和媒体行业的影响

人工智能在科技、通信和媒体行业中最具潜力的三个领域：一是媒体存档和搜索，汇总分散内容，用于推荐；二是定制化的内容创造，如市场营销、电影、音乐等；三是个性化的市场营销和广告。人工智能在科技、通信和媒体行业中的优势：一是消费者将获益越来越个性化的内容生产、推荐和供应。二是时间将被节省，消费者能够更快、更轻松地选择自己想要的内容，体现自己当时的偏好和情绪。

（6）人工智能对制造业的影响

人工智能在制造业中最具潜力的三个领域：一是改进后的制造流程监测和自动纠正；二是供应链和生产优化；三是按需生产。人工智能在制造业中的优势：消费者将获益，间接得益于更灵活、更灵敏和定制的商品制造，实现更少延迟、更少缺陷以及更快的响应和交付。

（7）人工智能对能源行业的影响

人工智能在能源行业中最具潜力的三个领域：一是实时能耗信息，帮助减少费用；二是更高效的网格化管理和储存；三是预测性基础设施维护。人工智能在能源行业中的优势：消费者将获益，人们将获得更高效、性价比更高的能源，以及更安全的供应和更少的供应中断。

（8）人工智能对运输和物流行业的影响

人工智能在运输和物流行业中最具潜力的三个领域：一是自动卡车运输和交付；二是交通控制和减少拥堵；三是更高的安全性。人工智能在运输和物流行业中的优势：一是消费者将获益，在物品运输和人员出行方面实现更高的灵活性、定制化和更多的选择，能够更快、更可靠地从出发地抵达目的地；二是时间将被节省，智能调度，减少交通拥堵并且通过实时路线调整加快运输。

6.1.2 人工智能 AI 工具案例

人工智能已经逐渐走进我们的生活，并应用于各个领域，它不仅给许多行业带来了巨大的经济效益，也为我们的生活带来了许多改变和便利。下面，将分别介绍一些人工智能 AI 工具和案例。

1. 人脸识别

人脸识别也称人像识别、面部识别，是基于人的脸部特征信息进行身份识别的一种生物识别技术。人脸识别涉及的技术主要包括计算机视觉、图像处理等。人脸识别系统的研究始于 20 世纪 60 年代，之后，随着计算机技术和光学成像技术的发展，人脸识别技术水平在 20 世纪 80 年代得到不断提高。在 20 世纪 90 年代后期，人脸识别技术进入初级应用阶段。目前，人脸识别技术已广泛应用于多个领域，如金融、司法、公安、边检、航天、电力、教育、医疗等。比如，"刷脸"进出、"刷脸"支付、"刷脸"打卡等，如图 6-1-1 所示。

2. 语音识别

通过声音的数字化，计算机能"感知到"声音，语音识别实施下的人机交互是把人说的话转化为文字或机器可以理解的指令，从而实现人与机器的语音交流，如图 6-1-2 所示。

图 6-1-1　人脸识别打卡

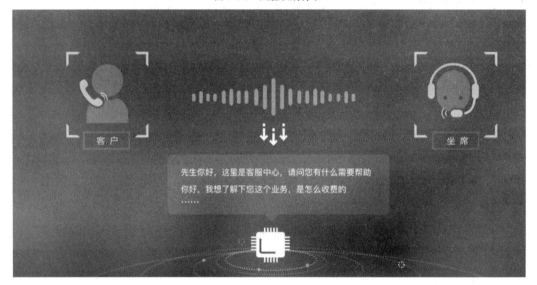

图 6-1-2　语音识别转文字

3. 智能音箱

智能音箱是语音识别、自然语言处理等人工智能技术的电子产品类应用与载体,随着智能音箱的迅猛发展,其也被视为智能家居的未来入口。究其本质,智能音箱就是能完成对话环节的拥有语音交互能力的机器。通过与它直接对话,消费者能够完成自助点歌、控制家居设备和唤起生活服务等操作。

4. 无人驾驶汽车

无人驾驶汽车是智能汽车的一种,也称为轮式移动机器人,主要依靠车内以计算机系统为主的智能驾驶控制器来实现无人驾驶。无人驾驶中涉及的技术包含多个方面,例如计算机视觉、自动控制技术等。

5. 机器翻译

机器翻译是计算语言学的一个分支,是利用计算机将一种自然语言转换为另一种自然语言的过程。机器翻译用到的技术主要是神经机器翻译技术(Neural Machine Translation,NMT),该技术当前在很多语言上的表现已经超过人类。

随着经济全球化进程的加快及互联网的迅速发展,机器翻译技术在促进政治、经济、文化交流等方面的价值凸显，也给人们的生活带来了许多便利。例如，我们在阅读英文文献时，可以方便地通过有道翻译、百度翻译和 Google 翻译等网站将英文转换为中文，免去了查字典的麻烦，提高了学习和工作的效率，如图 6-1-3 所示。

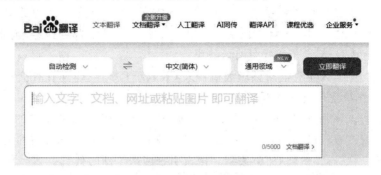

图 6-1-3　百度翻译

6. 智能客服机器人

智能客服机器人是一种利用机器模拟人类行为的人工智能实体形态，它能够实现语音识别和自然语义理解，具有业务推理、话术应答等能力，如图 6-1-4 所示。

图 6-1-4　银行智能客服机器人

当用户访问网站并发出会话时，智能客服机器人会根据系统获取的访客地址、IP 和访问路径等，快速分析用户意图，回复用户的真实需求。同时，智能客服机器人拥有海量的行业背景知识库，能对用户咨询的常规问题进行标准回复，提高应答准确率。

智能客服机器人广泛应用于商业服务与营销场景，为客户解决问题、提供决策依据。同时，智能客服机器人在应答过程中，可以结合丰富的对话语料进行自适应训练，因此，其在应答话术上将变得越来越精确。

随着智能客服机器人的垂直发展，它已经可以深入解决很多企业的细分场景下的问题。比如电商企业面临的售前咨询问题，对大多数电商企业来说，用户所咨询的售前问题普遍围绕价格、货品来源渠道等主题，传统的人工客服每天都会对这几类重复性的问题进行回答，导致无法及时为存在更多复杂问题的客户群体提供服务。而智能客服机器人可以针对用户的各类简单、重复性高的问题进行解答，还能为用户提供全天候的咨询应答、解决问题的服务，它的广泛应用也大大降低了企业的人工客服成本。

7. 生成型预训练变换模型 ChatGPT

ChatGPT 是美国人工智能研究实验室 OpenAI 推出的一种人工智能技术驱动的自然语言处理工具，使用了 Transformer 神经网络架构，也是 GPT-3.5 架构，这是一种用于处理序列数据的模型，拥有语言理解和文本生成能力，尤其是它会通过连接大量的语料库来训练模型,这些语料库包含了真实世界中的对话,使得 ChatGPT 具备上知天文下知地理,还能根据聊天的上下文进行互动的能力,做到与真正人类几乎无异的聊天场景进行交流。

在 OpenAI 的官网上,ChatGPT 被描述为优化对话的语言模型,是 GPT-3.5 架构的主力模型。ChatGPT 还采用了注重道德水平的训练方式,按照预先设计的道德准则,对不怀好意的提问和请求说"不"。一旦发现用户给出的文字提示里面含有恶意,包括但不限于暴力、歧视、犯罪等意图,都会拒绝提供有效答案。

2022 年 11 月底,人工智能对话聊天机器人 ChatGPT 推出,迅速在社交媒体上走红,短短 5 天,注册用户数就超过 100 万。

2023 年 1 月末,ChatGPT 的月活用户已突破 1 亿,成为史上增长最快的消费者应用。

2023 年 2 月 7 日,微软宣布推出由 ChatGPT 支持的最新版本人工智能搜索引擎 Bing(必应)和 Edge 浏览器。微软 CEO 表示,"搜索引擎迎来了新时代"。

作为全新的人工智能(AI)聊天机器人,ChatGPT 被认为正在"掀起新一轮 AI 革命"。在美国,北密歇根大学一名学生使用 ChatGPT 生成的哲学课小论文"惊艳"了教授,得到全班最高分。有调查显示,89% 的美国大学生承认使用 ChatGPT 做家庭作业,53% 的学生用来写论文,48% 的学生使用 ChatGPT 完成测试。

6.2 人工智能发展的科技支撑

6.2.1 大数据

1. 大数据的概念

大数据(Big Data)是指通过算法对来自不同渠道和不同格式的海量数据进行直接分析,从中找到数据之间的相关性。也就是说,大数据更偏重于发现,以及猜测并印证的循环逼近过程。

(1)大数据的来源

①结构化数据,如各种数据库、各种结构化文件、消息队列和应用系统数据等。

②非结构化数据,可以细分为两部分,一部分是社交媒体如 Twitter、Facebook、博客等产生的数据,包括用户点击的习惯/特点、发表的评论、评论的特点、网民之间的关系等,这些都构成了大数据的来源。另外一部分数据,也是数据量比较大的,是机器设备及传感器所产生的数据。以电信行业为例,CDR(通信专业词汇,指承诺数据速率)、呼叫记录等数据都属于原始传感器数据,主要来自路由器或基站。此外,手机的内置传感器、各种手持设备、门禁系统、摄像头、ATM 机等,其数据量也非常大。

利用大数据,可以通过对历史情况的分析,发现事物的发展变化规律,更好地提高生产效率,预防意外发生,促进销售,使人们的工作和生活变得更加高效、轻松和便利。

(2)大数据的作用和意义

现在的社会是一个高速发展的社会,科技发达,信息流通,人们之间的交流越来越密切,生活也越来越方便,大数据就是这个高科技时代的产物。

有人把数据比喻为蕴藏能量的煤矿。煤炭按照性质有焦煤、无烟煤、肥煤、贫煤等分类,而露天煤矿、深山煤矿的挖掘成本又不一样。与此类似,大数据并不在于"大",而在于"有用"。价值含量、挖掘成本比数量更为重要。对于很多行业而言,如何利用这些大数据是赢得竞争的关键。

不过,"大数据"在经济发展中的巨大意义并不代表其能取代一切对于社会问题的理性思考,科学发展的逻辑不能被湮没在海量数据中。著名经济学家路德维希·冯·米塞斯曾提醒过:就今日言,有很多人忙碌于资料之无益累积,以致对问题之说明与解决,丧失了其对特殊的经济意义的了解。这确实是需要警惕的。

困扰应用开发者的一个重要问题就是如何在功率、覆盖范围、传输速率和成本之间找到那个微妙的平衡点。企业组织利用相关数据和分析可以帮助它们降低成本、提高效率、开发新产品、做出更明智的业务决策等。

2. 大数据技术体系

大数据技术可以分为两个大的层面,即大数据平台技术(其架构如图 6-2-1 所示)与大数据应用技术。要使用大数据,必须先有计算能力,大数据平台技术包括数据的采集、存储、流转、加工所需要的底层技术,如 Hadoop 生态圈。大数据应用技术是指对数据进行加工,把数据转化成商业价值的技术,如算法以及算法衍生出来的模型、引擎、接口和产品等。

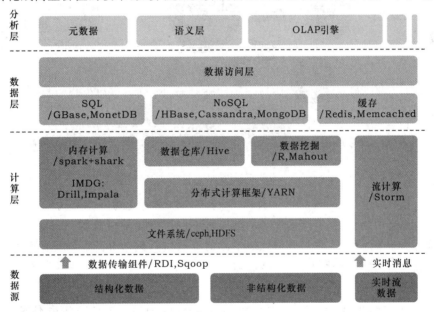

图 6-2-1 大数据平台技术架构

3. 大数据技术

(1)大数据分析和挖掘技术

大数据分析的理论核心是数据挖掘算法,各种数据挖掘算法基于不同的数据类型和格式才能更加科学地呈现出数据本身具备的特点,也正是因为目前流行的统计方法才能深入数据的内部,挖掘出公认的价值。

数据挖掘的一般流程主要分为如下几个步骤。

①定义问题:清晰地定义出业务问题,确定数据挖掘的目的。

②数据准备:选择数据——在大型数据库和数据仓库目标中提取数据挖掘的目标数据

集；数据预处理——进行数据再加工，包括检查数据的完整性与一致性、去噪声、填补丢失的域、删除无效数据等。

③数据挖掘：根据数据功能的类型和数据的特点选择相应的算法，在完成预处理过程的数据集上进行数据挖掘。

④结果分析：对数据挖掘的结果进行解释和评价，转换成为能够最终被用户理解的知识。

数据挖掘的方法有很多，同时也应用到很多场景当中，如商品推荐、电影个性化推荐、消费推荐等，如图 6-2-2 所示为大数据技术在消费者方面的相关应用。

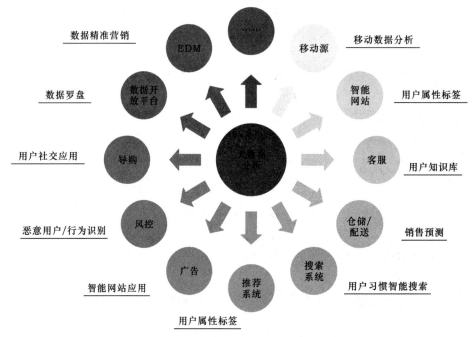

图 6-2-2　大数据技术在消费者方面的相关应用

在不同的应用场景下，不同的算法均会取得不同层次的使用效果。为了让读者大致了解大数据技术相关的算法，先对几种比较主流的算法进行简单介绍。常见的数据分析方法和应用场景如图 6-2-3 所示。

①神经网络方法

人工神经网络（Artificial Neural Network，ANN）系统是 20 世纪 40 年代期后出现的。它是由众多的神经元可调的连接权值连接而成的，具有大规模并行处理、分布式信息存储、良好的自组织自学习能力等特点。BP（Back Propagation）算法又称为误差反向传播算法，是人工神经网络中的一种监督式的学习算法。BP 算法在理论上可以逼近任意函数，基本结构由非线性变化单元组成，具有很强的非线性映射能力。而且网络的中间层数、各层的处理单元数及网络的学习系数等参数可根据具体情况设定，灵活性很大，在优化、信号处理与模式识别、智能控制、故障诊断等许多领域都有着广泛的应用前景。

神经网络由于本身良好的健壮性、自组织自适应性、并行处理、分布存储和高度容错等特性非常适合解决数据挖掘的问题，因此近年来越来越受到人们的关注。

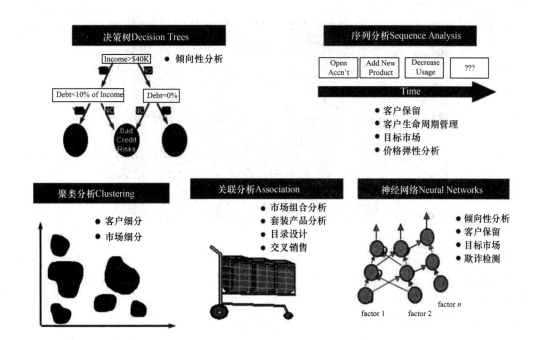

图 6-2-3　常见的数据分析方法和应用场景

②遗传算法

遗传算法是一种基于"适者生存"的高度并行、随机和自适应的优化算法,通过复制、交叉、变异将问题解编码表示的"染色体"群一代代不断进化,最终收敛到最适应的群体,从而求得问题的最优解或满意解,它是一种仿生全局优化方法,其优点是原理和操作简单、通用性强、不受限制条件的约束,且具有隐含并行性和全局解搜索能力,在组合优化、数据挖掘问题中得到广泛应用。

③决策树算法

决策树是一种常用于预测模型的算法,它通过将大量数据进行有目的的分类,从中找到一些有价值的、潜在的信息。它的主要优点是描述简单,分类速度快,特别适合大规模的数据处理。

(2)数据可视化技术

数据可视化要根据数据的特性,如时间信息和空间信息等,找到合适的可视化方式,例如图表(Chart)、图(Diagram)和地图(Map)等,将数据直观地展现出来,以帮助人们理解数据,同时展示包含在海量数据中的规律或者信息。数据可视化是大数据生命周期管理的最后一步,也是最重要的一步。实时数据显示平台如图 6-2-4 所示。

目前数据可视化工具也有很多,列举出几类,具体如下:

①报表类,如 JReport、Excel、水晶报表、FineReport、ActiveReports 报表等;

②BI 分析工具,如 Style Intelligence、BO、BIEE、象形科技 ETHINK,Yonghong Z-Suite 等;

③数据可视化工具,如 BDP 商业数据平台(个人版)、大数据魔镜、数据观、FineBI 商业智能软件等。

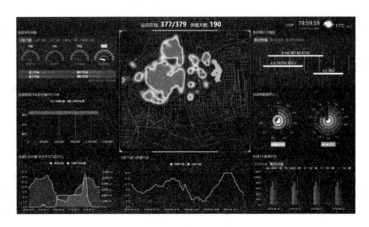

图 6-2-4　实时数据显示平台

（3）数据预处理技术

数据预处理（Data Preprocessing）通常是指在进行数据分析、数据挖掘等操作之前进行的处理。众所周知，现实世界中的数据大体上都是不完整、不一致的"脏数据"，无法直接进行数据挖掘，或挖掘结果差强人意。为了提高数据挖掘的质量，产生了数据预处理技术。数据预处理有多种方法：数据清理、数据集成、数据变换、数据归约等。这些数据处理技术在数据挖掘之前使用，大大提高了数据挖掘模式的质量，降低了实际挖掘所需要的时间。

大数据的预处理过程比较复杂，主要过程包括对数据的分类和预处理、数据清洗、数据的集成、数据归约、数据变换以及数据的离散化处理。数据的预处理过程主要是对不能采用或者采用后与实际可能产生较大偏差的数据进行替换和剔除。数据清洗则是对"脏数据"进行分类、回归等方法进行处理，使采用数据更为合理。数据的集成、归约和变换则是对数据进行更深层次的提取，从而使采用样本变为高性能特征的样本数据。

（4）大数据存储技术

大数据存储技术主要介绍分布式系统、NoSQL 数据库、云数据库、基于 Hadoop 的技术扩展和封装。

①分布式系统

分布式系统包含多个自主的处理单元，通过计算机网络互连来协作完成分配的任务，其分而治之的策略能够更好地处理大规模数据分析问题。主要包含以下两类：

分布式文件系统：存储管理需要多种技术的协同工作，其中文件系统为其提供最底层存储能力的支持。分布式文件系统 HDFS（Hadoop Distributed File System）是一个高度容错性的系统，被设计成适用于批量处理，能够提供高吞吐量的数据访问。

分布式键值系统：分布式键值系统用于存储关系简单的半结构化数据。典型的分布式键值系统有 Amazon Dynamo，以及获得广泛应用和关注的对象存储技术（Object Storage）也可以视为键值系统，其存储和管理的是对象而不是数据块。

②NoSQL 数据库

关系型数据库已经无法满足 Web 2.0 的需求。主要表现为：无法满足海量数据的管理需求、无法满足数据高并发的需求、高可扩展性和高可用性的功能太低。

NoSQL 数据库的优势：可以支持超大规模数据存储，灵活的数据模型可以很好地支持Web 2.0 应用，具有强大的横向扩展能力等，典型的 NoSQL 数据库包含键值数据库、文档数据库和图形数据库。

③云数据库

云数据库是基于云计算技术发展的一种共享基础架构的方法,是部署和虚拟化在云计算环境中的数据库。云数据库并非一种全新的数据库技术,而只是以服务的方式提供数据库功能。云数据库所采用的数据模型可以是关系数据库所使用的关系模型(微软的 SQLAzure 云数据库都采用了关系模型)。同一个公司也可能提供采用不同数据模型的多种云数据库服务。

④基于 Hadoop 的技术扩展和封装

基于 Hadoop 的技术扩展和封装,围绕 Hadoop 衍生出相关的大数据技术,应对传统关系型数据库较难处理的数据和场景,例如针对非结构化数据的存储和计算等,充分利用 Hadoop 开源的优势,伴随相关技术的不断进步,其应用场景也将逐步扩大,典型的应用场景就是通过扩展和封装 Hadoop 来实现对互联网大数据存储、分析的支撑。对于非结构、半结构化数据处理、复杂的 ETL(Extract-Transform-Load)流程、复杂的数据挖掘和计算模型,Hadoop 平台更擅长。

4. 大数据与人工智能的关系

大数据作为人工智能发展的三个重要基础之一(数据、算法、算力),本身与人工智能就存在紧密的联系,正是基于大数据技术的发展,目前人工智能技术才在落地应用方面获得了诸多突破。

在当前大数据产业链逐渐成熟的大背景下,大数据与人工智能的结合也在向更全面的方向发展,大数据与人工智能的结合涉及以下三个方面:

第一,大数据分析。从技术的角度来看,大数据分析是与人工智能一个重要的结合点,机器学习作为大数据重要的分析方式之一,正在被更多的数据分析场景所采用。机器学习不仅是人工智能领域的六大主要研究方向之一,同时也是入门人工智能技术的常见方式,不少大数据研发人员就是通过机器学习转入了人工智能领域。

第二,AIoT 体系。AIoT 技术体系的核心就是物联网与人工智能技术的整合,从物联网的技术层次结构来看,在物联网和人工智能之间还有重要的"一层",这一层就是大数据层,所以在 AIoT 得到更多重视的情况下,大数据与人工智能的结合也增加了新的方式。

第三,云计算体系。随着云计算服务的逐渐深入和发展,目前云计算平台正在向"全栈云"和"智能云"方向发展,这两个方向虽然具有一定的区别,但是一个重要的特点是都需要大数据的参与,尤其是智能云。

大数据的发展本身开辟出了一个新的价值空间,但是大数据本身并不是目的,大数据的应用才是最终的目的,而人工智能正是大数据应用的重要出口,所以未来大数据与人工智能的结合途径会越来越多。

6.2.2 云计算

1. 云计算起源

1961 年,在麻省理工学院百周年纪念典礼上,约翰·麦卡锡(1971 年图灵奖获得者)第一次提出了"公共计算资源(Utility Computing)"的概念。这个概念在当时的条件下提出,可谓天马行空:计算机将可能变成一种公共资源,像生活中的水、电、煤气一样,被每一个人自由地使用,不敢想象。

1996 年,康柏(Compaq)公司在内部文件中首次提及"云计算"一词。

1999 年,随着公司规模扩大,应用场景增多,为了满足数据运算需求,公司就要购置运算能力更强的服务器,甚至是具有多台服务器的数据中心,导致初期建设成本、电费、运营和网络维护成了很多企业的心头病。这时候,赛富时(Salesforce)看到了机会,通过租赁式网页 CRM 软件服务,开创了 SaaS 模式(软件即服务)的时代。初创企业只要每月支付租赁费用,不用再购买任何软件硬件,也不用花费人力成本在软件运营上。赛富时(Salesforce)提出"将所有软件带入云中"的愿景,成了革命性的创举,也成了云计算的一个里程碑。

2002 年,全球领先的计算机图书出版商、互联网传奇人物、硅谷布道者奥莱利(O'Reilly)向主营图书的亚马孙总裁贝佐斯(Bezos)展示了一个叫作 Amarar 的工具,它可以每隔数小时访问亚马孙(Amazon.com),并复制奥莱利的销售数据及其竞争对手数据的排名。建议亚马孙开发一个 API 接口,第三方公司可以通过这个接口获取其产品、价格和销售排名。贝佐斯觉得这个想法不错,或许可以借此转型成技术公司。巧合的是,亚马孙内部已经在进行这项技术研究,并设计了一些 API 接口。在贝佐斯的推动下,更丰富的接口被陆续推出。贝佐斯发现:这些服务器的运作能力,能够当成虚拟产品卖给开发者和初创企业。同年,亚马孙启用了 Amazon Web Services(AWS)平台。当时该免费服务可以让企业将亚马孙(Amazon.com)的功能整合到自家网站上。

2006 年,当亚马孙第一次将其弹性计算服务作为云服务售卖时,标志着云计算这种新的商业模式诞生了。

2008 年,谷歌对外发布云业务及云服务产品;微软的云计算战略和平台发布,尝试将技术和服务托管化、线上化。

2009 年,网购的蓬勃发展让淘宝用户激增,但这也导致阿里巴巴深陷数据处理瓶颈。每天早上八点到九点半之间,服务器的使用率就会飙升到 98%,依靠传统 IOE 架构(使用 IBM 的小型机、Oracle 数据库、EMC 存储设备)的阿里巴巴,"脑力"已经不够用了。由此,阿里云正式成立。阿里软件在江苏南京建立首个"电子商务云计算中心"。同年 11 月,中国移动云计算平台"大云"计划启动。

2. 云计算的概念

云计算的"云"就是计算机群,每一个计算机群包括了几十万台、甚至上百万台计算机。

云计算实际上是一种分布式计算,几乎可以提供无限的廉价存储和计算能力服务可以使服务器的存贮率由过去的 20% 提高到 70%,运行效率也大幅提高。而我们自己的服务器存贮率最多只有 20%。

在《"智慧的地球"——IBM 云计算 2.0》中,IBM 公司对于云计算概念的理解进行了如下阐述:"云计算是一种计算模式,在这种模式中,应用、数据和 IT 资源以服务的方式通过网络提供给用户使用;云计算同时是一种基础架构管理的方法论,大量的计算资源组合成 IT 资源池,用于动态创建高度虚拟化的资源以供用户使用"。IBM 公司将云计算视作是一个虚拟化的 IT 资源池。

美国加州大学伯克利分校对于云计算概念的定义:"云计算是互联网上的应用服务及在数据中心提供这些服务的软硬件设施,互联网上的应用服务一直被称作'软件即服务'(SaaS),而数据中心的软硬件设施就是所谓的'云'"。伯克利分校这个定义指出云计算是由应用以及提供应用的硬件和软件系统组成的，这个定义比较简单明了，便于向不具备技术背景的人群进行解释说明。

美国国家标准与技术研究院（National Institute of Standards and Technology）的信息技术实验室对于云计算概念的定义：“云计算是一种资源利用模式，它能以简便的途径和以按需使用的方式通过网络访问可配置的计算资源（网络、服务器、存储、应用、服务等），这些资源可快速部署，并能以最小的管理代价或只需服务提供商开展少量的工作就可实现资源发布”。这一定义以技术化的语言较为全面地概括了云计算的技术特征。

北京“2008 IEEE Web 服务国际大会”提出，根据对象身份来定义的云计算概念：“对于用户，云计算是‘IT 即服务’，即通过互联网从中央式数据中心向用户提供计算、存储和应用服务；对于互联网应用程序开发者，云计算是互联网级别的软件开发平台和运行环境；对于基础设施提供商和管理员，云计算是由 IP 网络连接起来的大规模、分布式数据中心基础设施”。

狭义来讲，云计算是信息化基础设施的交付和使用模式，是通过网络以按需要、易扩展的方式获取所需资源，提供资源的网络就被称为“云”，对于使用者来说，“云”可以按需使用，随时扩展，按使用付费。广义来讲，云计算是指服务的交付和使用模式，是通过网络以按需要、易扩展的方式获取所需信息化、软件或互联网等相关服务或其他服务。

总之，云计算是一种分布式并行计算，由通过各种联网技术相连接的虚拟计算资源组成，通过一定的服务获取协议，以动态计算资源的形式来提供各种服务。

3. 云平台的形式

根据商业模式的不同，云计算可分为公有云、私有云和混合云三大形式。

（1）公有云

公有云（Public Clouds），“公有”反映了这类云服务不属于用户所有，而公有云是向公众提供计算资源的服务，云端资源开放给社会公众使用，云端可能部署在本地，也可能部署于其他地方。应用程序和存储等资源由 IDC 服务提供商或第三方提供，这些资源部署在服务提供商的内部。用户通过互联网访问这些资源。公共云服务提供商包括亚马孙（Amazon）、谷歌（Google）和微软（Microsoft），以及中国的阿里云（Ariyun）、百度（Baidu）和腾讯云等。

公有云的优势在于成本低、可扩展性强。

（2）私有云

私有云（Private Clouds）是传统企业数据中心的延伸和优化，它可以为各种功能提供存储容量和处理能力。“私有”更多地是指这样的平台是非共享资源。私有云是为客户单独使用的，因此这种数据的安全性和服务质量比公有云更好地得到了保证。因为私有云是客户专有的，所以用户拥有构建云的基本设置，并且可以控制如何在这一技术设置上部署适当的过程。

在私有云中，云平台的资源专用于包含多个用户的单个组织。私有云可以由组织、第三方或两者共同拥有、管理和操作。私有云可以部署在组织内部或组织之外。

私有云又分内部私有云、外部私有云两种。内部私有云（也称为内部云），由组织在自己的数据中心中构建。这种形式在规模和资源可伸缩性方面受到限制，但它有利于云服务管理流程和安全性的标准化。该组织仍然需要承担实物资源的资金和维护成本。这种方法适用于需要完全控制应用程序、平台配置和安全机制的组织。外部私有云，部署在组织之外，由第三方组织管理。第三方为组织提供专门的云环境,并保证隐私和机密性。该方案的成本低于内部私有云,而且更容易扩大业务规模。

（3）混合云

混合云(Hybrid Clouds)由两个或两个以上种不同类型的私有云、公有云组成,它们各自独立,通过标准化或专有技术将它们组合起来,由多个相同类型的云组合在一起属于多云的范畴。

使用混合云,一个机构可以充分利用公有云的可伸缩性和成本,将辅助应用程序和数据部署到公有云中。同时,关键任务的应用程序和数据被放置在私有云中,安全性更高。

4. 云计算的特点

（1）可靠性高

云计算技术主要是通过冗余方式进行数据处理服务。在大量计算机机组存在的情况下,会让系统中所出现的错误越来越多,而通过采取冗余方式则能够降低错误出现的概率,同时保证了数据的可靠性。

（2）服务便捷

从广义角度上来看,云计算本质上是一种数字化服务,同时这种服务较以往的计算机服务更具有便捷性,用户在不清楚云计算具体机制的情况下,就能够得到相应的服务。

（3）动态可扩展

云计算具有高效的运算能力,在原有服务器基础上增加云计算功能能够使计算速度迅速提高,最终实现动态扩展虚拟化的层次达到对应用进行扩展的目的。

（4）性价比高

云计算平台的构建费用与超级计算机的构建费用相比要低很多,但是在性能上基本持平,这使得开发成本能够得到极大的节约。

（5）灵活性高

目前市场上大多数 IT 资源、软件、硬件都支持虚拟化,比如存储网络、操作系统和开发软件、硬件等。虚拟化要素统一放在云系统资源虚拟池当中进行管理,可见云计算的兼容性非常强,不仅可以兼容低配置机器、不同厂商的硬件产品,还能够获得更高性能计算。

（6）虚拟化技术

虚拟化突破了时间、空间的界限,是云计算最为显著的特点之一,虚拟化技术包括应用虚拟和资源虚拟两种。

6.2.3 深度学习

1. 深度学习概述

深度学习(Deep Learning,DL)是机器学习(Machine Learning,ML)领域中一个新的研究方向,它被引入机器学习使其更接近于最初的目标——人工智能(Artificial Intelligence,AI)。

深度学习是学习样本数据的内在规律和表示层次,这些学习过程中获得的信息对诸如文字、图像和声音等数据的解释有很大的帮助。它的最终目标是让机器能够像人一样具有分析学习能力,能够识别文字、图像和声音等数据。深度学习是一个复杂的机器学习算法,在语音和图像识别方面取得的效果,远远超过先前相关技术。

深度学习在搜索技术、数据挖掘、机器学习、机器翻译、自然语言处理、多媒体学习、语音、推荐和个性化技术以及其他相关领域都取得了很多成果。深度学习使机器模仿视听和思考等人类的活动,解决了很多复杂的模式识别难题,使得人工智能相关技术取得了很大进步。

2. 主流深度学习框架及使用

(1) TensorFlow 简介

TensorFlow 是一个基于数据流编程(Dataflow Programming)的符号数学系统,被广泛应用于各类机器学习算法的编程实现之中,其前身是谷歌的神经网络算法库 DistBelief。TensorFlow 拥有多层级结构,可部署于各类服务器、PC 终端和网页,并支持 GPU 和 TPU 高性能数值计算,被广泛应用于谷歌内部的产品开发和各领域的科学研究。

TensorFlow 由谷歌人工智能团队谷歌大脑(Google Brain)开发和维护,拥有包括 TensorFlow Hub、TensorFlow Lite、TensorFlow Research Cloud 在内的多个项目及各类应用程序接口(Application Programming Interface,API)。自 2015 年 11 月 9 日起,TensorFlow 依据阿帕奇授权协议(Apache 2.0 Open Source License)开放源代码。

Google Mind 自 2011 年成立起开展了面向科学研究和谷歌产品开发的大规模深度学习应用研究,其早期工作即是 TensorFlow 的前身 DistBelief。DistBelief 的功能是构建各尺寸下的神经网络分布式学习和交互系统,也被称为"第一代机器学习系统"。DistBelief 在其他公司的产品开发中被改进和广泛使用。2015 年 11 月,在 DistBelief 的基础上,Google Mind 完成了对"第二代机器学习系统"TensorFlow 的开发并对代码开源。相比于前者,TensorFlow 在性能上有显著改进、构架灵活性和可移植性也得到了增强。此后 TensorFlow 快速发展,截至稳定 API 版本 1.12,已拥有包含各类开发和研究项目的完整生态系统。

TensorFlow 能够自动求导、开源、支持多种 CPU/GPU、拥有预训练模型,并支持常用的 NN 架构,如递归神经网络(RNN)、卷积神经网络(CNN)和深度置信网络(DBN)。TensorFlow 还有更多自身的特点,比如:

①支持所有的流行语言,如 Python、C++、Java、R 和 Go。

②可以在多种平台上工作,甚至是移动平台和分布式平台。

③它受到所有云服务(AWS、Google 和 Azure)的支持。

④Keras 是高级神经网络 API,已经与 TensorFlow 整合。

⑤与 Torch/Theano 比较,TensorFlow 拥有更好的计算图表可视化性能。

⑥允许模型部署到工业生产中,并且容易使用。

⑦有非常好的社区支持。

TensorFlow 不仅仅是一个软件库,它还是一套包括 TensorFlow、TensorBoard 和 TensorServing 的软件。

(2) PyTorch 简介

PyTorch 在学术研究者中很受欢迎,也是比较新的深度学习框架。Facebook 人工智能研究组开发了 PyTorch,以应对一些在前任数据库软件 Torch 使用中遇到的问题。由于编程语言 Lua 的普及程度不高,Torch 达不到 Google TensorFlow 那样的迅猛发展,因此,PyTorch 采用已经为许多研究人员、开发人员和数据科学家所熟悉的原始 Python 编程风格。

同时它还支持动态计算图,这一特性使得其对时间序列及自然语言处理数据相关工作的研究人员和工程师很有吸引力。

PyTorch 是 Torch 的 Python 版,2017 年年初推出后,PyTorch 很快成为 AI 研究人员的热门选择并受到推崇。PyTorch 有许多优势,如采用 Python 语言、动态图机制、网络构建灵活及拥有强大的社群等。由于其灵活、动态的编程环境和用户友好的界面,PyTorch 是快速实验的理想选择。

PyTorch 的特点如下:

① TensorFlow 1.0 与 Caffe 都是命令式的编程语言,而且是静态的,首先必须构建一个神经网络,然后一次又一次地使用同样的结构,如果想要改变网络的结构,就必须从头开始。但是对于 PyTorch,通过一种反向自动求导的技术,可以零延迟地任意改变神经网络的行为,尽管这项技术不是 PyTorch 所独有的,但目前为止它的实现是最快的,能够为任何想法的实现获得最快的速度和最佳的灵活性,这也是 PyTorch 对比 TensorFlow 最大的优势。

② PyTorch 的设计思路是线性、直观且易于使用的,当代码出现 Bug 的时候,可以通过这些信息轻松快捷地找到出错的代码,不会在出现 Debug 的时候因为错误的指向或者异步和不透明的引擎浪费太多的时间。

③ PyTorch 的代码相对于 TensorFlow 而言,更加简洁直观,同时对于 TensorFlow 高度工业化的很难看懂的底层代码,PyTorch 的源代码就要友好得多,更容易看懂。

(3)Caffe 简介

Caffe,全称 Convolutional Architecture for Fast Feature Embedding(快速特征嵌入的卷积架构),是一个兼具表达性、速度和思维模块化的深度学习框架。由伯克利人工智能研究小组和伯克利视觉与学习中心开发。虽然其内核是用 C++ 编写的,但 Caffe 有 Python 和 MATLAB 的相关接口。Caffe 支持多种类型的深度学习架构,面向图像分类和图像分割,还支持 CNN、RCNN、LSTM 和全连接神经网络设计。Caffe 支持基于 GPU 或 CPU 的加速计算内核库,如 NVIDIA cuDNN 和 Intel MKL。

Caffe 完全开源,并且在多个活跃社区沟通解答问题,同时提供了一个用于训练、测试等完整工具包,可以帮助使用者快速上手。此外 Caffe 还具有以下特点:

①模块性。Caffe 以模块化原则设计,实现了对新的数据格式、网络层和损失函数的轻松扩展。

②表示和实现分离。使用特殊的文本文件 prototxt 表示网络结构,以有向非循环图形式进行网络构建。

③Python 和 MATLAB 结合。Caffe 提供了 Python 和 MATLAB 接口,供使用者选择熟悉的语言调用部署算法应用。

④GPU 加速。利用 MKL、Open BLAS、cuBLAS 等计算库,利用 GPU 实现计算加速。

(4) PaddlePaddle 简介

PaddlePaddle 是百度研发的开源开放的深度学习平台,是国内最早开源的功能完备的深度学习平台。依托百度业务场景的长期锤炼,PaddlePaddle 有全面的官方支持的工业级应用模型,涵盖自然语言处理、计算机视觉、推荐引擎等多个领域,并开放多个领先的预训练中文模型,以及多个在国际范围内取得竞赛冠军的算法模型。

PaddlePaddle 同时支持稠密参数和稀疏参数场景的超大规模深度学习并行训练,支持千亿规模参数、数百个节点的高效并行训练,也是较早提供深度学习并行技术的深度学习框架。PaddlePaddle拥有多端部署能力,支持服务器端、移动端等多种异构硬件设备的高速推理,预测性能有显著优势。目前PaddlePaddle已经实现了API的稳定和向后兼容,具有完善的中英双语使用文档,形成了易学易用、简洁高效的技术特色。

PaddlePaddle 3.0版本升级为全面的深度学习开发套件,除了核心框架,还开放了VisualDL、PARL、AutoDL、EasyDL、AIStudio等一整套的深度学习工具组件和服务平台,更好地满足不同层次的深度学习开发者的开发需求,具备强大支持工业级应用的能力,已经被中国企业广泛使用,也拥有了活跃的开发者社区生态。

6.2.4 物联网技术

1. 物联网起源

(1)咖啡壶事件

物联网的理念最早可以追溯到1991年英国剑桥大学的"咖啡壶事件"。剑桥大学特洛伊计算机实验室的科学家们在工作时,常常要下两层楼梯到楼下看咖啡煮好了没有,但又怕影响工作,为了解决这个麻烦,他们编写了一套程序,并在咖啡壶旁边安装了一个便携式摄像头,镜头对准咖啡壶,利用计算机的图像捕捉技术,以3帧/秒的速率传递到实验室的计算机上,以方便工作人员随时查看咖啡是否煮好,省去了上上下下的麻烦。这样,他们就可以随时了解咖啡煮沸情况,咖啡煮好之后再下去拿。"特洛伊咖啡壶"就是物联网最早的雏形。

(2)艾什顿与MIT自动识别中心

真正的"物联网"概念最早由英国工程师凯文・艾什顿(Kevin Ashton)于1998年春在一次演讲中首次提出。

90年代中期,艾什顿加入宝洁公司做品牌管理,负责发布玉兰油彩妆系列。当他走入零售店铺巡视时,发现了一种棕色的唇膏总是处于售罄的状态,而库存里却还有不少。一开始,艾什顿被告知这只是偶然的现象,但经过调查,他发现至少在十家店铺中,有四家存在同样的问题,没有在货架上有针对性的摆放正确的产品。

这让艾什顿产生了灵感,如果在口红的包装中内置这种芯片,并且有一个无线网络能随时接收芯片传来的数据,零售商们就可以获知货架上有哪些商品,及时知道何时需要补货了。

艾什顿对物联网的定义是把所有物品通过射频识别等信息传感设备与互联网连接起来,实现智能化识别和管理。MIT自动识别中心提出,要在计算机互联网的基础上,利用RFID、无线传感器网络(WSN,Wireless Sensor Network)、数据通信等技术,构造一个覆盖世界上万事万物的"物联网"。在这个网络中,物品(商品)能够彼此进行"交流",而无须人的干预。

2. 物联网的概念

物联网是新一代信息技术的重要组成部分,其英文名称是"The Internet of Things",简称IoT。顾名思义,物联网就是"物物相连的互联网"。

(1)基本概念

狭义上的物联网是指物品到物品连接的网络,实现物品的智能化识别和管理。广义上的物联网则是信息空间与物理空间的融合,将一切事物数字化、网络化,在物品之间、物品与人之间、人与现实环境之间实现高效信息交互,并通过新的服务模式使各种信息技术融入社会行为,是信息化在人类社会综合应用达到的更高境界。

较为公认的物联网定义是利用条码、射频识别(RFID)、传感器、全球定位系统、激光扫描器等信息传感设备,按约定的协议,把任何物品与互联网相连接,进行信息交换和通信,以实现智能化识别、定位、跟踪、监控和管理的一种网络系统。

(2)物联网与互联网的区别

"物联网"是在"互联网"的基础上,将其用户端延伸和扩展到任何物品与物品之间,进行信息交换和通信的一种技术。互联网着重信息的互联互通和共享,解决的是人与人的信息沟通问题;物联网则是通过人与人、人与物、物与物的相连,解决的是信息化的智能管理和决策控制问题。

互联网与物联网在终端系统接入方式上也不相同。互联网用户通过端系统的服务器、台式机、笔记本和移动终端访问互联网资源;物联网应用系统将根据需要选择无线传感器网络或 RFID 应用系统接入互联网。

3. 物联网架构

物联网的架构分为感知层、网络层、平台层、应用层四个层次。物联网的架构模型如图6-2-5 所示。

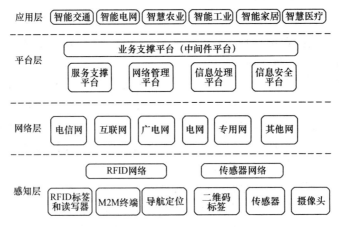

图 6-2-5　物联网的架构模型

(1)感知层

感知层相当于人的皮肤和五官,是物联网发展和应用的基础,包括传感器或读卡器等数据采集设备、数据接入到网关之前的传感器网络。感知层以 RFID、传感与控制、短距离无线通信等为主要技术,其任务是识别物体和采集系统中的相关信息,从而实现对"物"的认识与感知。

(2)网络层

网络层是建立在现有通信网络和互联网基础之上的融合网络,网络层通过各种接入设备与移动通信网和互联网相连,其主要任务是通过现有的互联网、广电网络、通信网络等实现信息的传输、初步处理、分类、聚合等,用于沟通感知层和应用层。

(3)平台层

平台层实现对物联网终端设备的管理和维护,以及数据的存储与转发。平台具有场景化、可视化的用户界面，便于用户管理及查看设备，帮助实现设备与云端的连接，同时支持海量设备的数据收集、监控、故障等物联网应用场景。

（4）应用层

应用层相当于人的大脑，将物联网技术与专业技术相互融合，是物联网智能处理的核心，利用分析处理的感知数据为用户提供丰富的特定服务，实现平台层和用户界面的交互。应用层与各行业需求结合，完成物体信息的协同、共享、分析、决策等功能，从而实现智能化、自动化应用的解决方案。

4. 物联网的特征

物联网具有全面感知、可靠传输、智能处理三大特征。

（1）全面感知

利用 RFID、传感器、二维码等随时随地获取和采集物体的信息。物联网接入对象更为广泛，获取和处理的信息更加丰富。目前，接入对象包括计算机、手机、传感器、仪器仪表、摄像头、各种智能卡等，未来的物联网接入对象包含了更丰富的物理世界，像传感器、仪器仪表、摄像头等会得到更为普遍的应用。

（2）可靠传递

感知的信息是需要传送出去的，通过无线网络与互联网的融合，将感知的各种信息实时准确地传递给用户，以实现随时随地进行可靠的信息交互与共享。

（3）智能处理

利用云计算、数据挖掘以及模糊识别等人工智能技术，对海量的数据和信息进行分析和处理，对物体实施智能化的控制，真正达到了人与人的沟通和物与物的沟通。物联网不仅能提高人类的工作效率，改善工作流程，并且通过云计算，借助科学模型，广泛采用数据挖掘等技术整合和深入分析收集到的海量数据，以更加新颖、系统且全面的观点和方法来看待和解决特定问题，使人类能更加智慧地与周围世界相处。

物联网通过智能感知、识别技术与普适计算广泛应用于网络的融合中，也因此被称为继计算机、互联网之后世界信息产业发展的第三次浪潮。

6.3　流媒体

6.3.1　流媒体的基本概念

当今，我们正处在信息时代，不但面对巨大的信息量，信息的表现形式也越来越丰富。越来越多的公司和个人正在利用音频、视频等多媒体技术发布和传播信息。一些多媒体应用系统（如视频会议、远程教学等）也不断出现。随着 PC 等智能终端的日益普及，用户有能力而且希望通过便利的方法获得这些信息。

网络已经并将继续改变我们的生活方式。多媒体应用的环境正由桌面平台（如多媒体PC）向网络多媒体平台和简单智能终端相结合的方向演进，网络将成为无可比拟的超级服务器。想要使用网络中的多媒体信息，就必须实现通过网络访问和传输这些信息。流媒体技术正是在这种情况下应运而生。

1.定义

所谓流媒体是指采用流式传输的方式在 Internet 播放的媒体格式,如音频、视频或多媒体文件。流媒体在播放前并不下载整个文件,只将开始部分内容存入内存,在计算机中对数据包进行缓存并使媒体数据正确地输出。流媒体的数据流随时传送随时播放,只是在开始时有些延迟。

2.流式传输

显然,流媒体实现的关键技术就是流式传输,流式传输主要指将整个音频和视频及三维媒体等多媒体文件经过特定的压缩方式解析成一个个压缩包,由视频服务器向用户计算机顺序或实时传送。

实现流式传输有实时流式传输(Real-time Streaming Transport)和顺序流式传输(Progressive Streaming Transport)两种方法。

（1）实时流式传输

实时流式传输总是实时传送,特别适合现场广播,也支持随机访问,用户可快进或后退以观看后面或前面的内容。但实时流式传输必须保证媒体信号带宽与网络连接匹配,以便传输的内容可被实时观看。实时流式传输需要专用的流媒体服务器与传输协议。

（2）顺序流式传输

顺序流式传输是顺序下载,在下载文件的同时用户可观看在线内容,在给定时刻,用户只能观看已下载的部分,而不能跳到还未下载的部分。由于标准的 HTTP 服务器可发送顺序流式传输的文件,也不需要其他特殊协议,所以顺序流式传输经常被称作 HTTP 流式传输。

顺序流式传输比较适合高质量的短片段,如片头、片尾和广告,由于这种传输方式观看的部分是无损下载的,所以能够保证播放的最终质量。但这也意味着用户在观看前必须经历时延。顺序流式传输不适合长片段和有随机访问要求的情况,如讲座、演说与演示,也不支持现场广播,严格说来,它是一种点播技术。

6.3.2 流媒体的技术原理

1.流式传输过程

流式传输的实现需要合适的传输协议。由于 TCP 需要较多的开销,故不太适合传输实时数据。在流式传输的实现方案中,一般采用 HTTP/TCP 来传输控制信息,而用实时传输协议/用户数据报协议(RTP/UDP)来传输实时数据。

流式传输的实现需要缓存。因为一个实时音视频源或存储的音视频文件在传输中被分解为许多数据包,而网络又是动态变化的,各个包选择的路由可能不相同,故到达客户端的时延也就不同,甚至先发的数据包有可能后到。为此,需要使用缓存系统来消除时延和抖动的影响,以保证数据包顺序正确,从而使媒体数据能够连续输出。通常高速缓存所需容量并不大,因为通过丢弃已经播放的内容可以重新利用空出的空间来缓存后续尚未播放的内容。

流式传输的过程一般如下:

（1）用户选择某一流媒体服务后,Web 浏览器与 Web 服务器之间使用 HTTP/TCP 交换控制信息,以便把需要传输的实时数据从原始信息中检索出来。

（2）Web 浏览器启动音视频客户程序,使用 HTTP 从 Web 服务器检索相关参数对音视频客户程序初始化,这些参数可能包括目录信息、音视频数据的编码类型或与音视频检索相关的服务器地址。

(3)音视频客户程序及音视频服务器运行实时流协议,以交换音视频传输所需的控制信息,实时流协议提供执行播放、快进、快倒、暂停及录制等命令的方法。

(4)音视频服务器使用 RTP/UDP 协议将音视频数据传输给音视频客户程序,一旦音视频数据抵达客户端,音视频客户程序即可播放输出。

在流式传输中,使用 RTP/UDP 和 RTSP/TCP 两种不同的通信协议与音视频服务器建立联系,目的是能够把服务器的输出重定向到一个非运行音视频客户程序的客户机的目的地址。另外,实现流式传输一般都需要专用服务器和播放器。

2. 流媒体播放方式

(1)单播方式:一台服务器传送的数据包只能传递给一个客户机,媒体服务器必须向每个用户发送所申请的数据包,多个点对点方式结合。

(2)组播方式:允许路由器将数据包复制到多个通道,客户端共享一个数据包,按需提供。

(3)点播方式:客户端与服务器主动连接用户通过选择内容项目来初始化客户端连接。

(4)广播方式:用户被动接受流,客户端接受流,但不能控制流。数据包的单独一个拷贝发送给网络上的所有用户,不管用户是否需要。

6.2.3　智能流技术

智能流技术是一种音视频处理技术,它允许不同速率的多个流同时编码,合并到同一个文件中。该技术采用一种复杂客户/服务器机制探测带宽变化,并根据用户带宽自动切换媒体服务器。

6.3.4　流媒体技术的应用

Internet 的迅猛发展和普及为流媒体业务发展提供了强大的市场动力,流媒体业务正变得日益流行。流媒体技术广泛用于多媒体新闻发布、在线直播、网络广告、电子商务、视频点播(VOD)、远程教育、远程医疗、网络电台、实时视频会议等互联网信息服务的方方面面。流媒体技术的应用将为网络信息交流带来革命性的变化,对人们的工作和生活产生深远的影响。

下面介绍流媒体技术在视频点播、远程教育、视频会议、Internet 直播方面的应用。

1. 视频点播

最初的视频点播应用于卡拉 OK 点播,随着计算机技术的发展,VOD 技术逐渐应用于局域网及有线电视网,此时的 VOD 技术趋于完善,但音视频文件的庞大容量仍然阻碍了VOD 技术的进一步发展。由于服务器端不仅需要大容量的存储系统,同时还要承担大量数据的传输,因而服务器根本无法支持大规模的点播。同时,由于局域网中的视频点播覆盖范围小,用户也无法通过 Internet 等网络媒介收听或观看局域网中的节目。

2. 远程教育

在远程教学过程中,最基本的要求就是将信息从教师端传到远程的学生端,需要传送的信息可能是多元的,如视频、音频、文本、图片等。

将这些信息从一端传送到另一端是实现远程教学需要解决的问题,在当前网络带宽的限制下,流式传输将是最佳选择。学生在家通过一台计算机、一条电话线、一个调制解调器就可以参加远程教学。教师也无须另外做准备,授课的方法基本与传统授课方法相同,只不过面对的是摄像头和计算机而已。

目前,能够在 Internet 上进行多媒体交互教学的技术多为流媒体技术,如 Real System、Flash、Shockwave 等技术就经常被应用到网络教学中。远程教育是对传统教育模式的一次革命,它集教学和管理于一体,突破了传统面授的局限,为学习者在空间和时间上都提供了便利。

除了实时教学外,使用流媒体的 VOD 技术还可以进行交互式教学,达到因材施教的目的。学生可以通过网络共享学习经验。大型企业可以利用基于流媒体技术的远程教育对员工进行培训。

3. 视频会议

市场上的视频会议系统有很多,这些产品基本上都支持 TCP/IP 协议,但采用流媒体技术作为核心技术的系统并不多。虽然流媒体技术并不是视频会议的必需选择,但为视频会议的发展起了重要的推动作用。采用流媒体格式传送音视频文件,使用者不必等待整个影片传送完毕就可以实时、连续地观看,这样不但解决了观看前的等待问题,还达到了即时的效果。虽然在画面质量上有一些损失,但就一般的视频会议来讲,并不需要很高的图像质量。

视频会议是流媒体技术的一个商业用途,通过流媒体可以进行点对点的通信,常见的就是可视电话。只要两端都有一台接入 Internet 的计算机和一个摄像头,在世界任何地点都可以进行音视频通信。此外,大型企业可以利用基于流媒体的视频会议系统来组织跨地区的会议和讨论。

4. Internet 直播

随着 Internet 技术的发展和普及,在 Internet 上直接收看体育赛事、重大庆典、商贸展览成为很多网民的愿望,而很多厂商希望借助网上直播的形式将自己的产品和活动传遍全世界。这些需求促成了 Internet 直播的形成,但是网络的带宽问题一直困扰着 Internet 直播的发展,不过随着宽带网的不断普及和流媒体技术的不断改进,Internet 直播已经从实验阶段走向实用阶段,并能够提供较满意的音视频效果。

课后习题

1. 以下各项中,不属于人工智能研究范围的是(　　　)。

A. 思维　　　　　　B. 感知　　　　　　C. 行动　　　　　　D. 以上都不是

2. 下列各项中,不属于生物识别技术的是(　　　)。

A. 指静脉识别　　　B. 掌纹识别　　　　C. 虹膜识别　　　　D. 字体识别

3. 以下关于通用人工智能的说法中,正确的是(　　　)。

A. 能够完成特别危险的任务的程序,称为通用人工智能程序

B. 通用人工智能强调的是拥有像人一样的能力,可以通过学习胜任人的任何工作,但不要求它有自我意识

C. 通用人工智能不仅要具备人类的某些能力,还要有自我意识,可以独立思考并解决问题

D. 通用人工智能就是强人工智能

4. 大数据的特征包括(　　)。

A. 数据量大、数据类型繁多　　　　　　B. 数据价值密度相对较低

C. 处理速度快、时效性要求高　　　　　D. 以上都是

5. BI 是指(　　)。

A. 大数据　　　　　　B. 人工智能　　　　　C. 电子商务　　　　　D. 商业智能

6. 下面(　　)是 BI 工具。

A. Photoshop　　　　B. PowerPoint　　　　C. Power BI　　　　D. AutoCAD

第7章

信息素养与社会责任

1. 了解信息素养的概念。

2. 了解信息素养的构成要素。

3. 了解大学生应承担的信息素养的社会责任。

思维导图

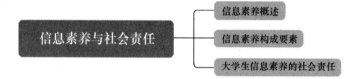

7.1 信息素养概述

7.1.1 信息素养的概念

信息素养（Information Literacy，IL），这一概念最初是由美国信息产业协会主席保罗·泽考斯基在 1974 年第一次提出，并被概括为利用信息工具及主要信息源使问题得到解答的技术和技能。

以计算机、网络技术、通信技术为代表的信息技术的迅猛发展，计算机和互联网在社会各个领域中得到广泛应用，信息在人类社会的发展中占据着重要的地位。信息素养也成为一个生动而富有挑战性的概念。

自从信息素养被人们广泛关注以来，其定义就在不断演变和发展，对其内涵与外延也有不同的理解。1998 年，美国图书馆协会和美国教育传播与技术协会进一步制定了"学生学习的信息素养标准"，从信息素养、独立学习和社会责任三方面提出了学生学习的九大信息素养标准。

（1）信息素养

标准一：能够有效和快捷地存取信息。

标准二：能够熟练和恰当地评价信息。

标准三：能够准确和创造性地使用信息。

（2）独立学习

标准四：作为独立学习者的学生具有信息素养，并能探求所需信息。

标准五：作为独立学习者的学生具有信息素养，并能欣赏作品及对信息进行创造性的表达。

标准六：作为独立学习者的学生具有信息素养，并能在信息查询与知识创建中做得更好。

（3）社会责任

标准七：对学习团体和社会有积极贡献的学生具有信息素养，并能认识信息对民主化社会的重要性。

标准八：对学习团体和社会有积极贡献的学生具有信息素养，并能在信息和信息技术中实施有道德的行为。

标准九：对学习团体和社会有积极贡献的学生具有信息素养，并能在团队中探求和创建信息。

这个标准更进一步扩展与丰富了信息素养的内涵与外延。为了维护信息权利，规范信息行为，稳定信息秩序，中小学生在信息的获取、利用、生产和传播过程中应该遵守一定的道德规范，既应知道如何正确保护自己，防止计算机病毒和其他计算机犯罪活动，又不得危害或侵犯他人的合法权益。

7.1.2 信息素养的构成要素

信息素养是传统文化素养的延伸和拓展，主要由信息意识、信息知识、信息能力以及信息道德组成。

信息意识是指对信息的敏感程度，是对信息捕捉、分析、判断和吸收的自觉程度。

信息知识是指与信息有关的理论、知识和方法，包括信息理论知识与信息技术知识。

信息能力是指运用信息知识、技术和工具解决信息问题的能力。

信息道德是指在信息的采集、加工、存贮、传播和利用等信息活动各个环节中，用来规范其间产生的各种社会关系的道德意识、道德规范和道德行为的总和。

这四个要素共同构成一个不可分割的统一整体，其中信息意识是先导，信息知识是基础，信息能力是核心，信息道德是保证。

7.2　大学生信息素养的社会责任

信息素养的社会责任是指在信息技术领域通过对信息行业相关知识的了解，内化形成的职业素养和行为自律能力。

信息科技重塑了人们沟通交流的时间观念和空间观念，不断改变着人们的思维与交往模式。一方面,伴随着越来越多的设备被互联网联结在一起,物与物之间、系统之间、行业之间甚至地域之间的界限越来越模糊,牵一发而动全身的可能性越来越大。然而另一方面,人与人之间的面对面交流显得越来越不重要,看上去社会关系趋于松散,但是每个社会成员对社会的"影响力"却与过去的时代有着本质的不同,非信息科技从业人员对社会的影响越来越突出。因此,作为一名新时代大学生,同学们都需要明确身上的"信息社会责任"。

1. 遵守信息相关法律,维持信息社会秩序

法律是最重要的行为规范系统,信息法凭借国家强制力,对信息行为起强制性调控作用,进而维持信息社会秩序,具体包括规范信息行为、保护信息权利、调整信息关系、稳定信息秩序。

2021 年 11 月,《中华人民共和国信息保护法》开始正式实施,连同已经实施的《数据安全法》《网络安全法》,三者共同构成了我国在网络安全和数据保护方面的法律"三驾马车"。这标志着国内数字经济发展和治理自此迈入崭新阶段。

2. 尊重信息相关道德伦理,恪守信息社会行为规范

20 世纪 70 年代以来,一直存在关于信息伦理和信息素养的讨论,不过早期的讨论主要围绕信息从业人员展开,将其视作信息从业人员的一种职业伦理和素养。进入 21 世纪以来,信息科技的日益普及显著地推动了经济社会各领域的深入发展,同时也切实改变了人们生活和社会交往的方式,现实世界与虚拟世界交融和并存的新时代逐渐成形。虽然法律是社会发展不可缺少的强制手段,但是信息能够规范的信息活动范围有限,且对于高速发展的信息社会环境而言,法律表现出明显的滞后性。在秩序形成的初始阶段,伦理原则、道德准则的澄清则是立法的基础。

以个人隐私保护为例,该问题是信息伦理研究中最早出现的问题之一。在过去的很长时间内,每年都会新提出一些明确需要被保护的隐私内容,但是法律条文则无法做到如此快速更新。

3. 杜绝对国家、社会和他人的直接或间接危害

信息科技对社会的渗透无处不在,同时,互联网把全世界紧密联系在了一起,地域的意义被削弱,全球经济一体化也因此浮出台面。传统的伦理道德观与地域文化和习俗有着千丝万缕的关联,因此同样面临演化的问题。另外,智能终端的普及使时间和空间没有了阻隔,人与人之间的直接交流变得越来越少,导致了人们的集体意识越来越淡薄,社会意识也随之慢慢降低。当面对未知、疑惑或者两难局面的时候,"扬善避恶"是基本的出发点,其中的"避恶"更为重要。每个信息社会成员都要从自身做起,如同在真实世界中一样,做事前审慎思考,杜绝对国家、社会和他人的直接或间接危害。

4. 关注信息科技革命带来的环境变化与人文挑战

随着现代科学技术的发展,人们所关注的道德对象逐渐演化为人与自然、人与操作对象、人与他人、人与社会以及人与自我五个方面。如果进一步细分,还有人与信息、人与信息技术(媒体、计算机、网络等)等各种复杂的关系。急剧的社会变迁不可避免地会带来一些观念上的碰撞与文化上的冲突。例如,知识产权是指创造性智力成果的完成人或商业标志的所有人依法所享有的权利的统称。知识产权的有效保护对科学技术的发展起到了极大的促进作用,但同时也在一定程度上阻碍了新技术的推广,"开源"的理念随之产生。

课后习题

1. 信息素养包括（　　　）。

A. 信息意识、信息能力、信息道德、信息知识

B. 信息获取、信息处理、信息传播、信息利用

C. 信息分析、信息利用、信息安全、信息获取

D. 计算机知识、网络知识、媒体知识

2. 信息素养的重要性主要体现在（　　　）。

A. 提高个人竞争力，增加社会财富

B. 推动信息产业发展，促进经济增长

C. 推动社会信息化进程，促进社会进步

D. 防范信息安全隐患，维护国家安全

3. 信息道德的核心价值观是（　　　）。

A. 尊重知识产权，保护隐私权 　　　　B. 倡导诚信，维护公序良俗

C. 促进信息公平，服务社会发展 　　　D. 承担社会责任，维护信息安全

4. 为培养和提高个人的信息素养，下列哪种途径最有效？（　　　）

A. 参加计算机培训课程 　　　　　　　B. 通过互联网自主学习

C. 阅读相关专业书籍 　　　　　　　　D. 以上都是

5. 在运用信息素养解决实际问题时，下列哪种能力最重要？（　　　）

A. 问题解决能力 　　　　　　　　　　B. 团队合作能力

C. 批判性思维能力 　　　　　　　　　D. 创新能力

6. 对于信息素养的发展趋势，下列哪种预测最准确？（　　　）

A. 信息素养将逐渐被其他素养所取代 　B. 信息素养教育将越来越受到重视

C. 信息素养将逐渐被信息技术所取代 　D. 信息素养将越来越不重要

参考文献

[1] 陈亮,等.大学计算机基础教程[M].北京.高等教育出版社.2017.

[2] 曾陈萍等.大学计算机应用基础[M].北京.人民邮电出版社.2021.

[3] 柏世兵等.计算机应用基础[M].大连.大连理工大学出版社.2020.

[4] 桂小林.大学计算机:计算思维与新一代信息技术[M].北京.人民邮电出版社.2022.

[5] 董大均等.计算机网络基础[M].大连.大连理工大学出版社.2018.